“十三五”国家重点出版物出版规划项目
偏振成像探测技术学术丛书

# 干涉偏振成像技术

朱京平　黄丽清　张　宁
郭奉奇　张向哲　姜会林　著

科学出版社
北　京

## 内 容 简 介

本书在介绍偏振探测的原理、各种偏振探测技术发展历程的基础上，着重介绍了萨瓦板型、马赫-曾德尔型、Sagnac型、偏振光栅型干涉偏振成像的工作原理、系统结构、波段拓展、解调方法、图像融合等工作，以及干涉光谱偏振成像技术及其光谱分辨率调谐。内容既包括了现有方法的简单介绍和分析，又有作者研究提出的新构型、新方案等研究工作，全面反映了干涉偏振成像的关键技术及发展状况，期望为干涉偏振成像的发展和应用提供技术支撑。

本书可供相关领域理论研究和工程技术人员，以及在校研究生参考和使用。

**图书在版编目（CIP）数据**

干涉偏振成像技术 / 朱京平等著．—北京：科学出版社，2022.11
(偏振成像探测技术学术丛书)
“十三五”国家重点出版物出版规划项目　国家出版基金项目
ISBN 978-7-03-073919-3

Ⅰ. ①干…　Ⅱ. ①朱…　Ⅲ. ①偏振光–成像处理　Ⅳ. ①TN911.73

中国版本图书馆 CIP 数据核字（2022）第 222399 号

责任编辑：孙伯元 / 责任校对：崔向琳
责任印制：师艳茹 / 封面设计：陈　敬

科学出版社 出版
北京东黄城根北街 16 号
邮政编码：100717
http://www.sciencep.com
中国科学院印刷厂印刷
科学出版社发行　各地新华书店经销
*
2022 年 11 月第　一　版　开本：720 × 1000　B5
2022 年 11 月第一次印刷　印张：13 1/4
字数：251 000

**定价：118.00 元**
（如有印装质量问题，我社负责调换）

## “偏振成像探测技术学术丛书”编委会

# “偏振成像探测技术学术丛书”序

信息化时代的大部分信息来自图像，而目前的图像信息大都基于强度图像，不可避免地存在因观测对象与背景强度对比度低而“认不清”，受大气衰减、散射等影响而“看不远”，因人为或自然进化引起两个物体相似度高而“辨不出”等难题。挖掘新的信息维度，提高光学图像信噪比，成为探测技术的一项迫切任务，偏振成像技术就此诞生。

我们知道，电磁场是一个横波、一个矢量场。人们通过相机来探测光波电场的强度，实现影像成像；通过光谱仪来探测光波电场的波长(频率)，开展物体材质分析；通过多普勒测速仪来探测光的位相，进行速度探测；通过偏振来表征光波电场振动方向的物理量，许多人造目标与背景的反射、散射、辐射光场具有与背景不同的偏振特性，如果能够捕捉到图像的偏振信息，则有助于提高目标的识别能力。偏振成像就是获取目标二维空间光强分布，以及偏振特性分布的新型光电成像技术。

偏振是独立于强度的又一维度的光学信息。这意味着偏振成像在传统强度成像基础上增加了偏振信息维度，信息维度的增加使其具有传统强度成像无法比拟的独特优势。

(1) 鉴于人造目标与自然背景偏振特性差异明显的特性，偏振成像具有从复杂背景中凸显目标的优势。

(2) 鉴于偏振信息具有在散射介质中特性保持能力比强度散射更强的特点，偏振成像具有在恶劣环境中穿透烟雾、增加作用距离的优势。

(3) 鉴于偏振是独立于强度和光谱的光学信息维度的特性，偏振成像具有在隐藏、伪装、隐身中辨别真伪的优势。

因此，偏振成像探测作为一项新兴的前沿技术，有望破解特定情况下光学成像“认不清”“看不远”“辨不出”的难题，提高对目标的探测识别能力，促进人们更好地认识世界。

世界主要国家都高度重视偏振成像技术的发展，纷纷把发展偏振成像技术作为探测技术的重要发展方向。

近年来，国家 973 计划、863 计划、国家自然科学基金重大项目等，对我国偏振成像研究与应用给予了强有力的支持。我国相关领域取得了长足的进步，涌现出一批具有世界水平的理论研究成果，突破了一系列关键技术，培育了大批富有创新意识和创新能力的人才，开展了越来越多的应用探索。

“偏振成像探测技术学术丛书”是科学出版社在长期跟踪我国科技发展前沿，广泛征求专家意见的基础上，经过长期考察、反复论证后组织出版的。一方面，丛书汇集了本学科研究人员关于偏振特性产生、传输、获取、处理、解译、应用方面的系列研究成果，是众多学科交叉互促的结晶；另一方面，丛书还是一个开放的出版平台，将为我国偏振成像探测的发展提供交流和出版服务。

我相信这套丛书的出版，必将对推动我国偏振成像研究的深入开展起到引领性、示范性的作用，在人才培养、关键技术突破、应用示范等方面发挥显著的推进作用。

王家骐

二〇一九年十一月廿八日

# 前　言

作为光的基本信息之一，偏振信息可以充当目标光学“指纹”，提供强度信息之外的待测物体特性，表征其材料成分和结构特征，因此越来越受到人们的重视。干涉偏振成像技术是空间成像技术与偏振测量技术的有机结合，是当今光学遥感技术发展的前沿。由于在军事、民用等领域具有巨大的应用价值，干涉偏振成像技术近年来得到了世界各国的广泛关注，相关理论及器件研究一直是各国空间探测技术研究的热点。

近年来，作者所在课题组针对国防需要与民用需求，聚焦干涉偏振成像技术中的偏振信息获取基础问题，旨在解决“测不准、看不远、辨不清”等难题，深入开展干涉偏振成像技术的基础理论、技术和应用研究。课题组以干涉偏振成像理论研究为基础，以工程应用为目标，研究内容涉及偏振信息获取、偏振信息处理、偏振成像系统设计等方面，在干涉偏振成像系统研发相关领域取得了较为先进的成果。基于上述技术，课题组研发了水下偏振成像系统、偏振去雾成像系统、微光偏振成像系统，并在国际知名期刊发表相关论文多篇。本书的研究内容是作者承担的国家自然科学基金重大项目、国家自然科学基金仪器专项等项目研究中，对于干涉偏振成像系统的设计、搭建、优化与信息处理技术的部分研究成果的总结和提炼。

感谢课题组研究生做出的科研工作，以及在本书编辑、制图和排版等工作中的认真细致的付出。

由于作者水平有限，书中难免有不足之处，敬请读者批评指正。

# 目 录

# 第 1 章　偏振成像与干涉偏振成像

由波动光学的知识可知，光是一种频率很高的电磁波。电磁波是具有矢量特征的横波，它的电矢量和磁矢量的振动方向与传播方向互相垂直。由于人的眼睛和光学仪器通常仅能够感知光的电矢量，在讨论光振动时，通常指的都是光的电矢量。横波的振动是有极性的，因此在与光传播方向垂直的平面内上，电矢量可以沿任意方向振动，振动方向对于传播方向的不对称性的现象就是光的偏振现象。

## 1.1　偏振基础知识

### 1.1.1　偏振光

根据偏振状态的不同，通常可以将光振动分为三类，分别是自然光、部分偏振光和完全偏振光。一束光的电矢量都在同一个方向上振动，称为完全偏振光，如图 1-1 所示。假如光波的电矢量在垂直于传播方向上无规则振动，那么电矢量的振动在各个方向上的分布是等概率的，这种振动形式的光就是自然光，通常也称为非偏振光，其振动形式如图 1-2 所示。常见的太阳光、白炽灯发出的光以及日光灯发出的光都属于自然光。而部分偏振光则是介于自然光和完全偏振光之间的一种偏振形式，通常可以将部分偏振光视作完全偏振光和自然光按照一定强度比例的混合。

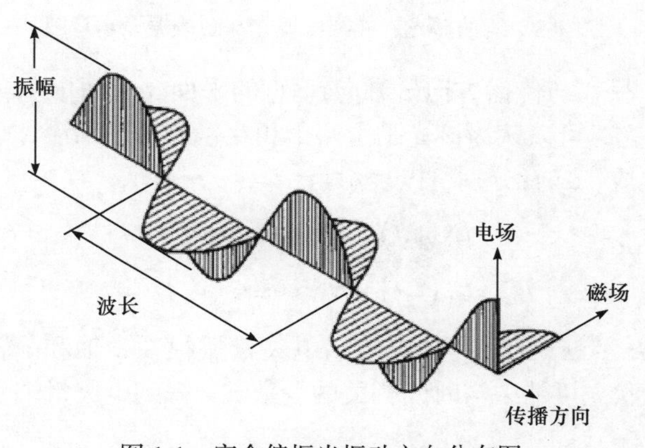


图 1-1　完全偏振光振动方向分布图

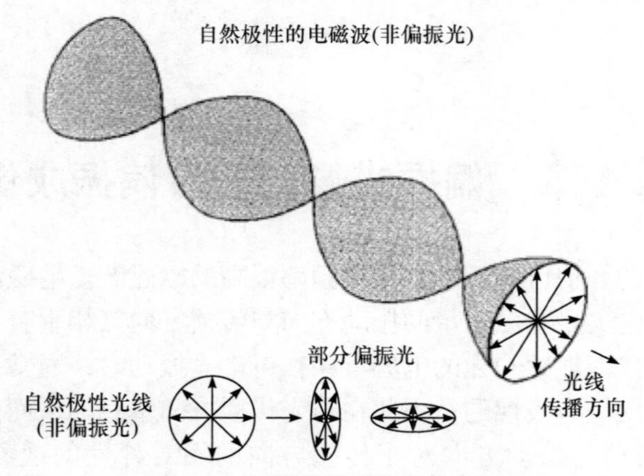


图 1-2　自然光振动方向分布图

对光偏振的研究主要就是研究光的电矢量在垂直于光传播方向平面内的振动情况。根据电矢量端点在垂直于光传播方向的平面内的轨迹，可以将偏振光分为线偏振光、椭圆偏振光和圆偏振光，如图 1-3 所示。其中线偏振光的电矢量端点轨迹是一条线段，椭圆偏振光的电矢量端点轨迹为一个椭圆，而圆偏振光则是圆形，对于圆偏振光，根据电矢量端点在垂直于光传播方向的平面内投影的运动方向不同，可以分为左旋(left circular，LC)圆偏振光和右旋(right circular，RC)圆偏振光。

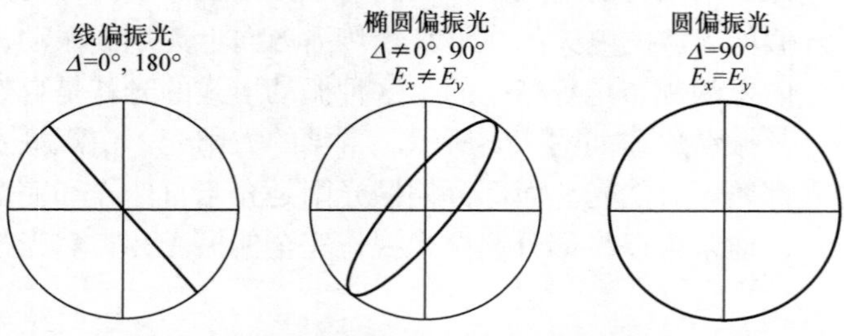


图 1-3　线偏振光、椭圆偏振光与圆偏振光示意图

光是横波，只在与传播方向($z$ 方向)垂直的平面($xoy$ 面)内振动，因此描述沿 $z$ 轴方向传播的光时可以认为该光是由两个相互正交的分别沿 $x$ 轴和 $y$ 轴振动的光横向分量的合成，二者分别可以表示为

$$E_x(z,t)=E_{0x}\cos(\tau+\delta_x) \tag{1.1}$$

$$E_y(z,t)=E_{0y}\cos(\tau+\delta_y) \tag{1.2}$$

式中，$\tau=\omega t-kz$；$E_{0x}$ 和 $E_{0y}$ 分别表示电矢量振幅在 $x$ 轴和 $y$ 轴上的投影。将式(1.1)和式(1.2)联立可消去与时间相关的参数 $\tau$，得到电矢量端点在 $xoy$ 平面内的轨迹方程：

$$\frac{E_x^2}{E_{0x}^2}+\frac{E_y^2}{E_{0y}^2}-2\frac{E_x}{E_{0x}}\frac{E_y}{E_{0y}}\cos\delta=\sin^2\delta \tag{1.3}$$

式中，$\delta=\delta_x-\delta_y$ 表示 $x$ 方向和 $y$ 方向振动的初始相位差。当 $\delta\neq\frac{k}{2}\pi(k=0,\pm1,\pm2,\cdots)$ 时，式(1.3)表示的电矢量端点轨迹是一个椭圆；当 $E_{0x}=E_{0y}$，且 $\delta=\frac{k}{2}\pi$ $(k=\pm1,\pm3,\pm5,\cdots)$ 时，式(1.3)表示的电矢量端点轨迹则是一个圆，根据 $\delta$ 的取值不同又分为左旋 $\left(\delta=-\frac{\pi}{2}+2k\pi,k=0,\pm1,\pm2,\cdots\right)$ 或右旋 $\left(\delta=\frac{\pi}{2}+2k\pi,k=0,\pm1,\pm2,\cdots\right)$；而 $\delta=k\pi(k=0,\pm1,\pm2,\cdots)$ 时，式(1.3)表示的电矢量端点轨迹则是一条直线。

从上述讨论可以看出，椭圆偏振光、圆偏振光以及线偏振光都可以看成具有恒定相位差相互正交的同频率线偏振光的合成，且圆偏振光和线偏振光都可以看成相位差以及振幅取特殊值时的椭圆偏振光。

当前用于对偏振光进行表征的方法主要有电矢量分量法、Poincare 球法、Jones 矢量法以及 Stokes 矢量法。其中，Poincare 球法使用一个单位球面上各点表示不同偏振态的完全偏振光，球面内部各点表示部分偏振光，该方法较为直观，但不适合用于复杂的计算；Jones 矢量法使用相互正交的两个振动分量对偏振光进行描述，其不足在于该方法只能用于对完全偏振光进行描述；Stokes 矢量法可以对任意偏振状态进行比较完备的描述，该方法使用一个四维矢量来对光的偏振进行描述，其中每个参量都是光强在时间上的平均，因此可以比较方便地对它们进行测量。在偏振成像探测中，电矢量分量法和 Poincare 球法通常应用较少，本节主要介绍 Jones 矢量法和 Stokes 矢量法。

### 1.1.2　Jones 矢量法

Jones 于 20 世纪 40 年代早期在处理类似振幅叠加的复杂偏振问题时提出使用 Jones 矩阵法来描述光的偏振态[1]。假设沿着 $z$ 轴传播的线偏振光电矢量在 $x$ 轴和 $y$ 轴上的投影如式(1.1)所述。将它们用一个列矩阵可以表示为

$$J=\begin{bmatrix}E_x\\E_y\end{bmatrix}=\begin{bmatrix}E_{0x}\mathrm{e}^{\mathrm{i}\delta_x}\\E_{0y}\mathrm{e}^{\mathrm{i}\delta_y}\end{bmatrix} \tag{1.4}$$

式(1.4)所示的矩阵即为 Jones 矢量，可用于描述沿 $z$ 轴传播的光的电矢量振动的端点随时间的变化。式中 $E_{0x}$ 和 $E_{0y}$ 分别表示电矢量振幅在 $x$ 轴和 $y$ 轴上的投影，$\delta_x$ 和 $\delta_y$ 分别表示 $x$ 方向和 $y$ 方向振动的相位。对于特定的偏振光而言，人们通常感兴趣的是 $x$，$y$ 两个方向上的振动分量之间的相位差 $\delta_x-\delta_y=\delta$，那

么式(1.4)可变化为

$$J=\begin{bmatrix}E_x\\E_y\end{bmatrix}=\begin{bmatrix}E_{0x}\mathrm{e}^{\mathrm{i}\delta_x}\\E_{0y}\mathrm{e}^{\mathrm{i}\delta_y}\end{bmatrix}=\begin{bmatrix}1\\E_0\mathrm{e}^{\mathrm{i}\delta}\end{bmatrix}E_{0x}\mathrm{e}^{\mathrm{i}\delta_x} \tag{1.5}$$

椭圆偏振光的光强可以表示为

$$I=\left|E_x\right|^2+\left|E_y\right|^2=E_xE_x^*+E_yE_y^*=E_x^2+E_y^2 \tag{1.6}$$

一般情况下，为表达方便可令光强 $I=1$，则可以得到归一化的 Jones 矢量：

$$J=\begin{bmatrix}1\\E_0\mathrm{e}^{\mathrm{i}\delta}\end{bmatrix}E_{0x}\mathrm{e}^{\mathrm{i}\delta_x}=\frac{E_{0x}\mathrm{e}^{\mathrm{i}\delta_x}}{\sqrt{E_{0x}^2+E_{0y}^2}}\begin{bmatrix}1\\E_0\mathrm{e}^{\mathrm{i}\delta}\end{bmatrix} \tag{1.7}$$

式中，$E_0=\dfrac{E_{0y}}{E_{0x}}$称为振幅比，表 1-1 是一些常用的归一化 Jones 矢量。

**表 1-1 归一化的 Jones 矢量表示**

| 偏振态 | Jones 矢量 | 归一化的 Jones 矢量 |
| --- | --- | --- |
| 水平线偏振 | $E_{0x}\begin{bmatrix}1\\0\end{bmatrix}$ | $\begin{bmatrix}1\\0\end{bmatrix}$ |
| 竖直线偏振 | $E_{0y}\begin{bmatrix}0\\1\end{bmatrix}$ | $\begin{bmatrix}0\\1\end{bmatrix}$ |
| ±45° 线偏振 | $E_{0x}\begin{bmatrix}1\\\pm1\end{bmatrix}$ | $\frac{1}{\sqrt{2}}\begin{bmatrix}1\\\pm1\end{bmatrix}$ |
| 右旋圆偏振 | $E_{0x}\begin{bmatrix}1\\\mathrm{e}^{\mathrm{i}\frac{\pi}{2}}\end{bmatrix}$ | $\frac{1}{\sqrt{2}}\begin{bmatrix}1\\\mathrm{i}\end{bmatrix}$ |
| 左旋圆偏振 | $E_{0x}\begin{bmatrix}1\\\mathrm{e}^{-\mathrm{i}\frac{\pi}{2}}\end{bmatrix}$ | $\frac{1}{\sqrt{2}}\begin{bmatrix}1\\-\mathrm{i}\end{bmatrix}$ |

在计算偏振光经过多个偏振光学元件之后的偏振态时，只需将各个偏振光学元件的 Jones 矩阵与入射光的 Jones 矢量相乘即可得到最终的出射光的偏振态，使得运算大大简化。但是入射光为部分偏振光或是非偏振光时，就不能利用 Jones 矢量来进行计算，这时利用 Stokes 矢量来进行分析则比较方便。

### 1.1.3 Stokes 矢量法

通过上述介绍可以看出，Jones 矢量只能够用于对完全偏振光进行描述。自然界中出现的偏振现象更多的是部分偏振光，在对这些部分偏振光的现象进行研究时显然不能使用Jones矢量来描述，但Stokes矢量的描述方式却不会受到这一限制，因此，当前更多采用Stokes矢量[2]的方法描述光的偏振态。

偏振光的电矢量端点轨迹用包括电矢量振幅以及相位信息在内的椭圆方程式(1.2)表示，对该式在一个振动周期内取平均，即可得

$$\frac{\left\langle E_x^2(t)\right\rangle}{E_{0x}^2}+\frac{\left\langle E_y^2(t)\right\rangle}{E_{0y}^2}-\frac{2\left\langle E_x(t)E_y(t)\right\rangle}{E_{0x}E_{0y}}\cos\delta=\sin^2\delta \tag{1.8}$$

式中，

$$\left\langle E_i(t)E_j(t)\right\rangle=\lim_{T\to\infty}\frac{1}{T}\int_0^T E_i(t)E_j(t)\mathrm{d}t,\quad i,j=x,y \tag{1.9}$$

式(1.8)乘以 $4E_{0x}^2E_{0y}^2$，可得

$$4E_{0x}^2\left\langle E_x^2(t)\right\rangle+4E_{0x}^2\left\langle E_y^2(t)\right\rangle-8E_{0x}E_{0y}\left\langle E_x(t)E_y(t)\right\rangle\cos\delta=2\left(E_{0x}E_{0y}\sin\delta\right)^2 \tag{1.10}$$

由式(1.9)可得

$$\left\langle E_x^2(t)\right\rangle=\frac{1}{2}E_{0x}^2 \tag{1.11}$$

$$\left\langle E_y^2(t)\right\rangle=\frac{1}{2}E_{0y}^2 \tag{1.12}$$

$$\left\langle E_x(t)E_y(t)\right\rangle=\frac{1}{2}E_{0x}E_{0y}\cos\delta \tag{1.13}$$

将式(1.11)、式(1.12)和式(1.13)代入式(1.10)可得

$$2E_{0x}^2E_{0y}^2+2E_{0x}^2E_{0y}^2-\left(2E_{0x}E_{0y}\cos\delta\right)^2=\left(2E_{0x}E_{0y}\sin\delta\right)^2 \tag{1.14}$$

上式可改写为

$$\left(E_{0x}^2+E_{0y}^2\right)^2-\left(E_{0x}^2-E_{0y}^2\right)^2-\left(2E_{0x}E_{0y}\cos\delta\right)^2=\left(2E_{0x}E_{0y}\sin\delta\right)^2 \tag{1.15}$$

将上式中括号内的部分分别表示为

$$S_0=E_{0x}^2+E_{0y}^2 \tag{1.16}$$

$$S_1=E_{0x}^2-E_{0y}^2 \tag{1.17}$$

$$S_2=2E_{0x}E_{0y}\cos\delta \tag{1.18}$$

$$S_3=2E_{0x}E_{0y}\sin\delta \tag{1.19}$$

可以看出，通过上述四个参数可以表示出光的偏振态以及光强，将这四个参数称为 Stokes 参数，偏振光的这种描述方法是 Stokes 于 1852 年在关于部分偏振光的研究过程中提出的。通常，在实际应用过程中将这四个参数写成一个矢量：

$$S = (S_0, S_1, S_2, S_3)^{\mathrm{T}}$$

其中，$S_0$ 表示光强；$S_1$ 表示沿 $x$ 轴方向振动的光强与沿 $y$ 轴振动的光强之差；$S_2$ 表示与 $x$ 轴成 ±45°方向上的光强之差；$S_3$ 则表示左旋成分和右旋成分光强之差。对于完全偏振光，显然满足

$$S_0^2 = S_1^2 + S_2^2 + S_3^2 \tag{1.20}$$

而对于部分偏振光则有

$$S_0^2 > S_1^2 + S_2^2 + S_3^2 \tag{1.21}$$

同样为了表达方便，可以对 Stokes 矢量的各个参数同时除以 $S_0$，从而得到归一化的 Stokes 矢量，表 1-2 是一些常用的归一化 Stokes 矢量。

**表 1-2　偏振光的归一化 Stokes 矢量**

| 偏振态 | 归一化 Stokes 矢量 |
|---|---|
| 自然光 | $(1,0,0,0)^{\mathrm{T}}$ |
| 水平线偏振光 | $(1,1,0,0)^{\mathrm{T}}$ |
| 竖直线偏振光 | $(1,-1,0,0)^{\mathrm{T}}$ |
| ±45°线偏振光 | $(1,0,\pm1,0)^{\mathrm{T}}$ |
| 右旋圆偏振光 | $(1,0,0,1)^{\mathrm{T}}$ |
| 左旋圆偏振光 | $(1,0,0,-1)^{\mathrm{T}}$ |

对于部分偏振光，可以方便地利用 Stokes 参数计算出其偏振度(degree of polarization，DoP)的大小，即

$$\mathrm{DoP} = \frac{\sqrt{Q^2 + U^2 + V^2}}{I}, \quad 0 \leqslant \mathrm{DoP} \leqslant 1 \tag{1.22}$$

同样地，偏振椭圆的方位角[即偏振角(angle of polarization，AoP)]以及椭圆率 $\alpha$ 也可以由 Stokes 参数分别表示为

$$\mathrm{AoP} = \frac{1}{2}\arctan\left(\frac{U}{Q}\right) \tag{1.23}$$

$$\alpha = \frac{1}{2}\arctan\left(\frac{V}{\sqrt{Q^2+U^2}}\right) \tag{1.24}$$

偏振角用于描述振动最强的电矢量振动方向，而偏振椭圆的椭圆率是椭圆短轴与长轴的比值，用于描述电矢量振动最强与最弱的两个方向上的差异大小。

## 1.2　直接偏振成像

Arago 和 Fresnel 最早发现光的旋光性，两人通过对双折射晶体的观察得到并非所有的光都是非偏振的这一结论。Millikan 于 1895 年在对炙热金属溶液所发出光线的研究中定量测量了线偏光。随后，诸多学者研究了辐射中的偏振光。1965 年，Sandus 对辐射偏振光的物理性质做了详细的总结，并在此基础上，开启了偏振成像探测的研究。

最早提出偏振成像的是美国的 Johnson。1974 年，他在一份政府报告中提出利用热红外扫描仪加偏振棱镜探头的形式来进行偏振成像。1976 年，Chin 在另一份政府报告中第二次提到相关信息。在 1977 年，Walraven[3]提出一种利用多个探头测量不同偏振态的结构，并申请相应专利。最早在公开刊物上提出可见光波段偏振成像仪的是 Walraven，他将现行偏振片(polarizer，P)置于胶片摄像机前，并不断旋转线偏器，从而获得目标不同偏振态的像。随着光电成像技术的不断发展以及偏振成像应用需求的增加，Solomon[4]在 1981 年对偏振成像的系统进行了总结，并详细描述了偏振态之间的关系，为偏振成像系统的进一步发展奠定了基础。除偏振成像技术概念不断发展外，其测量系统的应用也愈发广泛，20 世纪 80 年代，美国利用“先锋 11 号”搭载扫描型偏振成像仪，测量地球的大气环境。Coulson 等通过航天飞机上搭载的偏振成像仪对地球进行偏振成像，Egan 等通过偏振光路的三色数字相机对地球进行偏振成像，详细介绍了地球的偏振分布。上述偏振系统只能够测量线偏振光的一到两个分量，Prosch 等[5]利用三个相机同时获得了 Stokes 参量的前三个偏振态，Stenflo 等[6]利用两个压电调制器测量了大气的全偏振态。Pezzaniti 和 Chipman 使用 Mueller 矩阵测量光学元件传输与反射的偏振特性。

已知偏振信息与波长弱相关，因此偏振成像提供的信息独立于光谱与强度。在成像过程中，最先考虑的问题是成像波段，成像波段不同，偏振成像适用领域也不同[7-19]。对于不同的波段，成像探测仪的选择要相应作出改变，偏振成像可以分为可见光到近红外波段偏振成像[20-23]、短波红外偏振成像[24-26]、中波红外偏振成像，以及长波红外偏振成像[27,28]。其中，可见光及近红外成像偏振系统中的探测仪主要基于硅基探测器，短波红外成像主要采用 InGaAs 探测器。上述类型成像探测仪成本较低且易校准，偏振信息会因光源、探测器位置及物体本质特性变化而变化，可以用于目标探测、地质勘探、大气测量等方面。中波红外成像主要采用 InSb 探测器，其偏振信息来源主要为对光源的反射信号及自身热辐射，便于夜间探测，缺点是设备需要冷却，且设备成本较高。长波红外成像主要依靠 HgCdTe 探测器，一般探测物体主动发光，适用于夜间探测，只要物体温度稳定，得到的偏振信息也比较稳定，缺点是传感器分辨率较小，成本高昂且需要冷却。不同成像波段偏振成像的优缺点由表 1-3 所示。

**表 1-3　不同成像波段偏振成像优缺点比较**

| 波段分类 | 优点 | 缺点 |
|---|---|---|
| 可见、近红外、短波红外 | 光源强；<br>偏振的光谱动态范围大；<br>探测器便宜，易于制作与校准 | 偏振态与目标、光源相关；<br>偏振的光谱范围过大；<br>对探测器分辨率要求较高；<br>不可夜间成像 |
| 中波红外 | 对热辐射目标成像较好；<br>可夜间探测；<br>焦平面分辨率要求不高 | 偏振包括反射与辐射信号；<br>传感器需要冷却；<br>探测器价格高，不易校准 |
| 长波红外 | 可对热辐射目标成像；<br>可测量的偏振态稳定；<br>可夜间探测；<br>偏振态的光谱范围小 | 传感器需要冷却；<br>探测器十分昂贵且不易校准与制造 |

根据偏振测量维度可将偏振成像分为一维、二维、三维、四维偏振成像。最简单的一维偏振成像系统是将检偏器放置于相机前，选择与目标偏振态相应的偏方向，从而增大目标与背景之间的对比度，一维偏振成像主要用于对偏振光的选择成像及减缓水下偏振光的散射效应。二维偏振成像主要用于杂波抑制，尤其是当目标与背景偏振态不同时，二维偏振成像可以大大增强目标的对比度。三维偏振成像主要应用于自然界探测，此种偏振成像系统主要探测 Stokes 矢量的前三项，由于自然目标的圆偏振信息非常弱，为了降低偏振探测成本，在非人造目标的探测中一般使用线偏振探测。最早的三维偏振成像系统是由 Walraven 等报道的，三维偏振成像系统对线偏态敏感，可用于自然散射介质的偏振成像。然而，人造目标尤其是人造圆柱目标的圆偏振特性较强，与地物目标差异明显，因而在目标探测中需要能够测量所有偏振态的偏振成像系统，即四维偏振成像仪。Solomon 在 1981 年最早提出全 Stokes 参量偏振探测方法，自此，四维偏振成像仪有了较好的发展。

根据偏振成像系统中光源不同，可以将偏振成像分为主动偏振成像与被动偏振成像，其中大多数偏振成像系统利用被动成像的方式对目标进行成像，常见的光源为日光。对目标 Stokes 参量进行偏振成像，因为 Stokes 参量数目较小，并且容易获得，一般使用$(S_0,S_1,S_2,S_3)^{-1}$表示遥感系统中的 Stokes 参量，使用$(I,Q,U,V)^{-1}$表示大气与天文学中的 Stokes 参量。主动偏振成像系统中，探测所需的光源已知并且可控，光源可以产生一种或多种偏振光，而探测器可以获得两种及两种以上的偏振态，其原理如图 1-4 所示。

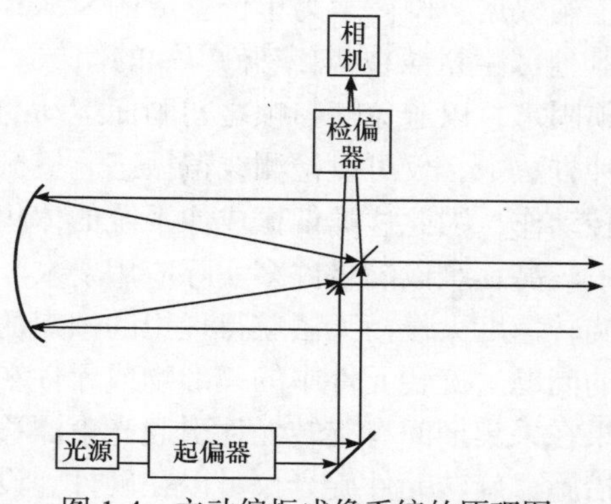


图 1-4　主动偏振成像系统的原理图

光源经过起偏器后部分偏振光直接进入检偏器成像，部分偏振光经样品反射后进入检偏器成像。通常主动成像用来探测元件的 Mueller 偏振矩阵[29-31]或其子矩阵[32,33]，Pezzaniti 和 Chipman 在研究样本的传输与反射中详细介绍了 Mueller 偏振成像系统，Azzam 创新性地利用双旋转波片对单个探测器的 Mueller 偏振成像仪进行傅里叶分析，上述 Mueller 偏振成像系统都使用单色光光源，而 Le Hors 等 2000 年提出用白光光源对目标进行 Mueller 偏振成像，Breugnot 和 Clemenceau 等在 Azzam 的基础上提出对 Mueller 矩阵的部分参数进行偏振成像，Babaet 和 Wolfe 分别于 2002 年与 2003 年提出高速 Mueller 偏振成像系统并实验室验证了其可行性。Mujat 提出一种与上述偏振成像技术不同的干涉偏振成像技术，并利用干涉的方法对目标进行主动偏振成像。

更多情况下，从事偏振探测研究及应用的人员更喜欢根据探测器是否同时直接获取视景偏振图像来对偏振成像探测进行分类，并以此分为时序型偏振成像与同时偏振成像。

### 1.2.1　时序型偏振成像

时序型偏振成像是指在不同时刻获取同一景物的不同偏振态的图像，此种偏振成像方式适用于静止目标。

时序型偏振成像系统又可以分为机械旋转偏振光学元件型、液晶型等。

机械旋转偏振光学元件型偏振成像系统最早于 20 世纪 70 年代出现，结构如图 1-5 所示，其利用旋转偏振片或固定偏振片旋转波片的方式来工作。早期的偏振成像系统利用照相胶片记录偏振图像，随着成像技术的发展，其偏振探测能力有了较大的提高。这种方法在系统设计和数据压缩方面都相对简单。在这种类型的旋光仪中，偏振元件的旋转引起从场景入射到焦平面上的偏振光的调制，可以使用图像处理方法来重构数据。以像素为单位生成的 Stokes 图像可用于生成线偏振度、圆形偏振度或其他派生量(如方向或椭圆度)的图像。但缺点也很明显，其使用场景与平台都必须固定，以避免帧与帧之间画面运动的影响。最常见的旋转元件是起偏器，在这种方法中，仅可以检测线偏振态。机械旋转偏振光学元件需要运动部件来完成旋转动作，因此这类偏振成像系统的体积、重量较大，抗震能力弱，对使用环境要求较高，难以满足许多实际应用要求。这类偏振器在实际使用中还可能存在元件旋转速度太慢而无法获得理想的帧率的问题，或偏振元件在旋转时图像也在移动的问题。旋转元件中的楔形物或元件在任何情况下摆动，都会造成光束漂移，如果在采集期间有旋转元件引起光束漂移，则会留下伪影。但是，如果采取适当的措施，旋转元件旋光仪可以在硬件、设计和集成方面的投资相对较小的情况下提供良好的结果。

图 1-5　机械旋转偏振光学元件型偏振成像系统

液晶型是指偏振片与波片空间位置不变，利用液晶空间光调制器或声光调制器取代机械旋转偏光元件，在不同的时刻对调制器进行调节，并采集相应偏振态图像，成像装置如图 1-6 所示，偏振成像系统的体积与重量有了很大的改变(缩小)。但调制器的使用不可避免地会造成电噪声、发热等问题，对探测精度影响较为严重。

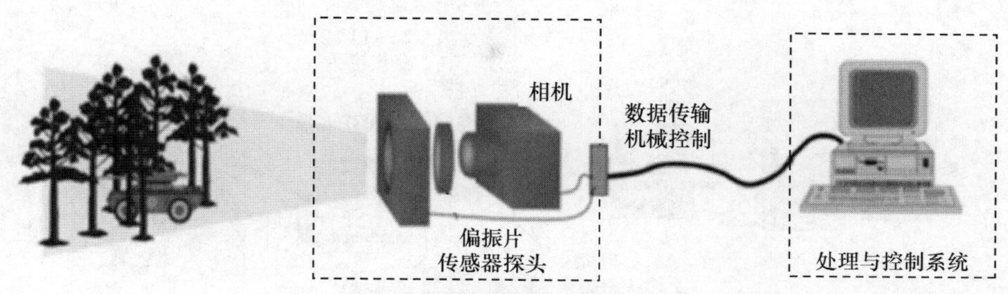


图 1-6　液晶型偏振成像仪

时序型偏振成像系统成像装置的结构简单，但是目标的偏振图像在不同时间获取，因此其测量结果必须要求整个测量过程中目标与偏振探测系统处于相对静止，且光照不变，此种探测方式无法对动态目标尤其是高速动态目标成像。为满足运动目标偏振成像需求，人们进一步开发了同时型偏振成像探测技术。

### 1.2.2　同时偏振成像探测

同时偏振成像可以通过一次曝光获得目标的不同偏振态图像，其优点是探测速度快，无运动部件，系统的可靠性与稳定性较好，适用于目标或偏振系统处于快速运动状态下的探测。按照偏振成像的实现方式，非时序型偏振成像系统可以分为分振幅型、分孔径型、分焦平面型与干涉型。

1. 分振幅型

该型偏振成像系统最初由 Garlick 等于 1976 年提出，由两路通道组成，至多能够探测三个 Stokes 参量，Azzam 与 Barter 在其基础上进一步提出了利用四个独立的焦平面阵列(focal plane array，FPA)探测器获得目标的全 Stokes 参量偏振图像，图 1-7 为分振幅型全 Stokes 参量偏振成像系统的原理示意图。被目标反射或折射的光，入射到物镜，利用三个光束分束器(beam splitter，BS) (80/20，50/50，50/50)将其分为四路，每条光路研究入射光的不同偏振态，继而在四个不同路的探测器上获得四幅振动方向固定的偏振图像。这样可以有效利用偏振光，在传输过程中没有光被吸收或者损耗。此外，研究的偏振态应尽可能接近正交，且分析的偏振态均匀地分布于所有可能的入射偏振态。摄像头系统由四个独立的摄像头组成，单个摄像头的物镜与一系列偏振分束器(polarization beam splitter，PBS)、延迟器和中继镜结合使用以产生偏振图像。刚性机械安装座用于将摄像机支撑在光从分束器出射的位置。偏振分束器用于同时进行线偏振光和圆偏振光的测量。摄像机同时捕获计算完整的 Stokes 图像所需的四张图像，从而消除了在采集过程中由场景变化而产生的虚假偏振效应。

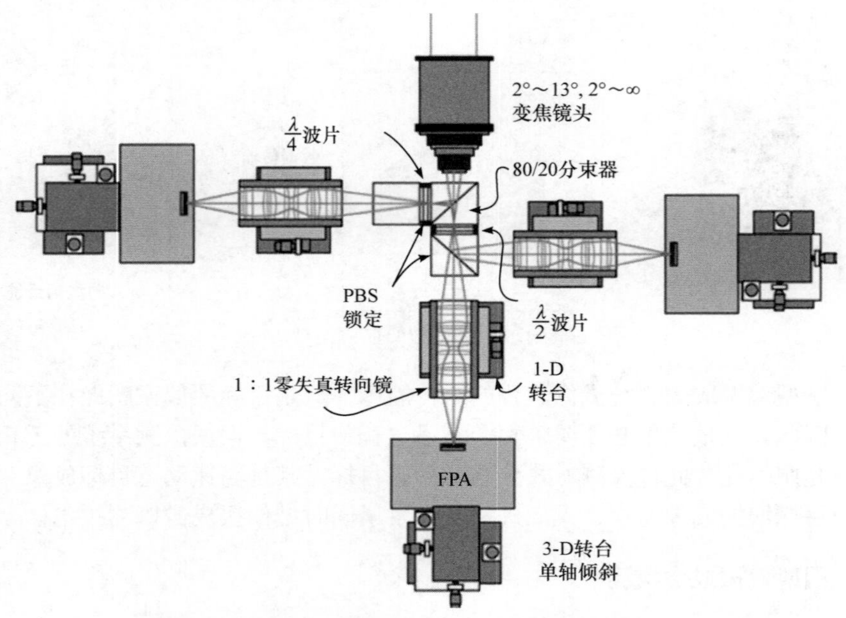


图 1-7　分振幅型全 Stokes 参量偏振成像系统

分振幅型偏振成像系统结构简单、系统分辨率高，但多个探测器的使用很难做到严格机械对准，因此会造成不同光路上的数据同步困难，且四个不同通道中的失配角使偏振探测结果产生较大误差。此外，系统体积较大、造价高昂、制作要求较高。

2. 分孔径型

该型偏振成像系统可同时获取所有偏振数据，只需要一个光学探测器。入射光经过微透镜阵列分成四个完全相同的部分，将一个探测器划分为四个相应区域来实现单探测器的四偏振态成像，其原理及偏振图像如图 1-8 所示。此类型的系统使用单个焦平面阵列和重成像系统将多个图像准确地对齐到 FPA 上。这种结构

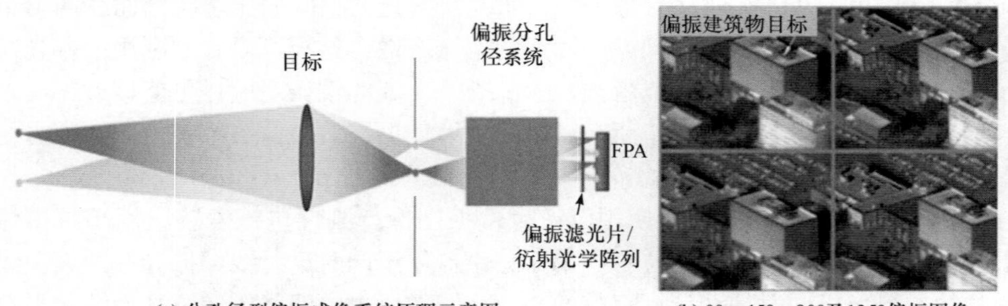


(a) 分孔径型偏振成像系统原理示意图　　(b) 0°，45°，90°及135°偏振图像

图 1-8　分孔径型偏振成像系统

的优势在于，一旦光路被机械固定，与分振幅型相比具有时间上的稳定性。稳定性的提高可能是由于分振幅型系统通常需要更长的光路，系统中较小的误差也会引起焦平面上的较大偏差。分孔径型结构既可以用作无源探测器，又可以用作有源单色探测器。分孔径型偏振成像系统常使用双沃拉斯顿棱镜(Wollaston prim，WP)分光，美国亚利桑那大学在此方面的研究处于领先地位，其研究的分孔径偏振成像系统可对地表与海洋进行目标探测以提高目标识别精度。

这种偏振成像系统可以保证四个偏振通道视场共轴，没有过多的分光元件，光学系统稳定，但其空间分辨率较低，在匹配传输、分孔径、图像进一步处理等方面较为困难，尤其在干涉成像与扫描成像方面无法获得较好的成像结果。

3. 分焦平面型

随着焦平面阵列技术的不断发展，人们将微型阵列偏振片放置在探测器前，形成了分焦平面型偏振成像系统，系统中每四个微型偏振片为一组，作用于探测器上的每个像素，实现偏振探测，其原理图如图 1-9 所示。1995 年，Rust 在其专利中率先提出利用两个微型偏振片为一组偏振单元，通过放置在焦平面前的偏振单元阵列进行偏振成像。大多数分焦平面成像系统仅对线偏光敏感，1999 年，Nordin 等利用分焦平面全偏振成像系统对衍射光学元件进行 Stokes 矢量测量。

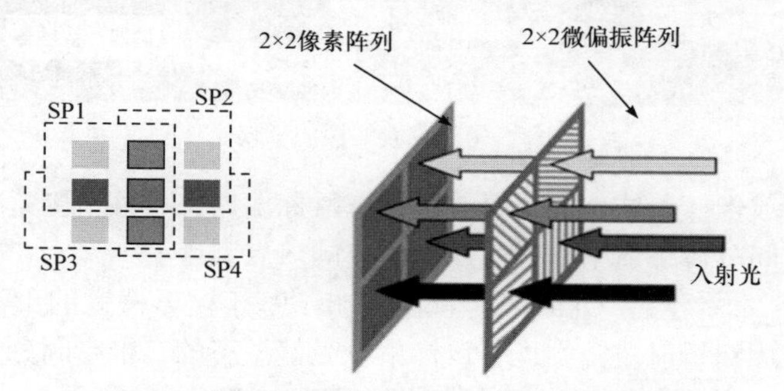


图 1-9　分焦平面成像中焦平面阵列单元示意图

现有的分焦平面偏振成像系统已经可以测量成像光谱的所有范围，包括可见光、短波红外线、长波红外线等，且此结构不需要分光，可以实现一次曝光四偏振态成像，典型的分焦平面偏振成像系统在焦平面中的插值点上计算 Stokes 矢量，由于计算每个点的 Stokes 矢量时需要进行 2 × 2 或是更大范围的卷积，所以使用时应该考虑空间分辨率。其优点是系统结构紧凑，稳定性高，重量体积小，但其空间分辨率不高，偏振阵列及微型圆偏振片的制作加工及其与电荷耦合器件(charge-coupled device，CCD)相机像元的精确配准较困难。

## 1.3 干涉偏振成像

前面介绍的分时与同时偏振成像，都是直接在焦平面上实现视景的偏振成像，可以直接提取原始偏振信息，因而称为直接偏振成像。还存在另一类偏振成像，它首先通过光的干涉，将空域信息变到频域，之后再通过解调来获得原始信息，传统上称为通道调制型偏振成像，但这种称谓不能体现该类偏振成像光干涉成像的物理本质，为此，本书定义其为干涉偏振成像。

干涉偏振成像仪利用分光元件同时将不同偏振信息加载到同一幅目标像的不同的载波频率上，再通过计算机解调实现偏振探测，整个装置没有运动元件，且可以做到小型化、轻便化，如图 1-10 所示。

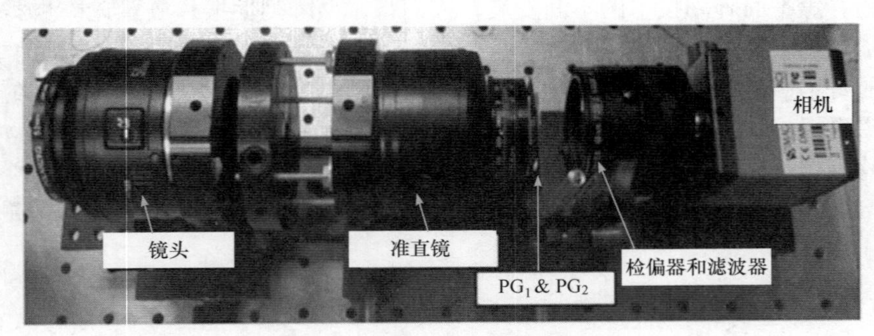


图 1-10 干涉偏振成像仪

这种偏振成像探测技术能瞬时获得动态目标偏振态，且结构紧凑，成本低，制作简单，空间分辨率适中，因而成为研究的热点。

2003 年，日本学者 Oka 等[32]首次提出了基于楔形棱镜的干涉偏振探测系统，该系统使用双折射棱镜实现了目标单色光偏振态的二维空间分布。为了解决楔形棱镜的不易装配问题，Oka 等[34]提出了基于两块薄厚不同的萨瓦板(Savart plate，SP)的快照式干涉偏振成像方案，2008 年，Luo 等[35]对上述萨瓦板结构进行改进，形成完善的单色光偏振成像系统，系统结构原理图如图 1-11 所示。

2009 年，Oka 等[36]提出了利用萨瓦板与衍射透镜(diffraction lens，DL)结合的结构对干涉偏振成像波段进行扩展。两年后，亚利桑那大学将萨瓦板偏振成像系统与衍射透镜结合，使得偏振成像系统的工作波段扩展到 50nm。工作波段的扩展使得系统同光量增加，并使系统探测聚集增加。Cao 等[37]在上述基础上使用改良型萨瓦板获得了分辨率较高、信噪比大、视场角大的干涉偏振成像系统。

在快照型萨瓦板偏振干涉成像系统的结构基础上，2009 年，亚利桑那大学的 Kudenov 等[38]利用 Sagnac 结构结合闪耀光栅，代替萨瓦板，得到了基于

Sagnac 结构的复色光干涉偏振成像系统。

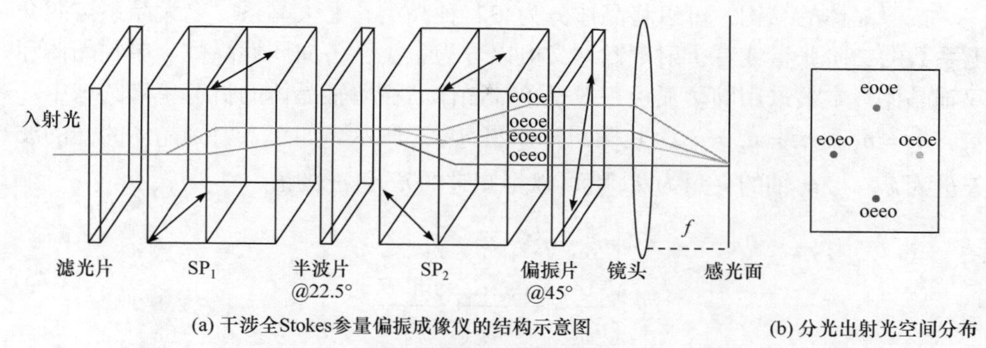


(a) 干涉全Stokes参量偏振成像仪的结构示意图　(b) 分光出射光空间分布

图 1-11　干涉偏振成像系统

然而 Sagnac 光路十分复杂，并且配准过程烦琐，因此 Micheal 等于 2011 年提出了一种利用理想光学元件——偏振光栅(polarization grating，PG)，代替传统干涉偏振成像系统中的萨瓦板，获得了结构简单，体积紧凑的复色光干涉偏振成像系统，如图 1-12 所示。

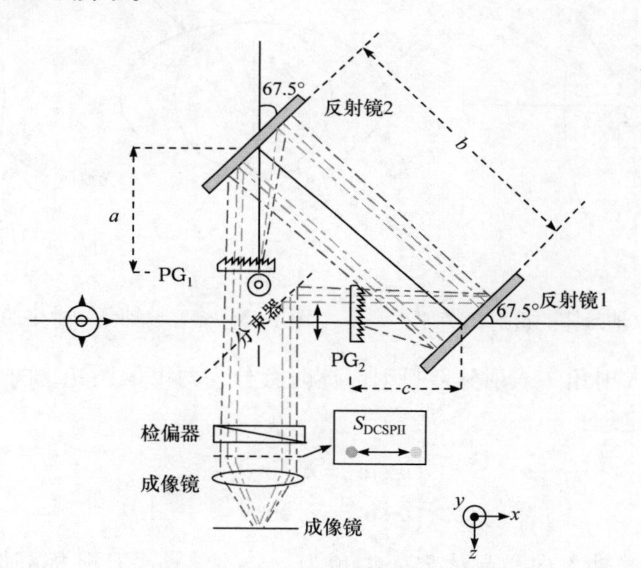


图 1-12　复色光干涉线偏振成像系统

### 1.3.1　干涉偏振成像系统中分光模块光传输过程分析

干涉偏振成像的核心元件是分光模块，以经典的分光模块——萨瓦板为例，其可以准确地认知干涉偏振成像系统中光传输的过程，从而更加准确和全面地理解干涉偏振成像系统的原理。萨瓦板是由两块单轴双折射晶体组成的，依靠双折射效应产生分光。研究光在萨瓦板中的传输是研究萨瓦板型偏振成像的基础。

按照晶体的结构，可以将晶体分为 32 种晶类，七大晶系。七大晶系按照介电系数的二阶张量或者折射率椭球又可以分为三类：各向同性晶体、单轴晶体和双轴晶体。本书采用的萨瓦板一般是单轴晶体。在单轴晶体的折射率椭圆球中，$n_x = n_y = n_\mathrm{o}$，$n_z = n_\mathrm{e} \neq n_\mathrm{o}$，其椭圆球如图 1-13 所示。如果入射到晶体的光的波矢量为 $k$，与 $n_z$ 轴的夹角为 $\theta$，就可以得知它的 $n_\mathrm{o}$ 和 $n_\mathrm{e}$ 的值：

$$\begin{cases} n_\mathrm{o}^2 = n_\mathrm{o}'^2 \\ \dfrac{1}{n_\mathrm{e}'^2} = \dfrac{\cos^2\theta}{n_\mathrm{o}^2} + \dfrac{\sin^2\theta}{n_\mathrm{e}^2} \end{cases} \tag{1.25}$$

式中，$n_\mathrm{o}'$ 和 $n_\mathrm{e}'$ 分别为晶体的寻常光 o 光的折射率和非寻常光 e 光的折射率。当晶体的 $n_\mathrm{o} > n_\mathrm{e}$ 时，称为正单轴晶体，$n_\mathrm{o} < n_\mathrm{e}$ 时，称为负单轴晶体，如图 1-14 所示。

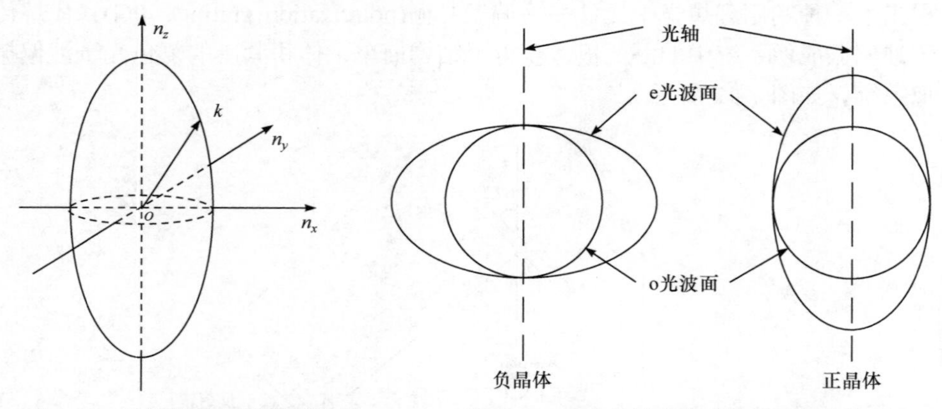


图 1-13　单轴晶体的折射率椭球　　图 1-14　光在单轴晶体中传播时的波阵面

当光束以入射角 $i$ 入射到双折射晶体时会分为两束偏振光，两束折射光均满足斯涅耳折射定理：

$$\begin{cases} n_i \sin i = n_\mathrm{o}' \sin\theta_\mathrm{o} \\ n_i \sin i = n_\mathrm{e}' \sin\theta_\mathrm{e} \end{cases} \tag{1.26}$$

萨瓦板是光轴方向与晶体界面夹角为 45°的单轴平行平板晶体，其结构如图 1-15(a)所示。为了方便计算，首先计算单块板的剪切量。假设入射光沿 $z$ 轴方向从 $O$ 点以角度 $i$ 入射到萨瓦板内，如图 1-15(b)所示。

图 1-15(b)中，晶体的主截面为 $WOZ$ 平面，入射面为 $KOZ$ 平面，二者的夹角为 $\omega$，$SOZ$ 平面为 e 光的折射面，与主截面的夹角为 $\omega_\mathrm{e}$。OW 为光轴方向，在主截面内与界面法线呈 45°夹角，OK 为 o 光的光波法线和传输方向，OJ 为 e

光的光波法线，在入射面内，OS 为 e 光[illegible]，光线出射后，SN⊥KN，|SK|就是单块萨瓦板产生的剪切量，|KN|则[illegible]光产生的光程差，$\theta_{\mathrm{o}}$ 和 $\theta_{\mathrm{e}}$ 分别为 o 光和 e 光的折射角，萨瓦板的单板厚度为 $t$ 。设单位方向向量分别为 $e_x$ ， $e_y$ 和 $e_z$ ，从几何出发：

$$\begin{aligned}\mathrm{KS}&=\mathrm{OS}-\mathrm{OK}\\&=\left(t\tan\theta_{\mathrm{e}}\sin\omega_{\mathrm{e}},t\tan\theta_{\mathrm{e}}\cos\omega_{e}\right)e_x-\left(t\tan\theta_{\mathrm{o}}\sin\omega,t\tan\theta_{\mathrm{o}}\cos\omega\right)e_y\end{aligned}\tag{1.27}$$

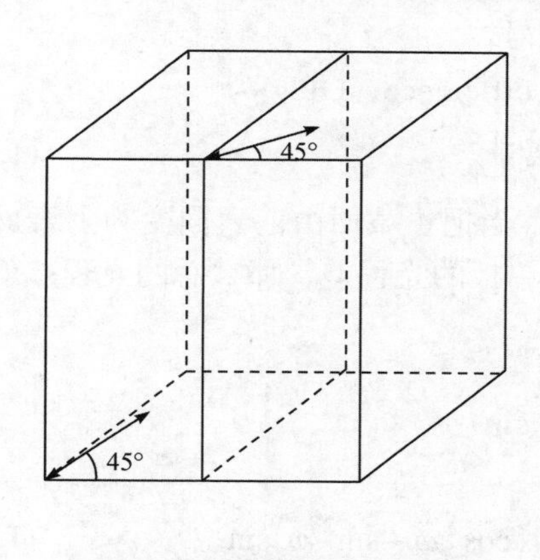


(a) 萨瓦板结构示意图

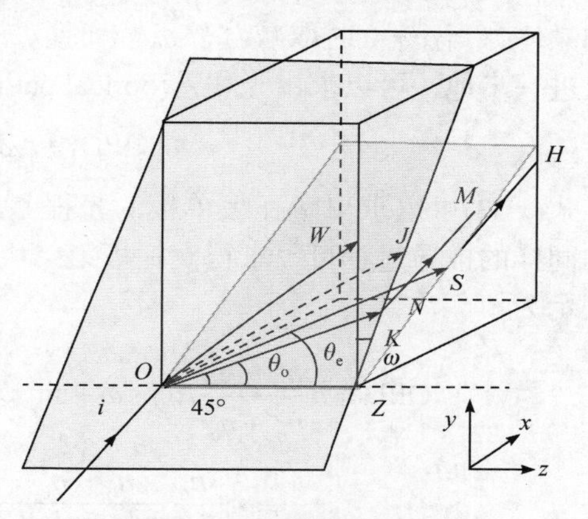


(b) 萨瓦板单板线迹追踪

图 1-15　萨瓦板结构图及其线迹追踪

又因为出射光线 KM 和 SH 均与入射光线平行，则有

$$\frac{\mathrm{KM}}{|\mathrm{KM}|}=\cos i\cdot e_z+\sin\omega\sin i\cdot e_x+\cos\omega\sin i\cdot e_y\tag{1.28}$$

同时，可以把 $|\mathrm{KN}|$ 看成 KS 在 KM 方向上的投影，即

$$|\mathrm{KN}|=\frac{\mathrm{KS}\cdot\mathrm{KM}}{|\mathrm{KM}|}=t\sin i\left[\tan\theta_{\mathrm{e}}\cos\left(\omega-\omega_{\mathrm{e}}\right)-\tan\theta_{\mathrm{o}}\right]\tag{1.29}$$

可以得到横向剪切量为

$$|\mathrm{SN}|=|\mathrm{KN}-\mathrm{KS}|=\sqrt{|\mathrm{KN}|^2-|\mathrm{KS}|^2}\tag{1.30}$$

将式(1.30)和式(1.27)代入式(1.30)，得到

$$|\mathrm{SN}|=t\sqrt{\tan^2\theta_{\mathrm{e}}\sin^2\left(\omega-\omega_{\mathrm{e}}\right)+\left[\tan\theta_{\mathrm{e}}\cos\left(\omega-\omega_{\mathrm{e}}\right)-\tan\theta_{\mathrm{o}}\right]^2\cos^2 i}\tag{1.31}$$

需要注意的是，当入射面与主截面平行时，即 $\omega=0$ 或 $\pi$ ，e 光光线也在入射面内 $\omega_{\mathrm{e}}=\pi$ 。把斯涅耳公式代入并化简公式(1.31)，可得

$$
\begin{aligned}
|\mathrm{SN}| &= \frac{\left(n_{\mathrm{o}}^{2}-n_{\mathrm{e}}^{2}\right)\cos\beta\sin\beta}{n_{\mathrm{e}}^{2}\cos^{2}\beta+n_{\mathrm{o}}^{2}\sin^{2}\beta}t\cos i \\
&\pm\left[\frac{n_{\mathrm{o}}n_{\mathrm{e}}}{\left(n_{\mathrm{e}}^{2}\cos^{2}\beta+n_{\mathrm{o}}^{2}\sin^{2}\beta\right)^{3/2}}-\frac{1}{n_{\mathrm{o}}}\right]t\cos i\sin i
\end{aligned}
\tag{1.32}
$$

式中，$\beta$ 为晶轴与界面法线的夹角45°；$n_{\mathrm{o}}$ 和 $n_{\mathrm{e}}$ 分别为晶体的双折射率。对于负单轴晶体，当 $\omega=0$ 时取减号，$\omega=\pi$ 时取加号。

进一步地，可以求出光程差(optical path difference，OPD)为

$$
\mathrm{OPD}_{1}=n\cdot|\mathrm{KN}| \tag{1.33}
$$

式(1.33)可以求出萨瓦板单板的光程差，当把主截面由前表面变为上表面之后，同样的推导过程可以求得萨瓦板第二块单板的光程差，那么总的光程差就可以表示为

$$
\begin{aligned}
\mathrm{OPD} &= n\frac{n_{\mathrm{o}}^{2}-n_{\mathrm{e}}^{2}}{n_{\mathrm{o}}^{2}+n_{\mathrm{e}}^{2}}t(\cos\omega+\sin\omega)\sin i \\
&+\frac{1}{\sqrt{2}}n^{2}\frac{n_{\mathrm{o}}}{n_{\mathrm{e}}}\frac{n_{\mathrm{o}}^{2}-n_{\mathrm{e}}^{2}}{\left(n_{\mathrm{o}}^{2}+n_{\mathrm{e}}^{2}\right)^{3/2}}t\left(\cos^{2}\omega-\sin^{2}\omega\right)\sin^{2}i \\
&=\sqrt{2}n\frac{n_{\mathrm{o}}^{2}-n_{\mathrm{e}}^{2}}{n_{\mathrm{o}}^{2}+n_{\mathrm{e}}^{2}}t\sin i+\frac{1}{\sqrt{2}}n^{2}\frac{n_{\mathrm{o}}}{n_{\mathrm{e}}}\frac{n_{\mathrm{o}}^{2}-n_{\mathrm{e}}^{2}}{\left(n_{\mathrm{o}}^{2}+n_{\mathrm{e}}^{2}\right)^{3/2}}t\sin^{2}i
\end{aligned}
\tag{1.34}
$$

而剪切量 $d$ 为

$$
d=\sqrt{2}\frac{n_{\mathrm{o}}^{2}-n_{\mathrm{e}}^{2}}{n_{\mathrm{e}}^{2}+n_{\mathrm{o}}^{2}}t\cos i \tag{1.35}
$$

当入射光为近平行光时，$i\approx 0$，剪切量可近似为 $d=\sqrt{2}\frac{n_{\mathrm{o}}^{2}-n_{\mathrm{e}}^{2}}{n_{\mathrm{o}}^{2}+n_{\mathrm{e}}^{2}}t$，光程差近似为零。

### 1.3.2　干涉偏振成像焦平面信息分布形成过程分析

在干涉偏振成像系统中，基波的产生完全依赖于干涉条纹的产生，干涉条纹的周期就是载波频率的倒数，直接决定采样周期。因此，光的干涉是干涉偏振成像技术涉及的基础知识，也是研究该技术的必备知识。

#### 1. 光干涉的条件

光的干涉现象是光的波动性的基础，1801年，托马斯 · 杨的双缝干涉实验对

干涉原理进行了定性分析，然而，基于当时光学“微粒说”的大环境，光的波动性并没有得到人们的认同。直到 1815 年 Fresnel 和 Arago 等用波动理论和实验定量地分析描述了干涉现象，人们才开始正视光学波动性的说法。干涉理论介绍如下。

光的干涉本质上是光波的矢量叠加效果，由电磁场理论，使用电场矢量描述光的状态，即

$$E = A\cos(k \cdot r - \omega t + \delta) \tag{1.36}$$

式中，$A$ 表示振幅，是一个矢量，具有大小和方向；$k$ 是波矢；$r$ 表示传输方向；$\omega$ 表示频率；$t$ 是时间；$\delta$ 是初始相位。两束光的叠加可以表示成矢量的相加，即两个或者多个波在相遇点产生的合成振动是各个波单独产生振动的矢量和，如图 1-16 所示。

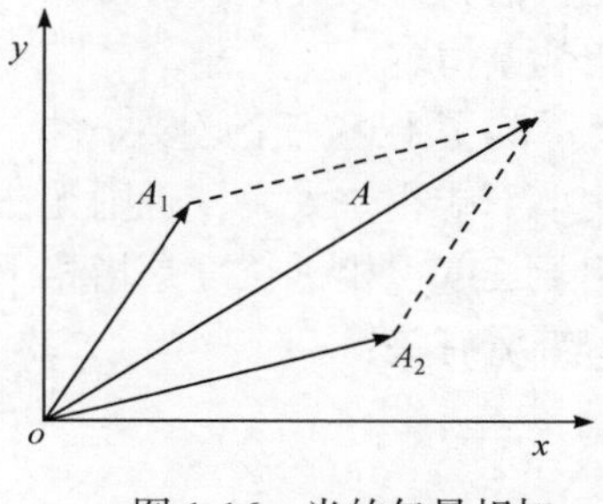


图 1-16　光的矢量相加

其中，合成振幅的大小表示为

$$\begin{aligned} E &= E_1 + E_2 \\ &= A_1\cos(k_1 \cdot r - \omega_1 t + \delta_1) + A_2\cos(k_2 \cdot r - \omega_2 t + \delta_2) \end{aligned} \tag{1.37}$$

因此相遇点的合成振动的强度为

$$\begin{aligned} I = EE^* &= (E_1 + E_2)(E_1 + E_2)^* \\ &= A_1^2 + A_2^2 + 2A_1 \cdot A_2\cos\delta \\ &= I_1 + I_2 + 2A_1 \cdot A_2\cos\delta \end{aligned} \tag{1.38}$$

式中，$\delta = (k_1 - k_2)\cdot r_1 - (\omega_1 - \omega_2)t + \delta_1 - \delta_2$ 表示相位差。由此可见，两束光波叠加后产生的干涉效应由干涉项 $I_{12} = 2A_1 \cdot A_2\cos\delta$ 决定，通过研究干涉项，可以得到发生干涉的条件。

1) 振动方向相同

由式(1.38)可以看出，当相遇的两束光的振动方向相同时，干涉项可以表示为 $I_{12} = 2A_1 \cdot A_2\cos\delta = 2|A_1||A_2|\cos\delta$；当二者的振动方向相互垂直时，$I_{12} = 0$，则没有干涉现象的产生；而当二者的振动方向既不平行也不垂直，而是存在一个夹角的话，平行分量发生干涉，垂直分量沦为背景光，就会影响干涉条纹的对比度。因而发生干涉现象的第一个必要条件就是振动方向相同。

2) 频率相同

由相位差的表达式 $\delta = (k_1 - k_2)\cdot r - (\omega_1 - \omega_2)t + \delta_1 - \delta_2$ 出发，当相遇的两束光的频率不同时，$(\omega_1 - \omega_2)t \neq 0$，也就是意味着干涉项的大小将成为一个与时间有关系的函数，那么在相遇点两束光则无法形成稳定的干涉条纹。所以，干涉现

象的产生的第二个必要条件就是频率相同。

3) 相位差恒定

依旧由相位差的表达式出发，当相遇的两束光频率相同时，相位差的表达式可以简化为$\delta = (k_1 - k_2) \cdot r + \delta_1 - \delta_2$，是一个与时间无关的函数。当空间位置确定之后，$(k_1 - k_2) \cdot r$是一个定值，那么当$\delta_1 - \delta_2$也是一个定值时，当前位置干涉项的数值就可以确定，即可以确定条纹的明暗。因此产生干涉的第三个必要条件是相位差恒定。

除了上述三个必要条件，还需满足充分条件。①产生干涉时，两束光的振幅大小不能相差太大，否则无法观测到明显的条纹变化；②两束光的光程差要小于相干长度。相干长度是指相干波保持一定的相干度进行传播的长度，与波长和光谱带宽有关：

$$l = \frac{\lambda^2}{\Delta\lambda} \tag{1.39}$$

式中，$\lambda$为光源的中心波长；$\Delta\lambda$为光谱带宽。

综上所述，产生干涉的必要条件是振动方向相同、频率相等、相位差恒定的两束光在观察屏相遇；而充分条件是两束光的光程差不能超过相干长度且振幅大小不能相差太大。

## 2. 多光束干涉

针对不同的应用需求，分光模块会把入射光分为相应的分量。对部分偏振成像系统来说，分光模块一般会将入射光分为两部分，满足分振幅的双光干涉情况；如果是全偏振探测，分光模块一般将入射光分为四束，那么就需要满足多光束干涉条件。

设有$N$个相干光波，各光束的振幅为$E_i(i=1,2,\cdots,N)$，相邻光波在接收屏同一位置处的相位差分别为$\delta_i(i=1,2,\cdots,N-1)$，按照矢量加法的运算法则，这$N$束光波在观察点的振幅为图 1-17 所示的$A$矢量的模值。

各个光束在坐标轴的投影为

$$\begin{cases} \sum x = E_1 + E_2\cos\delta_1 + E_3\cos\delta_2 + \cdots + E_N\cos\delta_{N-1} \\ \sum y = E_1 + E_2\sin\delta_1 + E_3\sin\delta_2 + \cdots + E_N\sin\delta_{N-1} \end{cases} \tag{1.40}$$

那么观测点的光强度则为

$$I = A^2 = \left(\sum x\right)^2 + \left(\sum y\right)^2 = \left(\sum x + \mathrm{i}\sum y\right)\left(\sum x - \mathrm{i}\sum y\right) \tag{1.41}$$

式中，

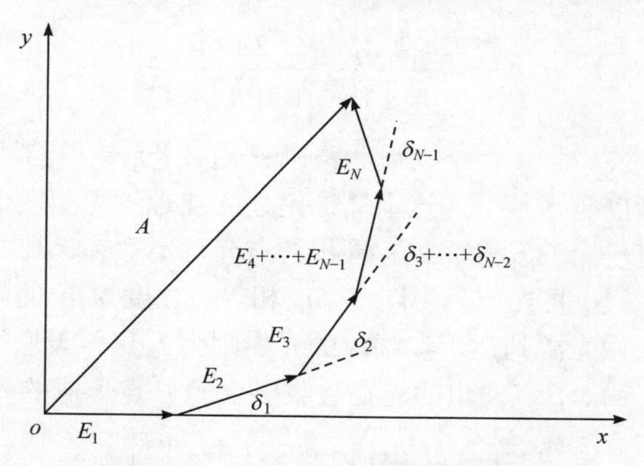


图 1-17　多光束干涉振幅矢量叠加图

$$\begin{aligned}\sum x+\mathrm{i}\sum y &= \sum_{i=1}^{i=N} E_i\left(\cos\delta_{i-1}+\mathrm{i}\sin\delta_{i-1}\right)\\ &= \sum_{i=1}^{i=N} E_i \mathrm{e}^{\mathrm{i}\delta_{i-1}}\end{aligned} \tag{1.42}$$

将式(1.42)代入式(1.41)，多光束干涉时，观察点的光强可以表示为

$$I=\left(\sum_{i=1}^{i=N} E_i \mathrm{e}^{\mathrm{i}\delta_{i-1}}\right)\left(\sum_{i=1}^{i=N} E_i \mathrm{e}^{-\mathrm{i}\delta_{i-1}}\right)=\left|\sum_{i=1}^{i=N} E_i \mathrm{e}^{\mathrm{i}\delta_{i-1}}\right|^2 \tag{1.43}$$

### 1.3.3　干涉条纹对比度及其影响因素

干涉条纹是由一系列明暗相间的条纹组成，条纹对比度是衡量条纹质量的一个重要参数，尤其是在干涉偏振成像系统中，条纹的对比度直接影响解调精度，一般情况下要求对比度大于等于 0.5，否则探测器得到的图片将无法解调。条纹的对比度的定义为

$$K=\frac{I_{\max}-I_{\min}}{I_{\max}+I_{\min}} \tag{1.44}$$

式中，$I_{\max}$ 和 $I_{\min}$ 分别表示条纹的最大光强和最小光强；$K$ 的取值范围为 $[0,1]$，当 $K=0$ 时，条纹消失，无法观测到明暗变化，当 $K=1$ 时，条纹明暗差异最大，条纹最为清晰可辨。由式(1.38)可知最大光强和最小光强分别为

$$\begin{cases} I_{\max}=I_1+I_2+A_1A_2 \\ I_{\min}=I_1+I_2-A_1A_2 \end{cases} \tag{1.45}$$

代入式(1.46)得

$$K = \frac{2A_1A_2}{A_1^2 + A_2^2} = \frac{2A_1/A_2}{1+\left(A_1/A_2\right)^2} \tag{1.46}$$

可见，当 $A_1 = A_2$ 时，$K = 1$，条纹最为清晰；当 $A_1$ 与 $A_2$ 相差越来越大时，$K$ 越来越小，条纹清晰度越来越低。这个结论是建立在理想光源发生干涉时。在实际应用中，光源总有一定的发光面积，理想的点光源不存在，那么光源的面积对干涉也会产生影响。假设将光源分为许多强度相等、宽度为 d$x$ 的微光源，如图 1-18 所示，那么每一个微光源到达干涉场时的光强则为 $I_0\mathrm{d}x$，设原有的光源 $S$ 扩展为宽度为 $b$ 的光源 $S'S''$，$c$ 点发出的光在接收屏上的 $P$ 点形成的光波叠加的强度为

$$\mathrm{d}I = 2I_0\mathrm{d}x\left[1+\cos k\left(\varDelta+\varDelta'\right)\right] \tag{1.47}$$

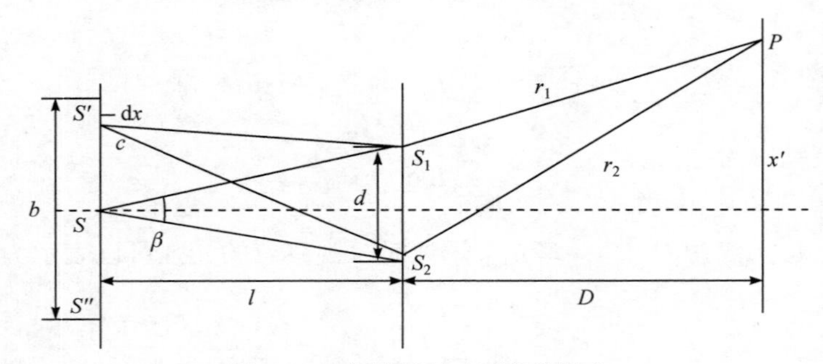


图 1-18　光源宽度对干涉的影响

式中，$\varDelta$ 和 $\varDelta'$ 分别为 $c$ 点经由 $S_1$ 和 $S_2$ 到 $P$ 点的一组相干光在干涉系统中的光程差。可以容易地求出，两个光程差分别为 $\varDelta = \dfrac{d}{D}x'$，$\varDelta' = \dfrac{d}{D}x$ 或 $\varDelta' = \beta x$，其中，$\beta = d/l$，称为干涉孔径角。于是整个宽度为 $b$ 的光源在接收屏 $P$ 点的干涉强度为

$$\begin{aligned} I &= \int_{-b/2}^{b/2} 2I_0\left[1+\cos k\left(\varDelta+\varDelta'\right)\right]\mathrm{d}x \\ &= \int_{-b/2}^{b/2} 2I_0\left[1+\cos k\left(\frac{d}{D}x'+\beta x\right)\right]\mathrm{d}x \\ &= 2I_0b + 2I_0\frac{2\sin\left(kb\beta/2\right)\cos k\dfrac{d}{D}x'}{k\beta} \\ &= 2I_0b\left[1+\frac{2\sin\left(kb\beta/2\right)}{kb\beta}\cos k\frac{d}{D}x'\right] \end{aligned} \tag{1.48}$$

即干涉项为 $\dfrac{2\sin\left(kb\beta/2\right)}{kb\beta}$，相应的干涉条纹的对比度表示为

$$K = \left| \frac{2\sin(kb\beta/2)}{kb\beta} \right| \tag{1.49}$$

对比度随光源宽度 $b$ 变化，当 $K$ 等于第一个零时，$k\beta b/2=\pi$，即 $b=\lambda/\beta$，称为光源的临界宽度。实际工作中，为了能够清晰地在接收屏观察到明暗相间的干涉条纹，通常取该值 1/4 作为光源的允许宽度，此时对比度 $K=0.9$，有

$$b_{\text{lim}} = \frac{\lambda}{4\beta} \tag{1.50}$$

如果光源存在一定的光谱带宽，则每一个光谱均可以产生相应周期的干涉条纹，无数个不同周期的条纹叠加到一起，会使对比度大大下降。

## 1.4　干涉偏振成像焦平面信息解调过程分析

干涉偏振成像的另一个技术关键是调制与解调，该技术基于二维的空间调制实现多维度信息的获取。当探测器获得了携带有干涉条纹的图像后，首先需要进行傅里叶变换，将图片从空域转换到空间频域，空间频域的频谱分布表示了图像的灰度变化的剧烈程度。其中低频信息在中心附近，高频信息分散在四周，干涉条纹所对应的空间频率需大于图像本身的频率的二倍。通过对频域进行带通滤波和傅里叶逆变换，可初步复原图像的通道内携带偏振信息的二维分布。为此，本节介绍二维傅里叶的基本概念，并以一维调制与解调为例，介绍调制与解调的基本概念。

### 1.4.1　二维傅里叶变换

傅里叶变换是在进行图像处理等工作时需要使用的基本工具，单变量连续函数 $f(x)$ 的傅里叶变换 $F(u)$ 定义为

$$F(u) = \int_{-\infty}^{\infty} f(x)\mathrm{e}^{-\mathrm{i}2\pi ux}\mathrm{d}x \tag{1.51}$$

同时经过傅里叶逆变换可以由给定的 $F(u)$ 推导出 $f(x)$：

$$f(x) = \int_{-\infty}^{\infty} F(u)\mathrm{e}^{\mathrm{i}2\pi ux}\mathrm{d}u \tag{1.52}$$

式(1.51)和式(1.52)是一组傅里叶变换对，它们说明一个函数可以从另一个函数的反变换中重新获得。此外，上述变换可以很容易地扩展到两个变量的函数中：

$$F(u,v)=\int_{-\infty}^{\infty}\int_{-\infty}^{\infty}f(x,y)\mathrm{e}^{-\mathrm{i}2\pi(ux+vy)}\mathrm{d}x\mathrm{d}y \tag{1.53}$$

$$f(x,y)=\int_{-\infty}^{\infty}\int_{-\infty}^{\infty}F(u,v)\mathrm{e}^{\mathrm{i}2\pi(ux+vy)}\mathrm{d}u\mathrm{d}v \tag{1.54}$$

上述傅里叶变换关系针对的是连续函数，在数字化时代，进一步了解离散傅里叶变换更为重要。单变量的离散函数 $f(x), x=0,1,\cdots,M-1$ 的傅里叶变换对可以表示为

$$F(u)=\frac{1}{M}\sum_{i=0}^{M-1}f(x)\mathrm{e}^{-\mathrm{i}2\pi ux/M},\quad u=0,1,\cdots,M-1 \tag{1.55}$$

$$f(x)=\sum_{i=0}^{M-1}F(u)\mathrm{e}^{\mathrm{i}2\pi ux/M},\quad x=0,1,\cdots,M-1 \tag{1.56}$$

离散傅里叶变换和连续傅里叶变换的区别在于：对连续函数进行傅里叶变换时，需要考虑其傅里叶变换是否存在，而对离散函数进行傅里叶变换时则不需要考虑这个条件，因为离散傅里叶变换总是存在的。引入欧拉公式：

$$\mathrm{e}^{\mathrm{i}\theta}=\cos\theta+\mathrm{i}\sin\theta \tag{1.57}$$

式(1.55)可变为

$$F(u)=\frac{1}{M}\sum_{i=0}^{M-1}f(x)(\cos 2\pi ux/M-\mathrm{i}\sin 2\pi ux/M) \tag{1.58}$$

式中，$u=0,1,\cdots,M-1$。因此，可以得出傅里叶变换的每一项都由函数 $f(x)$ 所有值的和组成。所能覆盖 $F(u)$ 的值的域称为频域。从式(1.58)也可以看出频域值是复数，其幅值为频率谱：

$$F(u)=\sqrt{R^2(u)+I^2(u)} \tag{1.59}$$

式中，$R(u)$，$I(u)$ 分别为傅里叶变换值的实部和虚部。同时，其幅角称为相位谱：

$$\varphi(u)=\arctan\left[\frac{I(u)}{R(u)}\right] \tag{1.60}$$

同理，上述的一维变量的离散傅里叶变换很容易就能扩展到二维离散傅里叶变换：

$$F(u,v)=\frac{1}{MN}\sum_{i=0}^{M-1}f(x,y)\mathrm{e}^{-\mathrm{i}2\pi(ux/M+vy/N)} \tag{1.61}$$

式中，$u=0,1,\cdots,M-1$ 和 $v=0,1,\cdots,N-1$，同时，其傅里叶逆变换为

$$f(x,y)=\sum_{i=0}^{M-1}F(u,v)\mathrm{e}^{\mathrm{i}2\pi(ux/M+vy/N)} \tag{1.62}$$

式中，$x=0,1,\cdots,M-1$ 和 $y=0,1,\cdots,N-1$。式(1.61)和式(1.62)构成了一组傅里叶变换对，其中常量$1/MN$ 的位置并不重要。二维离散傅里叶变换也存在相位谱和频率谱，分别为

$$\varphi(u,v)=\arctan\left[\frac{I(u,v)}{R(u,v)}\right] \tag{1.63}$$

$$F(u,v)=\sqrt{R^2(u,v)+I^2(u,v)} \tag{1.64}$$

式中，$R(u,v)$ 和 $I(u,v)$ 分别为傅里叶变换值的实部和虚部。在图像处理的过程中，通常使用$(-1)^{x+y}$乘以输入的图像，由于指数的特殊性质：

$$\mathcal{F}\left\{f(x,y)(-1)^{x+y}\right\}=F(u-M/2,v-N/2) \tag{1.65}$$

式中，$\mathcal{F}\{\ \}$表示傅里叶变换。式(1.65)可以将傅里叶变换的原点放置在$(M/2, N/2)$的位置上。这就要求进行二维离散傅里叶变换的图形的$M$和$N$均为偶数，在实际应用中 $x$ 和 $y$ 的值一般从 1 开始，而非从 0 开始，进而实际应用中的中心变为$(M/2+1,N/2+1)$。

### 1.4.2　干涉偏振成像系统中信号调制

在现代社会中，信号的传输一般是将原始信息(源信息)通过调制器或者发射器处理成在通信信道中容易传输的形式，并在接收端通过解调器将信息进行复原，从而获得源信息。在实际应用中有各种各样的调制方式，干涉偏振成像系统应用的是常见的正弦波振幅调制。目标的待测信号是四个Stokes参量，经过振幅调制的模式，被调制到了不同的空间频率上，对探测器接收调制信号进行处理，可以复原待测 Stokes 参量。目标的 Stokes 参量是二维空间分布，这里首先以一维调制作为例子，解释振幅调制与解调的概念，二维采样与解调的原理与其相同。

首先要引入的一个概念是载波频率$c(x)$，可以用指数或余弦形式表示：

$$\begin{cases}c(x)=\mathrm{e}^{(\mathrm{i}\mu_c x+\theta_c)}\\c(x)=\cos(\mu_c x+\theta_c)\end{cases} \tag{1.66}$$

式中，$\mu_c$ 表示载波频率的频率；$\theta_c$ 为载波频率的初始相位，一般为了简单，设置 $\theta_c=0$。调制就是将原始信号 $g(x)$ 调制上载波频率 $c(x)$，形成新的函数 $y(x)$：

$$y(x)=g(x)c(x) \tag{1.67}$$

以载波频率的指数形式为例，对式(1.67)进行傅里叶变换，得

$$\begin{aligned}Y(\mathrm{i}\mu)&=\frac{1}{2\pi}X(\mathrm{i}\mu)\otimes c(\mathrm{i}\mu)\\&=\frac{1}{2\pi}X(\mathrm{i}\mu)\otimes 2\pi\delta(\mu-\mu_c)\\&=X(\mathrm{i}\mu-\mathrm{i}\mu_c)\end{aligned} \tag{1.68}$$

从式(1.68)可以看出，接收端接收到的信号 $y(x)$ 的频谱就是原始输入信号的频谱，但是在频率上出现了一个 $\mu_c$ 的频移。

当使用正弦波作为载波频率时，其傅里叶变换为

$$\mathcal{F}\{\cos\mu_c x\}=\frac{2\pi\delta(\mu-\mu_c)+2\pi\delta(\mu+\mu_c)}{2} \tag{1.69}$$

故其调制过程如图 1-19 所示。

在这两个过程中可以很明显地得知，对于图 1-19 所示的调制过程，载波频率 $\mu_c$ 的大小并不影响接收端对信号的复原；对于图 1-20 所示的调制过程，只有当载波频率 $\mu_c>\mu_M$ 时，才能将两组共轭的信号分开。

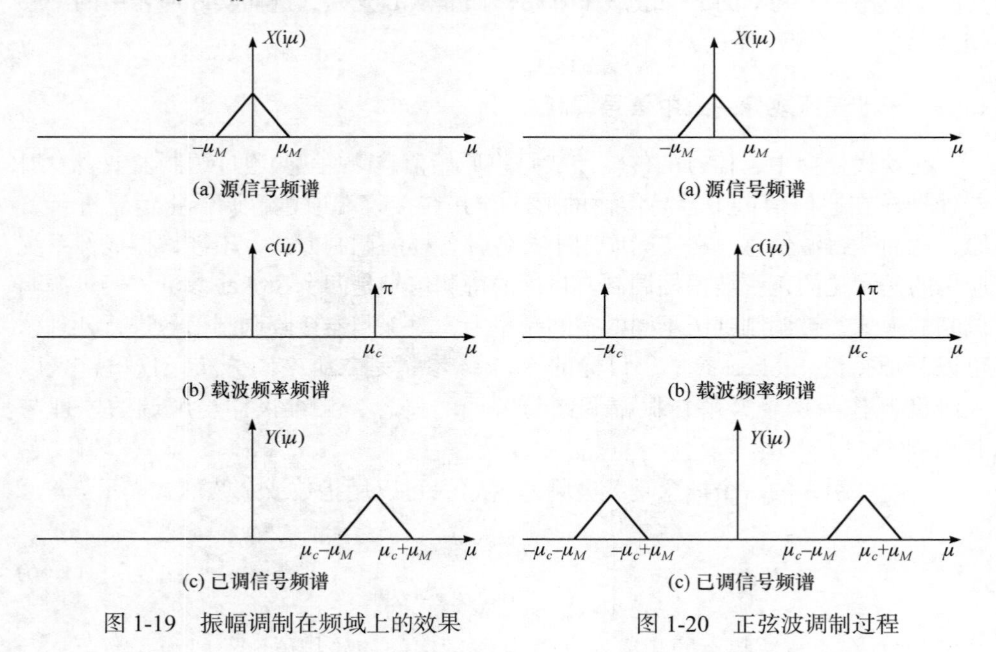


图 1-19　振幅调制在频域上的效果　　　　图 1-20　正弦波调制过程

### 1.4.3　干涉偏振成像系统中信号滤波与解调

当获得了调制信号之后，需要将其进行解调，复原初始的信号，本书涉及的干涉偏振成像系统的解调问题是将探测器采集得到的整幅照片进行滤波解调。在此依旧以一维调制信号解调为例，理解滤波解调的原理。

一个已经被调制过的信号 $y(x)$ 可表示为

$$y(x)=g(x)\cos(\mu_c x) \tag{1.70}$$

式中，$\mu_c$ 为载波频率，满足采样要求，大于 $\mu_M$；$g(x)$ 为原始信号。原始信号可以通过用 $y(x)$ 调制一个正弦波并用一个低通滤波器进行复原：

$$\omega(x)=y(x)\cos(\mu_c x) \tag{1.71}$$

把式(1.70)代入得

$$\omega(x)=g(x)\cos^2(\mu_c x) \tag{1.72}$$

利用三角函数的性质得到

$$\omega(x)=\frac{1}{2}g(x)+\frac{1}{2}g(x)\cos(2\mu_c x) \tag{1.73}$$

由式(1.73)可以看出，再加入一个低通滤波器，就可以将原始信号 $g(x)$ 进行复原。

当上述的过程推广到二维空间时，连续信号在一定条件下可以用该信号在等间隔点上的值即样本表示，并可以通过样本将原有信号进行复原。最基本的采样定理就是 Whittaker-Shannon 采样定理。假设有抽样函数 $g_s(x,y)$：

$$g_s(x,y)=\mathrm{comb}\left(\frac{x}{X}\right)\mathrm{comb}\left(\frac{y}{Y}\right)g(x,y) \tag{1.74}$$

傅里叶变换之后得

$$G_s(f_X,f_Y)=\mathcal{F}\left\{\mathrm{comb}\left(\frac{x}{X}\right)\mathrm{comb}\left(\frac{y}{Y}\right)\right\}\otimes G(f_X,f_Y) \tag{1.75}$$

式中，$\otimes$ 表示卷积。而

$$\mathrm{comb}\left(\frac{x}{X}\right)\mathrm{comb}\left(\frac{y}{Y}\right)=\sum_{n=-\infty}^{\infty}\sum_{m=-\infty}^{\infty}\delta\left(f_X-\frac{n}{X},f_Y-\frac{m}{Y}\right) \tag{1.76}$$

由此得

$$G_s(f_X,f_Y)=\sum_{n=-\infty}^{\infty}\sum_{m=-\infty}^{\infty}G\left(f_X-\frac{n}{X},f_Y-\frac{m}{Y}\right) \tag{1.77}$$

若 $g_s(x,y)$ 的频谱只在有限区域不为零，抽样函数不为零的区域可由在频率

平面内的每一个 $(n/X, m/Y)$ 点周围划出区域得到，如果抽样点相互之间充分靠近，那么各个频率区域的间隔就会足够大，保证相邻的区域不会重叠。让抽样函数通过一个线性滤波器，无畸变地传递(0,0)项而同时完全阻挡所有其他各项，就可以从 $G_s(f_X, f_Y)$ 复原 $G$。

为了确定抽样点之间的最大容许间隔，令 $2B_X$ 和 $2B_Y$ 分别表示完全为主区域的最小矩形的长宽，那么如果有 $X \leqslant \dfrac{1}{2B_X}$ 和 $Y \leqslant \dfrac{1}{2B_Y}$，就保证了频谱区域上的分开。即抽样点的最大间隔为 $(2B_X)^{-1}$ 和 $(2B_Y)^{-1}$。

如果滤波器是一个矩形函数，其傅里叶逆变换为

$$\begin{aligned} h(x,y) &= \mathcal{F}^{-1}\left\{\mathrm{rect}\left(\frac{f_X}{2B_X}\right)\mathrm{rect}\left(\frac{f_Y}{2B_Y}\right)\right\} \\ &= 4B_X B_Y \,\mathrm{sinc}(2B_X x)\,\mathrm{sinc}(2B_Y y) \end{aligned} \tag{1.78}$$

则有 $g(x, y) = 4B_X B_Y xy \sum\limits_{n=-\infty}^{\infty}\sum\limits_{n=\infty}^{\infty} g(nX, mY)\,\mathrm{sinc}\left[2B_X(x-nX)\right]\sin\left[2B_Y(y-mY)\right]$

当抽样间距为最大间距时，有

$$\begin{aligned} g(x,y) = &\sum_{n=-\infty}^{\infty}\sum_{m=-\infty}^{\infty} g\left(\frac{n}{2B_x}, \frac{m}{2B_Y}\right) \\ &\cdot \mathrm{sinc}\left[2B_X\left(x-\frac{n}{2B_x}\right)\right]\mathrm{sinc}\left[2B_Y\left(y-\frac{m}{2B_Y}\right)\right] \end{aligned} \tag{1.79}$$

从在一个间隔合适的矩形阵列上的抽样值，可以绝对准确地复原一个带限函数；在每一个抽样点上插入一个由 sinc 函数的乘积构成的插值函数，其权重为相应点上的 $g$ 的抽样值，就可实现复原。

## 参 考 文 献


[1] Jones R C. A New calculus for the treatment of optical systems VI. experimental determination of the matrix[J]. Journal of the Optical Society of America, 1947, 37 (2): 110-112.

[2] Stokes G G. On the Composition and Resolution of Streams of Polarized Light from Different Sources[M].Cambridge: Cambridge University Press, 2009.

[3] Walraven R L. Polarization imagery[J]. Optical Polarimetry Instrumentation & Applications, 1977, 112 (1): 164-167.

[4] Solomon J E. Polarization imaging[J]. Applied Optics, 1981, 20 (9): 1537-1544.

[5] Prosch T, Hennings D, Raschke E. Video polarimetry a new imaging technique in atmospheric science[J]. Applied Optics, 1983, 22 (9): 1360-1363.

[6] Stenflo J O, Povel H. Astronomical polarimeter with 2D detector arrays[J]. Applied Optics, 1985,

24 (22): 3893-3898.

[7] Hyde M W, Schmidt J D, Havrilla M J, et al. Enhanced material classification using turbulence-degraded polarimetric imagery[J]. Optics Letters, 2010, 35 (21): 3601-3603.

[8] Guan J G, Zhu J P. Target detection in turbid medium using polarization-based range-gated technology[J]. Optics Express, 2013, 21 (12): 14152-14158.

[9] Tominaga S, Kimachi A. Polarization imaging for material classification[J]. Optical Engineering, 2008, 47 (12): 11-15.

[10] Sparks W B, Hough J H, Kolokolova L, et al. Circular polarization in scattered light as a possible biomarker[J]. Journal of Quantitative Spectroscopy & Radiative Transfer, 2009, 110 (14-16): 1771-1779.

[11] Guillaume A, Nicolas B, Frederic G, et al. Joint contrast optimization and object segmentation in active polarimetric images[J]. Optics Letters, 2012, 37 (16): 3321-3323.

[12] Snik F, Craven J J, Escuti M, et al. An Overview of Polarimetric Sensing Techniques and Technology with Applications to Different Research Fields[M]. Baltimore: SPIE, 2014.

[13] Duan J, Fu Q, Mo C H, et al. Review of Polarization Imaging For International Military Application[M]. Baltimore: SPIE, 2013.

[14] Duan J, Fu Q, Mo C H, et al. Review of polarization imaging technology for international military applications[J]. Infrared Technology, 2014, 36 (3): 190-195.

[15] Pust N J, Shaw J A. Dual-field imaging polarimeter using liquid crystal variable retarders[J]. Applied Optics, 2006, 45 (22): 5470-5478.

[16] Cairns B, Russell E E, LaVeigne J D, et al. Research Scanning Polarimeter and Airborne Usage for Remote Sensing of Aerosols[M]. Orlando: Polarization Science and Remote Sensing, 2003.

[17] Diner D J, Davis A, Hancock B, et al. First results from a dual photoelastic-modulator-based polarimetric camera[J]. Applied Optics, 2010, 49 (15): 2929-2946.

[18] Ghosh N, Vitkin I A. Tissue polarimetry: concepts, challenges, applications, and outlook[J]. Journal of Biomedical Optics, 2011, 16 (11): 110801.

[19] Goudail F. Noise minimization and equalization for stokes polarimeters in the presence of signal-dependent Poisson shot noise[J]. Optics Letters, 2009, 34 (5): 647-649.

[20] Luo H T. Snapshot imaging polarimeters using spatial modulation[D].Tucson:The University of Arizona, 2008.

[21] Ohtera Y, Yu J Y, Yamada H. Analysis of polarization interference-type bpf arrays for NIR spectroscopic imaging utilizing all-dielectric planar chiral metamaterials[J]. Progress in Electromagnetics Research M, 2018, 66: 1-10.

[22] Li P, Kang G G, Vartiainen I, et al. Investigation of achromatic micro polarizer array for polarization imaging in visible-infrared band[J]. Optik, 2018, 158: 1427-1435.

[23] Zhao R, Gu G H, Yang W. Visible light image enhancement based on polarization imaging[J]. Laser Technology, 2016, 40 (2): 227-231.

[24] Nordin G P, Meier J T, Deguzman P C, et al. Micropolarizer array for infrared imaging polarimetry[J]. Journal of the Optical Society of America a-Optics Image Science and Vision, 1999, 16 (5): 1168-1174.

[25] LeMaster D A, Mahamat A H, Ratliff B M, et al. SWIR Active Polarization Imaging for Material Identification[M]. Orlando: Polarization Science and Remote Sensing, 2013.

[26] Dahl L M, Shaw J A, Chenault D B. Detection of A Poorly Resolved Airplane Using SWIR Polarization Imaging[M]. Baltimore: SPIE, 2016.

[27] Bai J, Wang C, Chen X H, et al. Chip-integrated plasmonic flat optics for mid-infrared full-stokes polarization detection[J]. Photonics Research, 2019, 7 (9): 1051-1060.

[28] Zhang J H, Zhang Y, Shi Z G. Long-wave infrared polarization feature extraction and image fusion based on the orthogonality difference method[J]. Journal of Electronic Imaging, 2018, 27 (2): 1-9.

[29] Goldberg A Z. Quantum theory of polarimetry: From quantum operations to Mueller matrices[J]. Physical Review Research, 2020, 2 (2): 023038.

[30] Kudenov M W, Escuti M J, Hagen N, et al. Snapshot imaging Mueller matrix polarimeter using polarization gratings[J]. Optics Letters, 2012, 37 (8): 1367-1369.

[31] Si L, Li X P, Zhu Y H, et al. Feature extraction on Mueller matrix data for detecting nonporous electrospun fibers based on mutual information[J]. Optics Express, 2020, 28 (7): 10456-10466.

[32] Oka K, Kaneko T. Compact complete imaging polarimeter using birefringent wedge prisms[J]. Optics Express, 2003, 11 (13): 1510-1519.

[33] Wang K, Zhu J P, Liu H, et al. Expression of the degree of polarization based on the geometrical optics PBRDF model[J]. Journal of the Optical Society of America a-Optics Image Science and Vision, 2017, 34 (2): 259-263.

[34] Oka K, Saito N. Snapshot Complete Imaging Polarimeter Using Savart Plates [M].Infrared Detectors and Focal Plane Arrays VIII.2006: 29508-29508. AEROSPACE SENSING, Orlando, FL, United States, 2006

[35] Luo H, Oka K, DeHoog E, et al. Compact and miniature snapshot imaging polarimeter[J]. Applied Optics, 2008, 47 (24): 4413-4417.

[36] Oka K, Ryosuke S, Masayuki O. Snapshot imaging polarimeter for polychromatic light using savart plates and diffractive lenses[J]. Frontiers in Optics, OSA Technical Digest, 2009, 5: 4.

[37] Cao Q Z, Zhang C M, DeHoog E. Snapshot imaging polarimeter using modified Savart polariscopes[J]. Applied Optics, 2012, 51 (24): 5791-5796.

[38] Kudenov M W, Jungwirth M E L, Dereniak E L, et al. White light Sagnac interferometer for snapshot linear polarimetric imaging[J]. Optics Express, 2009, 17 (25): 22520-22534.

# 第 2 章　干涉偏振成像应用瓶颈分析及探索

干涉偏振成像探测技术能够瞬时获得动态目标偏振态，且结构紧凑、成本低、制作简单、空间分辨率适中，因而成为人们研究的热点。但这种成像方式受成像原理所限，仅能准单色成像，能量利用率极低，严重限制了其应用。本章围绕入射光 Stokes 矢量位相因子的全光调制、调制光的分光干涉成像过程，阐述 Stokes 矢量多位相因子静态全光调制与干涉分离机理，推演具有普遍意义的传统干涉全偏振成像入射光偏振信息与焦平面光强数据间的映射关系，并在此基础上分析其波段限制因素，分析多种为突破波段宽度限制所展开的探索。

## 2.1　干涉偏振成像探测应用瓶颈

在物理分析基础上，本书研究基本构型如图 2-1 的干涉偏振成像系统。该类系统基于多相位因子静态全光调制与干涉分离原理，主要组成元件包括偏振分束器、检偏器(polarizer，P)、成像透镜(imaging lens，L)(傅里叶变换镜)、CCD 探测器。

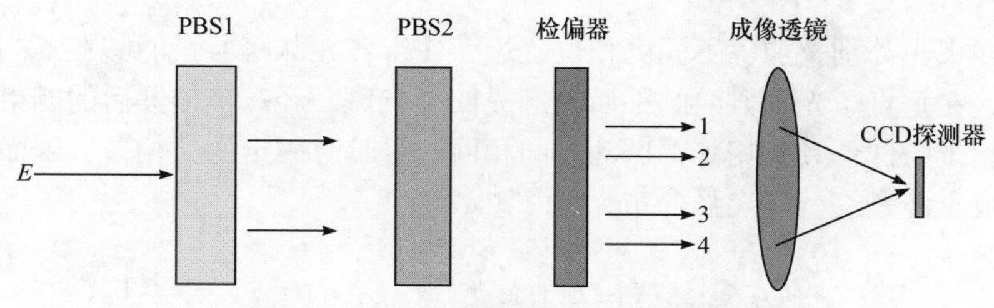


图 2-1　干涉全偏振成像装置结构方案

对于最简单的单波长入射光情况，设：入射光为($E_x$，$E_y$)，其相应的 Stokes 矢量为($S_0$，$S_1$，$S_2$，$S_3$)，则二者关系为

$$\begin{cases} \left\langle \left| E_y \right|^2 \right\rangle + \left\langle \left| E_x \right|^2 \right\rangle = S_0, \quad \left\langle \left| E_x \right|^2 \right\rangle = \dfrac{1}{2}(S_0 + S_1) \\ \left\langle \left| E_y \right|^2 \right\rangle = \dfrac{1}{2}(S_0 - S_1), \quad E_y E_x^* = \dfrac{1}{2}(S_2 + \mathrm{i}S_3) \end{cases} \tag{2.1}$$

入射光经过滤波器后变为准单色光照射在偏振分束器上，经过偏振分束器 1 的双折射作用后，光线被分为两束互相平行的光，产生一个与入射角度 $\theta$ 呈线性

变化的光程差；两束光再经过第二个偏振分束器，发生双折射现象，分为四束互相平行的剪切光，其状态与振幅如表 2-1 所示。

**表 2-1　四束光的状态与振幅**

| 光束 | 分量 | 振幅 |
|---|---|---|
| oeeo 光 | o | $E_y(t)$ |
| | e | $E_y(t)$ |
| | e | $E_y(t)/\sqrt{2}$ |
| | o | $E_y(t)/\sqrt{2}$ |
| oeoe 光 | o | $E_y(t)$ |
| | e | $E_y(t)$ |
| | o | $E_y(t)/\sqrt{2}$ |
| | e | $E_y(t)/\sqrt{2}$ |
| eoeo 光 | e | $E_x(t)$ |
| | o | $E_x(t)$ |
| | e | $E_x(t)/\sqrt{2}$ |
| | o | $E_x(t)/\sqrt{2}$ |
| eooe 光 | e | $E_x(t)$ |
| | o | $E_x(t)$ |
| | o | $E_x(t)/\sqrt{2}$ |
| | e | $E_x(t)/\sqrt{2}$ |

这四束光分别叠加了不同的相位延迟，使得各 Stokes 参量能够在不同的相位上分开，在垂直于光轴方向的平面内形成四个光斑。经过检偏器后的四束光，两两满足相干条件：频率相等，振动方向相同，且具有固定的位相差，因而在焦平面上形成干涉条纹，其光强分布为

$$I(x,y)=\left\langle |E|^2 \right\rangle=\left\langle \left| \begin{matrix} \frac{1}{2}E_y(t)\mathrm{e}^{-\mathrm{i}\varphi_1(x,y)}-\frac{1}{2}E_y(t)\mathrm{e}^{-\mathrm{i}\varphi_2(x,y)} \\ +\frac{1}{2}E_x(t)\mathrm{e}^{-\mathrm{i}\varphi_3(x,y)}+\frac{1}{2}E_x(t)\mathrm{e}^{-\mathrm{i}\varphi_4(x,y)} \end{matrix} \right|^2 \right\rangle \tag{2.2}$$

进一步简化公式得

$$\begin{aligned} I=&\frac{1}{2}S_0-\frac{1}{4}\left(S_0-S_1\right)\cos\left(\varphi_2-\varphi_1\right) \\ &+\frac{1}{4}\left(S_0+S_1\right)\cos\left(\varphi_4-\varphi_3\right) \\ &+\frac{1}{4}\mathrm{Re}\left\{\left(S_2+\mathrm{i}S_3\right)\left[\mathrm{e}^{\mathrm{i}(\varphi_3-\varphi_1)}-\mathrm{e}^{\mathrm{i}(\varphi_4-\varphi_2)}+\mathrm{e}^{\mathrm{i}(\varphi_4-\varphi_1)}-\mathrm{e}^{\mathrm{i}(\varphi_3-\varphi_2)}\right]\right\} \end{aligned} \tag{2.3}$$

式中，$x$，$y$ 为焦平面空间坐标；$\varphi_1(x,y) \sim \varphi_4(x,y)$ 是系统引入的位相因子，对于特定的偏光元件和入射波长为常数有

$$\begin{cases} \phi_1 = 0 \\ \phi_2 = 2\pi \dfrac{\Delta}{\lambda f}(x+y) = 2\pi\Omega(x+y) \\ \phi_3 = 2\pi \dfrac{\Delta}{\lambda f} 2x = 4\pi\Omega x \\ \phi_4 = 2\pi \dfrac{\Delta}{\lambda f}(x-y) = 2\pi\Omega(x-y) \end{cases} \tag{2.4}$$

式中，$\lambda$ 为入射光波长；$f$ 是成像透镜焦距；$\Delta$ 与系统元件参数有关，为常数。

可以看出，由于四个 Stokes 参量被调制上了不同的位相因子，焦平面上的光强分布经傅里叶变换后，各 Stokes 参量便会在频域上分为若干独立的通道，通道位置与位相因子有关，对相应的通道滤波、解调，便能实现全 Stokes 参量的同时探测。

假设光从左入射，根据斯涅耳定律可得

$$\begin{cases} \sin i = n_o \sin\theta_{o1} \\ \sin i = n_1 \sin\theta_{e1} \end{cases} \tag{2.5}$$

式中，$\theta_{o1}$ 和 $\theta_{e1}$ 为折射角；$n_o$ 和 $n_1$ 为 o 光和 e 光的折射率，$n_1$ 的表达式为

$$n_1 = \frac{1}{\sqrt{\left(\dfrac{1}{n_o^2} - \dfrac{1}{n_e^2}\right)\cos^2\gamma_1 + \dfrac{1}{n_e^2}}} \tag{2.6}$$

用 $\gamma_1$ 表示光轴与 e 光传播方向之间的夹角，$\alpha_1$ 表示入射平面与光轴和 e 光折射光线所构成平面的夹角，$\varepsilon$ 代表光轴和板平面的夹角，$\omega$ 代表入射平面和光轴在表面投影的夹角，则

$$\begin{cases} \cos\gamma_1 = \sin\theta_{e1}\cos\varepsilon\cos\omega + \sin\varepsilon\cos\theta_{e1} \\ \cos\alpha_1 = \dfrac{\cos\theta_{e1}\cos\varepsilon\cos\omega - \sin\varepsilon\cos\theta_{e1}}{\sqrt{1-\cos^2\gamma_1}} \end{cases} \tag{2.7}$$

根据以上各式可以得到 $n_1$ 的值为

$$n_1(i,\omega) = \sqrt{\frac{-b_1(i,\omega) + \sqrt{b_1^2(i,\omega) - 4a_1(i,\omega)c_1(i,\omega)}}{2a_1}} \tag{2.8}$$

式中，

$$\begin{cases} a_1 = \dfrac{1}{4}\left(\dfrac{1}{n_o^2}+\dfrac{1}{n_e^2}\right)^2 \\ b_1(i,\omega) = -\left[\Delta_1(i,\omega)\left(\dfrac{1}{n_o^2}+\dfrac{1}{n_e^2}\right)+\left(\dfrac{1}{n_o^2}-\dfrac{1}{n_e^2}\right)^2 \sin^2 i \cos^2 \omega\right] \\ c_1(i,\omega) = \Delta_1^2(i,\omega)+\left(\dfrac{1}{n_o^2}-\dfrac{1}{n_e^2}\right)^2 \sin^4 i \cos^2 \omega \\ \Delta_1(i,\omega) = 1-\dfrac{1}{2}\left(\dfrac{1}{n_o^2}-\dfrac{1}{n_e^2}\right)\sin^2 i \cos^2 \omega + \dfrac{1}{2}\left(\dfrac{1}{n_o^2}-\dfrac{1}{n_e^2}\right)\sin^2 i \end{cases} \tag{2.9}$$

根据 Mueller 矩阵中各元素与 Jones 矩阵中各元素的关系式：

$$\begin{cases} M_{12} = \dfrac{g_{11}J_{11}+g_{21}J_{21}-g_{12}J_{12}-g_{22}J_{22}}{2} \\ M_{13} = \dfrac{g_{11}J_{12}+g_{21}J_{22}+g_{12}J_{11}+g_{22}J_{21}}{2} \\ M_{14} = \dfrac{\mathrm{i}(g_{11}J_{12}+g_{21}J_{22}-g_{12}J_{11}-g_{22}J_{21})}{2} \\ M_{21} = \dfrac{g_{11}J_{11}+g_{12}J_{12}-g_{21}J_{21}-g_{22}J_{22}}{2} \\ M_{22} = \dfrac{g_{11}J_{11}+g_{22}J_{22}-g_{12}J_{12}-g_{21}J_{21}}{2} \\ M_{23} = \dfrac{g_{12}J_{11}+g_{11}J_{12}-g_{21}J_{22}-g_{21}J_{22}}{2} \\ M_{24} = \dfrac{\mathrm{i}(g_{11}J_{12}+g_{22}J_{21}-g_{21}J_{22}-g_{12}J_{11})}{2} \\ M_{31} = \dfrac{g_{11}J_{21}+g_{22}J_{11}+g_{12}J_{22}+g_{22}J_{12}}{2} \\ M_{32} = \dfrac{g_{11}J_{21}+g_{21}J_{11}-g_{12}J_{22}-g_{22}J_{12}}{2} \\ M_{34} = \dfrac{\mathrm{i}(g_{11}J_{22}+g_{21}J_{12}-g_{12}J_{21}-g_{22}J_{11})}{2} \\ M_{41} = \dfrac{\mathrm{i}(g_{21}J_{11}+g_{22}J_{12}-g_{11}J_{21}+g_{12}J_{22})}{2} \\ M_{42} = \dfrac{\mathrm{i}(g_{21}J_{11}+g_{12}J_{22}-g_{11}J_{21}+g_{22}J_{12})}{2} \end{cases}$$

$$\begin{cases} M_{43} = \dfrac{\mathrm{i}(g_{21}J_{12} + g_{22}J_{11} - g_{11}J_{22} - g_{12}J_{21})}{2} \\ M_{44} = \mathrm{i}(g_{21}J_{12} - g_{22}J_{11} + g_{11}J_{22} - g_{12}J_{21})/2 \end{cases} \tag{2.10}$$

式中，$g_{11}$，$g_{12}$，$g_{21}$，$g_{22}$ 分别为 $J_{11}$，$J_{21}$，$J_{12}$，$J_{22}$ 的共轭。

对于如图 2-1 的结构，两个偏振分束器的 Jones 矩阵分别为

$$J_1 = \begin{bmatrix} \mathrm{e}^{\mathrm{i}\varDelta_1} & 0 \\ 0 & -\mathrm{e}^{\mathrm{i}\varDelta_1} \end{bmatrix} \tag{2.11}$$

$$J_2 = \begin{bmatrix} \mathrm{e}^{\mathrm{i}\varDelta_2} & 0 \\ 0 & -\mathrm{e}^{\mathrm{i}\varDelta_2} \end{bmatrix} \tag{2.12}$$

线偏振片(linear polarizer，LP)的 Jones 矩阵为

$$J_3 = \begin{bmatrix} 1 & 1 \\ 1 & 1 \end{bmatrix} \tag{2.13}$$

整个系统的 Jones 矩阵表达式为

$$J = \begin{bmatrix} \mathrm{e}^{\mathrm{i}(2\varDelta_1)} + \mathrm{e}^{\mathrm{i}(\varDelta_1+\varDelta_2)} & \mathrm{e}^{\mathrm{i}(2\varDelta_1)} - \mathrm{e}^{\mathrm{i}(\varDelta_1+\varDelta_2)} \\ \mathrm{e}^{\mathrm{i}(2\varDelta_1)} + \mathrm{e}^{\mathrm{i}(\varDelta_1+\varDelta_2)} & -\mathrm{e}^{\mathrm{i}(2\varDelta_1)} - \mathrm{e}^{\mathrm{i}(\varDelta_1+\varDelta_2)} \end{bmatrix} \tag{2.14}$$

系统 Jones 矩阵的厄米共轭矩阵为

$$g = \begin{bmatrix} \mathrm{e}^{-\mathrm{i}(2\varDelta_1)} + \mathrm{e}^{-\mathrm{i}(\varDelta_1+\varDelta_2)} & \mathrm{e}^{-\mathrm{i}(2\varDelta_1)} + \mathrm{e}^{-\mathrm{i}(\varDelta_1+\varDelta_2)} \\ \mathrm{e}^{-\mathrm{i}(2\varDelta_1)} - \mathrm{e}^{-\mathrm{i}(\varDelta_1+\varDelta_2)} & \mathrm{e}^{-\mathrm{i}(\varDelta_1+\varDelta_2)} - \mathrm{e}^{-\mathrm{i}(2\varDelta_1)} \end{bmatrix} \tag{2.15}$$

由此可得系统 Mueller 矩阵为

$$M = \begin{bmatrix} 4 & 2\left(\mathrm{e}^{\mathrm{i}(\varDelta_1-\varDelta_2)} + \mathrm{e}^{-\mathrm{i}(\varDelta_1-\varDelta_2)}\right) & 0 & 0 \\ 0 & 0 & 0 & 2\mathrm{i}\left(\mathrm{e}^{\mathrm{i}(\varDelta_1-\varDelta_2)} - \mathrm{e}^{-\mathrm{i}(\varDelta_1-\varDelta_2)}\right) \\ 2\left(\mathrm{e}^{\mathrm{i}(\varDelta_1-\varDelta_2)} - \mathrm{e}^{\mathrm{i}(\varDelta_1-\varDelta_2)}\right) & 4 & 0 & 0 \\ \mathrm{i} & 0 & 2\left(\mathrm{e}^{\mathrm{i}(\varDelta_1-\varDelta_2)} + \mathrm{e}^{-\mathrm{i}(\varDelta_1-\varDelta_2)}\right) & 0 \end{bmatrix} \tag{2.16}$$

于是，焦平面上光强分布可表示为

$$I=\left\langle\left|\frac{1}{2}E_y\mathrm{e}^{\mathrm{i}\phi_1}-\frac{1}{2}E_y\mathrm{e}^{\mathrm{i}\phi_2}+\frac{1}{2}E_x\mathrm{e}^{\mathrm{i}\phi_3}+\frac{1}{2}E_x\mathrm{e}^{\mathrm{i}\phi_4}\right|^2\right\rangle \tag{2.17}$$

式中，$x$，$y$ 为焦平面空间坐标；$\phi_1\sim\phi_4$ 是系统引入的位相因子：

$$\begin{cases}\phi_1=0\\ \phi_2=2\pi\dfrac{\varDelta}{\lambda f}(x+y)=2\pi\varOmega(x+y)\\ \phi_3=2\pi\dfrac{\varDelta}{\lambda f}2x=4\pi\varOmega x\\ \phi_4=2\pi\dfrac{\varDelta}{\lambda f}(x-y)=2\pi\varOmega(x-y)\end{cases} \tag{2.18}$$

整理后得

$$\begin{aligned}I&=\frac{1}{2}S_0+\frac{1}{2}S_1\cos[2\pi\varOmega(x+y)]\\&\quad+\frac{1}{4}(S_2\cos4\pi\varOmega x+S_3\sin4\pi\varOmega x)-\frac{1}{4}(S_2\cos4\pi\varOmega y-S_3\sin4\pi\varOmega y)\\&=\frac{1}{2}S_0+\frac{1}{2}S_1\cos[2\pi\varOmega(x+y)]+\frac{1}{4}(S_{23}\cos4\pi\varOmega x-\arg S_{23})-\frac{1}{4}(S_{23}\cos4\pi\varOmega y+\arg S_{23})\end{aligned} \tag{2.19}$$

式中，$S_{23}=S_2+\mathrm{i}S_3$。

这样，就将焦平面上的光强分布 $\boldsymbol{I}$ 用入射光的全偏振 Stokes 参量 $S_0$，$S_1$，$S_2$，$S_3$ 表示出来。这一方程就是该系统的映射关系表达式。

可见，不同的Stokes参量被加上不同的位相因子，通过解调，即可获得焦平面上各点的强度和偏振特性。

从以上原理分析可以看出，干涉偏振成像能够瞬时获得动态目标偏振态，且结构紧凑、成本低廉、制作简单、空间分辨率适中；但同时也受原理所限，仅可单色光成像或准单色成像，造成能量利用率大大受限，影响其推广应用。为此，有学者探索了系列波段扩展探测。

## 2.2 典型干涉偏振成像系统波段扩展探索

偏振成像技术是一种可同时对目标物体的偏振态进行测量以及成像的新型探测技术。该技术在空间遥感[1-3]、军事[4-6]、生物医学[7,8]，材料[9-13]等领域有重大应用前景。21 世纪初，干涉偏振成像技术以其具有高空间分辨率，可同时获得多个 Stokes 参量，板型紧凑，无可动器件，对动态目标成像等优点逐渐成为研究的热点。

干涉偏振成像技术可以同时获得目标的Stokes参量信息的二维分布。通过分光调制模块可以将入射光分为不同的光束，并调制上不同的相位因子。当光束在焦平面阵列处发生干涉时，干涉条纹的空间频率将作为载波频率，赋予不同的Stokes参量不同的载波频率，因此，不同的Stokes参量将在频域上处于不同通道内，经过切趾和图像复原，就可以得到目标各个 Stokes 参量的二维空间分布信息。日本北海道大学的 Oka 等[14]在通道调制偏振光谱探测技术的基础上首先提出了该技术，并于 2003 年发表了基于楔形棱镜型的干涉偏振成像系统。系统原理如图 2-2 所示，采用 He-Ne 激光作为光源，偏振片作为起偏模块，探测器前加入的两组楔形棱镜作为检偏模块，可以探测样品的偏振信息。

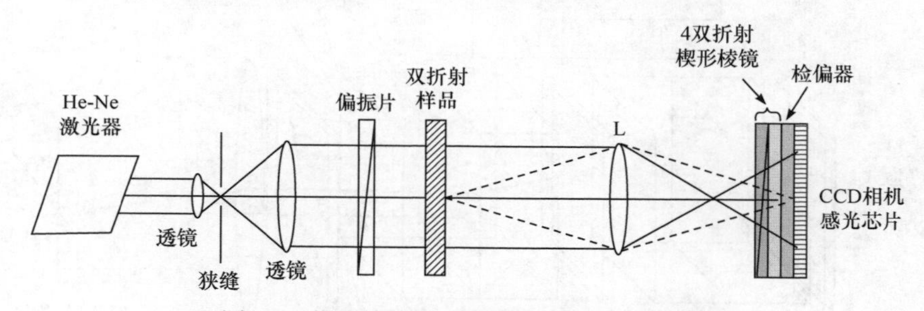


图 2-2　楔形棱镜型干涉偏振成像系统原理图

2006 年，Oka 等[15]提出了使用萨瓦板作为核心器件的被动式偏振成像技术。该技术的构型原理如图 2-3 所示，它包含了前置准直镜头 $L_1$、两块萨瓦板 $SP_1$ 和 $SP_2$、一个半波片(half wave plate，HWP)、一个检偏器、一个成像透镜 $L_2$ 和一个 CCD 探测器。携带目标偏振信息的入射光经过不同厚度的萨瓦板，被调

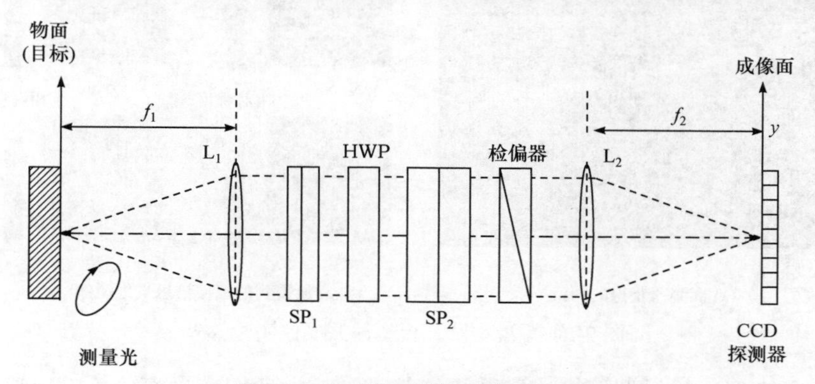


图 2-3　萨瓦板型偏振成像原理图

制上不同的载波频率，从而可以在空间频域上将各个偏振信息分量分开，即通过 CCD 探测器得到的一张照片，就可以复原出多个偏振分量信息。

2008 年，亚利桑那大学的 Luo 等[16]将上述萨瓦板型进行紧凑化小型化设计，其部分结构如图 2-4 所示。系统包含滤光片、两个萨瓦板 $SP_1$ 和 $SP_2$(萨瓦板的晶轴方向有改变)、一个半波片、一个成像透镜和一个探测器阵列，其实验结果如图 2-5 所示。该结构于 2009 年被应用于眼底成像技术，用于对青光眼、白内障的诊断[17]。

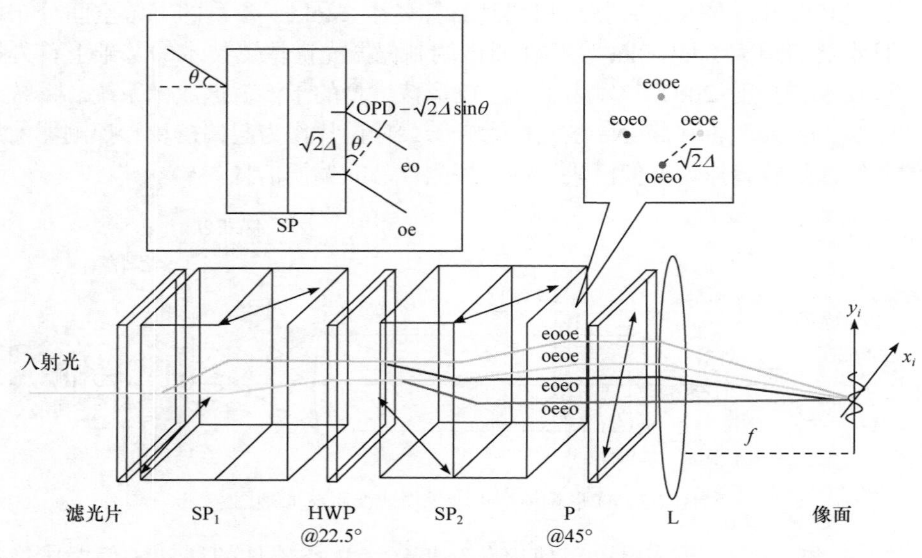


图 2-4　紧凑型萨瓦板型偏振成像原理图

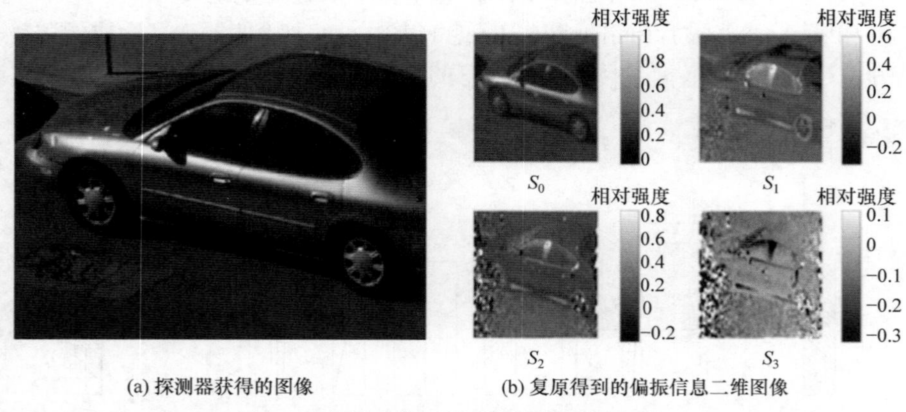


(a) 探测器获得的图像　　(b) 复原得到的偏振信息二维图像

图 2-5　紧凑型萨瓦板型偏振成像实验效果

在紧凑型萨瓦板型偏振成像系统的基础上，学者们在噪声分析、通道串扰、系统优化等方面进行了大量的研究，大大推进了干涉偏振成像技术的应用和发展。但是在干涉偏振成像系统中如果采用宽带光成像，则会产生严重的干涉条纹混叠现象，无法正确复原目标的偏振信息。因此，该成像手段只能使用准单色光，在弱光条件下就会存在光能量不够、信噪比低等问题，大大限制了干涉偏振成像系统的应用范围。因而，学者们在近些年针对干涉偏振成像波段扩展问题进行了大量研究，也取得了阶段性成果。

为了解决干涉偏振成像波段扩展难题，学者们提出了干涉＋衍射补偿思想，于是如何将衍射模块合理地与干涉偏振成像系统进行结合成为研究热点。目前已实现的干涉＋衍射补偿结构主要包括：在萨瓦板系统基础上增加衍射器件的波段扩展结构，在 Sagnac 干涉仪上增加衍射光栅的波段扩展结构，偏振光栅＋衍射光栅的波段扩展结构。

### 2.2.1　萨瓦板型干涉偏振成像系统的波段扩展

Oka 等于 2009 年提出了衍射透镜＋萨瓦板的构思，以期扩展偏振成像的波段宽度。Oka 指出，衍射透镜属于轴对称性的衍射器件，可以满足萨瓦板型干涉偏振成像系统产生的轴对称分光的衍射需求，根据其数值模拟分析可以实现 50 nm 的波段宽度。曹奇志等于 2014 年实现了该构型，其原理如图 2-6 所示[18]。但是该构型在实现波段扩展的同时，会引入色差，像距随着波长的增加而增加，因而这种方法并没有得到推广，但是依旧为干涉偏振成像的波段扩展提供了思路，具有一定的指导意义。

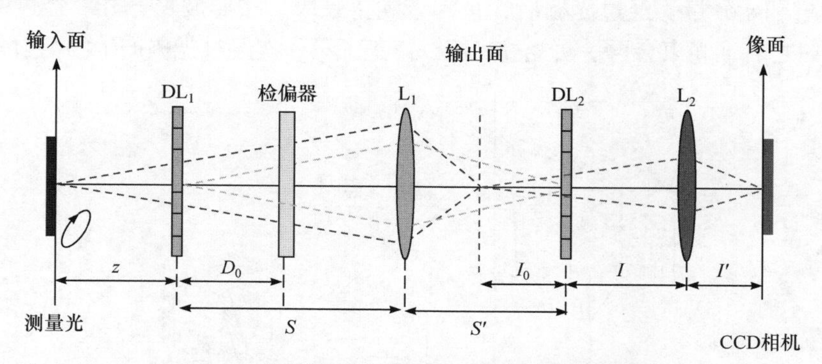


图 2-6　衍射透镜＋萨瓦板型偏振成像原理图

2013 年，曹奇志等[19]提出一种改良型萨瓦板。在传统的萨瓦板结构上进行了优化设计，在萨瓦板的两块单板之间加入了一个半波片，这个结构使得剪切量在晶体厚度不变的情况下有所增加。该结构可以一定程度上增加干涉偏振成像的频域上各个通道的距离，从而增加了滤波器带宽，可以少量扩展萨瓦板型偏振成像系统的波段宽度，同时该构型也增加了系统的视场角，可实现大视场型干涉偏振成像系统。曹奇志等[20]于 2016 年进行了材料选型，制造了改良型萨瓦板，并搭建了验证实验，其实现原理图如图 2-7 所示。

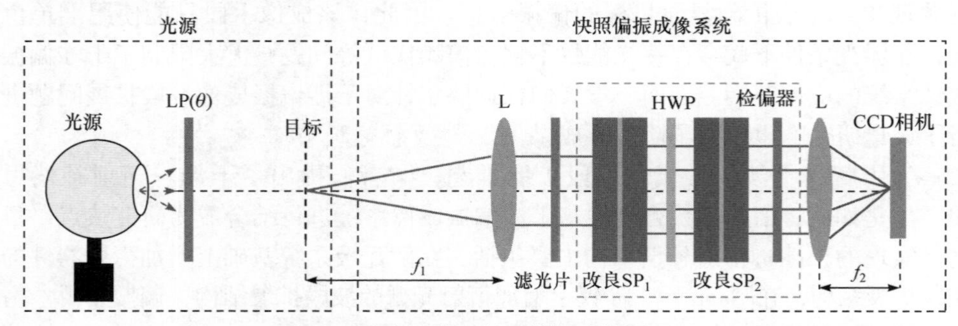


图 2-7 改良型萨瓦板型偏振成像原理图

近些年，学者们还对萨瓦板型的干涉偏振成像技术进行了进一步误差计算，如半波片匹配角度、解调和误差校准等。

### 2.2.2 光栅干涉 + 衍射补偿型宽波段干涉偏振成像技术

亚利桑那大学的 Kudenov 等[21]提出了一种 Sagnac 干涉仪型干涉偏振成像方案，其原理如图 2-8 所示，系统包含了一个偏振分束器、两块反射镜(mirror，M)、两个透射式闪耀光栅(transmitted blazed grating，G)、一个成像透镜和一个探测器阵列。入射光以平行光的状态进入系统之后，首先入射到偏振分束器，分成了 p 分量和 s 分量。经过光栅后，被闪耀到正一级，按照波长分开。经过两块镜子的反射之后，光束会再一次经过光栅，修正了第一次经过光栅产生的衍射角，变

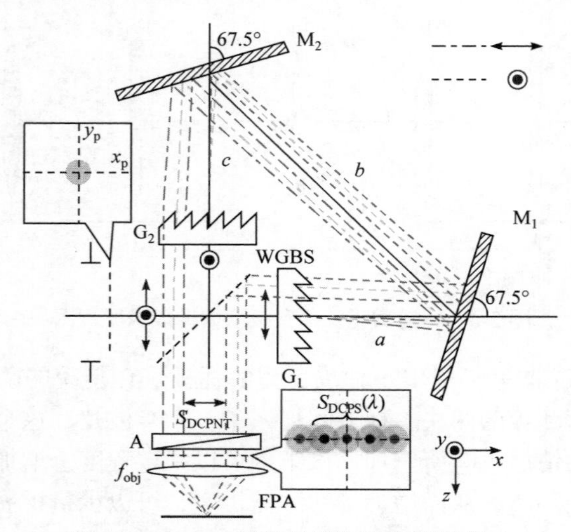


图 2-8 Sagnac 干涉仪型偏振成像原理图

为平行光。入射到偏振分束器之后，光束离开 Sagnac 干涉仪，进入一个 45°放置的偏振片，两束光的振动方向变为一致，在成像透镜的作用下，于焦平面阵列发生干涉，干涉条纹携带了偏振信息。经过解调复原等图像处理，可以反演得到目标的部分偏振信息分布。

2018 年，李杰等[22]在基于 Sagnac 干涉仪的宽波段部分偏振成像系统的基础上，提出了一种双 Sagnac 干涉仪结构，它可以获得全偏振成像功能，其原理如图 2-9 所示。它包含了一个由前视镜和准直镜组成的前置望远系统、两个 Sagnac 干涉仪、一个检偏器、一个成像透镜和一个相机，该系统可以获得通过单幅照片获得全偏振信息，但是其光能利用率受光栅衍射效率影响极大，入射光先后经过了两个偏振分束器、四块光栅和一个消色散半波片，光能利用率较低。

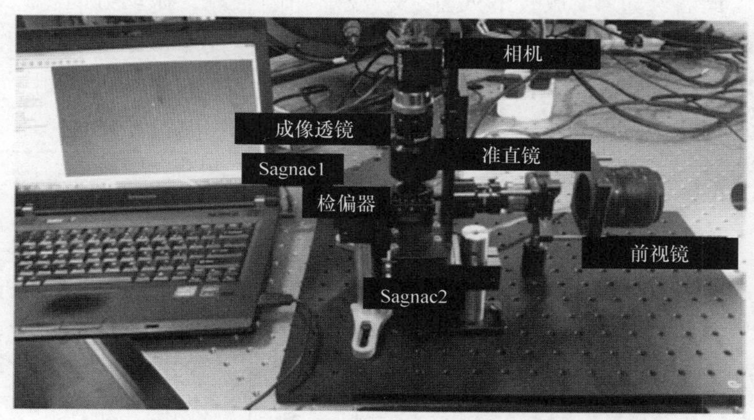


图 2-9 双 Sagnac 干涉仪型偏振成像系统原理图

### 2.2.3 偏振光栅型干涉偏振成像系统波段扩展

2011 年，亚利桑那大学的 Kudenov 等[23]提出了使用偏振光栅作为偏振调制模块的关键元件，可以获得目标的宽波段线偏振成像图，其结构原理图如图 2-10

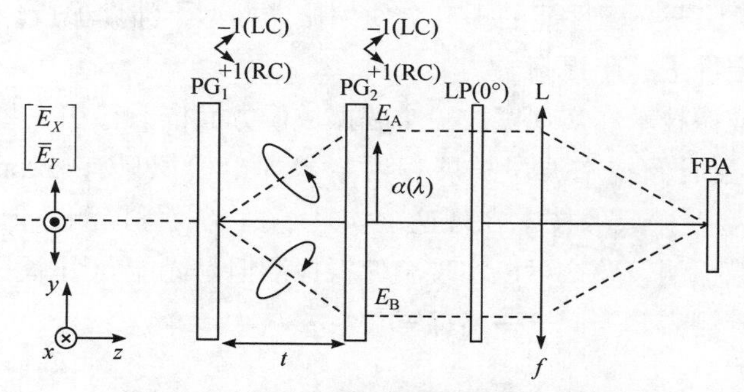


图 2-10 偏振光栅型线偏振成像原理图

所示。它包含了两个偏振光栅 $PG_1$、$PG_2$、一个线偏振片 LP、一个成像透镜 L 和一个焦平面阵列探测器 FPA。光束垂直进入系统之后，偏振光栅将其分成两束光，一部分变为右旋偏振光闪耀到 +1 级，一部分变为左旋偏振光闪耀到 −1 级，且满足闪耀公式，波长按照衍射角分开。第二块偏振光栅则可以将其衍射角修正，重新变为平行光。再经过偏振片之后，光束的振动方向一致，在成像透镜的作用下，于焦平面阵列产生携带有线偏振信息的干涉条纹。

Kudenov 等还特别指出，偏振光栅也可以用于获得目标的全偏振成像信息[24]，其结构如图 2-11 所示，在原有的一对偏振光栅之后，加入了 0°放置的四分之一波片(quarter wave plate，QWP)，光束接着再进入一组偏振光栅，进行第二次分光。最后经过 45°放置的四分之一波片和偏振片，振动方向一致，在成像透镜的作用下，于焦平面阵列形成携带有全偏振信息的干涉条纹。目前的偏振光栅主要采用液晶制作，稳定性较低，制作成本高，光透过率低，限制了其应用。

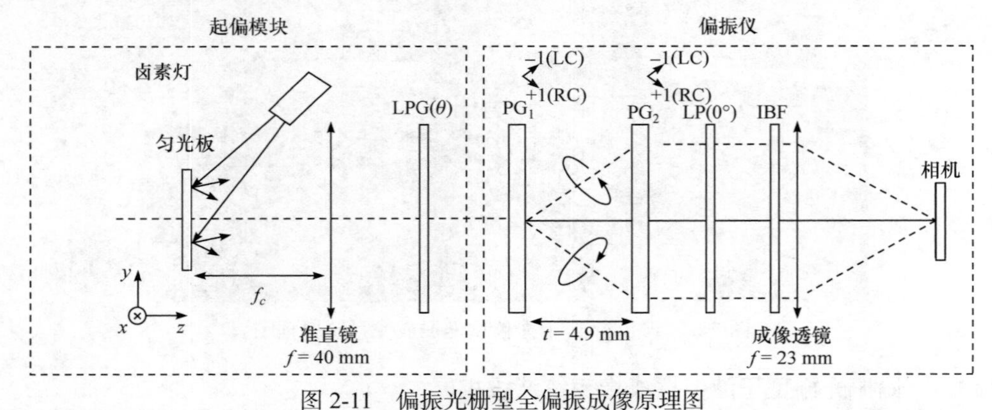


图 2-11 偏振光栅型全偏振成像原理图

LPG(linear polarization generator)为线偏振发生器；IBF(infrared blocking filter)为红外阻挡滤镜

2020 年，日本长冈大学的 Moritsugu 等研制了高效率的偏振光栅，其结构如图 2-12 所示，偏振光栅性能的提升会使偏振光栅型干涉偏振成像系统的性能进一步提升，稳定性进一步提高。

干涉偏振成像技术在实现宽波段全偏振成像方面依旧存在一些问题，基于萨瓦板的干涉偏振成像技术波段扩展程度窄，理论模拟只有 50nm 的带宽，而 Sagnac 干涉仪型偏振成像技术在理论上实现了白光成像探测，但是要么只能实现部分偏振成像探测，要么可以实现全偏振探测但是光能利用率不高，对干涉宽波段全偏振的探测需要人们进一步探索。

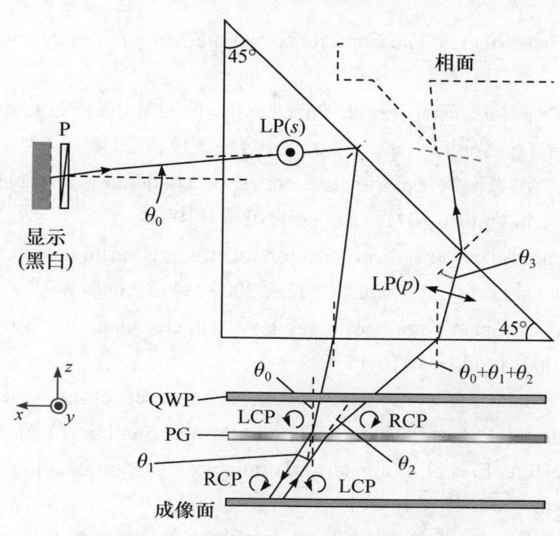


图 2-12　高效率的偏振光栅效果图

## 参考文献

[1] Hyde M W, Schmidt J D, Havrilla M J, et al. Enhanced material classification using turbulence-degraded polarimetric imagery[J]. Optics Letters, 2010, 35 (21): 3601-3603.

[2] Guan J G, Zhu J P. Target detection in turbid medium using polarization-based range-gated technology[J]. Optics Express, 2013, 21 (12): 14152-14158.

[3] Tominaga S, Kimachi A. Polarization imaging for material classification[J]. Optical Engineering, 2008, 47 (12): 123201-123214.

[4] Sparks W B, Hough J H, Kolokolova L, et al. Circular polarization in scattered light as a possible biomarker[J]. Journal of Quantitative Spectroscopy & Radiative Transfer, 2009, 110 (14-16): 1771-1779.

[5] Guillaume A, Nicolas B, Frederic G, et al. Joint contrast optimization and object segmentation in active polarimetric images[J]. Optics Letters, 2012, 37 (16): 3321-3323.

[6] Snik F, Craven J J, Escuti M, et al. An overview of polarimetric sensing techniques and technology with applications to different research fields[C]//The Conference on Polarization- Measurement, Analysis, and Remote Sensing XI, Baltimore, 2014.

[7] Duan J, Fu Q, Mo C H, et al. Review of polarization imaging for international military application[C]//The 5th International Symposium on Photoelectronic Detection and Imaging-Imaging Sensors and Applications, Beijing, 2013.

[8] Duan J, Fu Q, Mo C H, et al. Review of polarization imaging technology for international military application I[J]. Infrared Technology, 2014, 36 (3): 190-195.

[9] Pust N J, Shaw J A. Dual-field imaging polarimeter using liquid crystal variable retarders[J]. Applied Optics, 2006, 45 (22): 5470-5478.

[10] Cairns B, Russell E E, LaVeigne J D, et al. Research scanning polarimeter and airborne usage for

remote sensing of aerosols[C]//The Conference on Polarization Science and Remote Sensing, San Diego, 2003.

[11] Diner D J, Davis A, Hancock B, et al. First results from a dual photoelastic-modulator-based polarimetric camera[J]. Applied Optics, 2010, 49 (15): 2929-2946.

[12] Ghosh N, Vitkin I A. Tissue polarimetry: concepts, challenges, applications, and outlook[J]. Journal of Biomedical Optics, 2011, 16 (11): 110801-110829.

[13] Goudail F. Noise minimization and equalization for stokes polarimeters in the presence of signal-dependent poisson shot noise[J]. Optics Letters, 2009, 34 (5): 647-649.

[14] Oka K, Kaneko T. Compact complete imaging polarimeter using birefringent wedge prisms[J]. Optics Express, 2003, 11 (13): 1510-1519.

[15] Oka K, Saito N. Snapshot complete imaging polarimeter using Savart plates[C]//The 8th Conference on Infrared Detectors and Focal Plane Arrays, San Diego, 2006.

[16] Luo H, Oka K, DeHoog E, et al. Compact and miniature snapshot imaging polarimeter[J]. Optical Society of America, 2008, 47 (24): 4413-4417.

[17] DeHoog E, Luo H, Oka K, et al. Snapshot polarimeter fundus camera[J]. Applied Optics, 2009, 48 (9): 1663-1667.

[18] Cao Q, Zhang C, Zhang J, et al. Achromatic snapshot imaging polarimeter using modified Savart polariscopes and hybrid (refractive–diffractive) lenses[J]. International Journal for Light and Electron Optics, 2014, 125 (13): 3380-3383.

[19] Cao Q, Zhang C, DeHoog E. Snapshot imaging polarimeter using modified Savart polariscopes[J]. Applied Optics, 2012, 51 (24): 5791-5796.

[20] Cao Q, Zhang J, DeHoog E, et al. Demonstration of snapshot imaging polarimeter using modified Savart polariscopes[J]. Applied Optics, 2016, 55 (5): 954-959.

[21] Kudenov M W, Escuti M J, Dereniak E L, et al. White-light channeled imaging polarimeter using broadband polarization gratings[J]. Applied Optics, 2011, 50 (15): 2283-2293.

[22] Li J, Qu W, Wu H, et al. Broadband snapshot complete imaging polarimeter based on dual Sagnac-grating interferometers[J]. Optics Express, 2018, 26 (20): 25858.

[23] Kudenov M W, Escuti M J, Dereniak E L, et al. Spectrally broadband channeled imaging polarimeter using polarization gratings[C]//The Conference on Polarization Science and Remote Sensing V , San Diego, 2011.

[24] Kudenov M W, Escuti M J, Hagen N, et al. Snapshot imaging Mueller matrix polarimeter using polarization gratings[J]. Optics Letters, 2012, 37 (8): 1367-1369.

# 第 3 章　萨瓦板型宽波段干涉偏振成像技术

干涉偏振成像技术主要是利用沃拉斯顿棱镜[1]、萨瓦板[2-7]、Sagnac 干涉仪[8-11]或偏振光栅等偏振分光元件将系统的入射光分为两部分(线偏振成像)或四部分(全偏振成像)具有特定偏振的相干光，各部分光在经过一个成像透镜后在其焦平面上发生干涉，表示目标物体的各个物点偏振态的Stokes参数相应地被调制在干涉条纹中，通过对干涉图像的解调即可得到目标物体不同的Stokes参数分布图像。其中，萨瓦板型干涉偏振成像是人们研究最早，也是研究最多的，其结构紧凑，相对于其他构型，更容易体现干涉偏振成像的物理思想。

## 3.1　基于萨瓦板的干涉偏振成像

基于萨瓦板偏光器的干涉偏振成像原理[12,13]如图 3-1 所示，系统由两块厚度为 $2t$ 的萨瓦板偏光器$SP_1$、$SP_2$与夹在中间的一个光轴方向与 $x$ 轴正方向夹角为22.5°的半波片 HWP、一个透振方向与 $x$ 轴正方向夹角为 45°的偏振片 P、一个焦距为 $f$ 的成像透镜 L 以及位于透镜焦平面上的 FPA 组成。

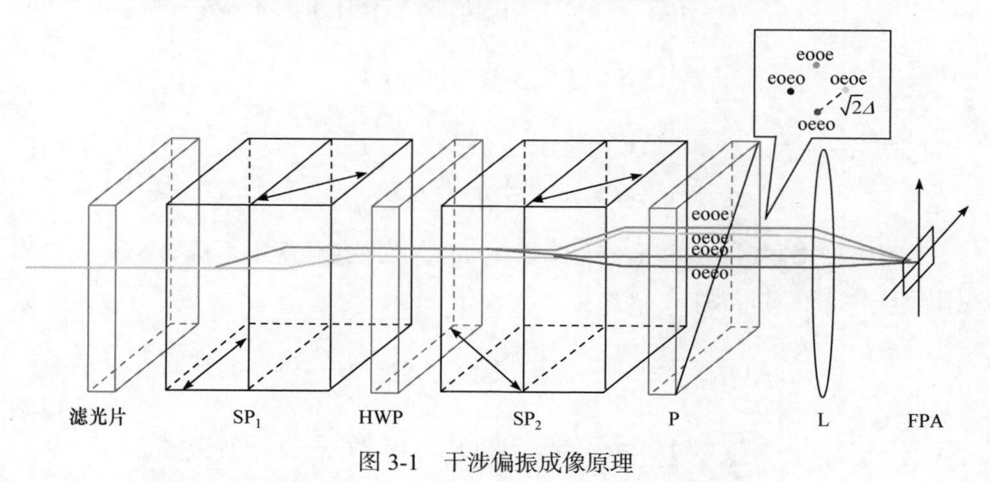


图 3-1　干涉偏振成像原理

由原理图可以看出，来自目标物体的入射光在经过滤光片后变为准单色光，将其在 $x$ 方向上的振幅记为 $E_x$，在 $y$ 方向上的振幅记为 $E_y$。入射光在被萨瓦板偏光器 $SP_1$ 横向剪切为偏振方向沿水平方向的 oe 光和偏振方向沿竖直方向的 eo

光。oe 光的振动方向沿水平方向，振幅为 $E_{10}=E_x$；eo 光的振动方向沿竖直方向，振幅为 $E_{20}=E_y$，二者存在大小为 $\sqrt{2}\varDelta$ 的横向剪切量。经过半波片的作用后，oe 光和 eo 光的振动方向发生旋转，分别与 $x$ 轴正方向成 ±45°，这可以保证二者能够再次被萨瓦板偏光器 $SP_2$ 分光。经过 $SP_2$ 后，eo 光和 oe 光各自被分为两束，分别是振幅大小为 $E_1=-\sqrt{2}E_{20}/2$ 的 eoeo 光、振幅大小为 $E_2=\sqrt{2}E_{20}/2$ 的 eooe 光、振幅大小为 $E_3=\sqrt{2}E_{10}/2$ 的 oeoe 光和振幅大小为 $E_4=\sqrt{2}E_{10}/2$ 的 oeeo 光。最后再经过起偏方向为45°的偏振片后，各个成分的光振动方向一致，振幅依次为 $E_1'=-\frac{1}{2}E_y$，$E_2'=\frac{1}{2}E_y$，$E_3'=\frac{1}{2}E_x$ 和 $E_4'=\frac{1}{2}E_x$，相互之间满足相干条件，经过成像透镜后在透镜的后焦面上两两之间发生干涉，干涉图样的强度分布为

$$\begin{aligned}I(x_i,y_i)=\Big\langle\Big|&E_1'(x_i,y_i;t)\mathrm{e}^{-\mathrm{i}\phi_1}+E_2'(x_i,y_i;t)\mathrm{e}^{-\mathrm{i}\phi_2}\\&+E_3'(x_i,y_i;t)\mathrm{e}^{-\mathrm{i}\phi_3}+E_4'(x_i,y_i;t)\mathrm{e}^{-\mathrm{i}\phi_4}\Big|^2\Big\rangle\end{aligned}\tag{3.1}$$

式中，尖括号表示对时间的平均；$x_i,y_i$ 是像平面上各点的坐标，它们与目标物体的各点的坐标一一对应；$\phi_1\sim\phi_4$ 表示四束光在经过系统的过程中所产生的累积相位。将式(3.1)展开可得

$$\begin{aligned}I=&\left\langle|E_1'|^2\right\rangle+\left\langle|E_2'|^2\right\rangle+\left\langle|E_3'|^2\right\rangle+\left\langle|E_4'|^2\right\rangle\\&+\left(\left\langle E_1'E_2'^*\right\rangle\mathrm{e}^{\mathrm{i}(\phi_2-\phi_1)}\right)+\left(\left\langle E_1'E_3'^*\right\rangle\mathrm{e}^{\mathrm{i}(\phi_3-\phi_1)}\right)\\&+\left(\left\langle E_1'E_4'^*\right\rangle\mathrm{e}^{\mathrm{i}(\phi_4-\phi_1)}\right)+\left(\left\langle E_2'E_3'^*\right\rangle\mathrm{e}^{\mathrm{i}(\phi_3-\phi_2)}\right)\\&+\left(\left\langle E_2'E_4'^*\right\rangle\mathrm{e}^{\mathrm{i}(\phi_4-\phi_2)}\right)+\left(\left\langle E_3'E_4'^*\right\rangle\mathrm{e}^{\mathrm{i}(\phi_4-\phi_3)}\right)\end{aligned}\tag{3.2}$$

为了方便书写，在这里省略了 $x_i$，$y_i$ 和 $t$，在理想情况下，选取 eoeo 光的累积相位 $\phi_1$ 作为参考，则

$$\begin{cases}\phi_1(x_i,y_i)=0, & \phi_2(x_i,y_i)=2\pi\dfrac{\varDelta}{\lambda f}(x_i+y_i)\\[2ex]\phi_3(x_i,y_i)=2\pi\dfrac{2\varDelta}{\lambda f}x_i, & \phi_4(x_i,y_i)=2\pi\dfrac{\varDelta}{\lambda f}(x_i-y_i)\end{cases}\tag{3.3}$$

在偏振光学中，描述光的偏振态的四个 Stokes 参数和振幅之间的关系满足

$$\begin{cases}\left\langle\left|E_x\right|^2\right\rangle+\left\langle\left|E_y\right|^2\right\rangle=S_0, & \left\langle\left|E_x\right|^2\right\rangle=\dfrac{1}{2}\left(S_0+S_1\right)\\ \left\langle\left|E_y\right|^2\right\rangle=\dfrac{1}{2}\left(S_0-S_1\right), & \left\langle E_x^* E_y\right\rangle=\dfrac{1}{2}\left(S_2+\mathrm{i}S_3\right)\end{cases}\tag{3.4}$$

将式(3.2)化简即可得到像平面上的干涉强度分布：

$$\begin{aligned}I\left(x_i,y_i\right)=&\frac{1}{2}S_0\left(x_i,y_i\right)+\frac{1}{2}S_1\left(x_i,y_i\right)\cos\left[2\pi\Omega\left(x_i+y_i\right)\right]\\&-\frac{1}{4}\left|S_{23}\left(x_i,y_i\right)\right|\cos\left\{2\pi\Omega\left(2x_i\right)+\arg\left[S_{23}\left(x_i,y_i\right)\right]\right\}\\&+\frac{1}{4}\left|S_{23}\left(x_i,y_i\right)\right|\cos\left\{2\pi\Omega\left(2x_i\right)-\arg\left[S_{23}\left(x_i,y_i\right)\right]\right\}\end{aligned}\tag{3.5}$$

$$\Omega=\frac{\Delta}{\lambda f},\quad S_{23}\left(x_i,y_i\right)=S_2\left(x_i,y_i\right)+\mathrm{i}S_3\left(x_i,y_i\right)\tag{3.6}$$

式中，$\Omega$ 为焦平面阵列上干涉条纹的频率。该光强表达式可以看出：FPA 上的光强分布是表示入射光偏振态的四个 Stokes 参数 $S_0 \sim S_3$ 被调制之后的叠加，通过对FPA所采集到的干涉强度分布进行解调即可得到入射光的Stokes参数分布。

## 3.2　萨瓦板参数对偏振成像的影响

基于萨瓦板偏光器的干涉偏振成像系统利用包括萨瓦板偏光器、半波片以及检偏器在内的萨瓦板组件将系统的入射光分为两部分(线偏振成像)或四部分(全偏振成像)具有特定偏振的相干光，相干光在焦平面阵列上发生干涉，表示目标物体的各个物点偏振态的Stokes参数相应地被调制在干涉条纹中，通过对干涉图像的解调即可得到目标物体不同的Stokes参数分布图像。

由 3.1 节中对成像系统原理的介绍可知萨瓦板组件中的各个元件对FPA上干涉条纹的形成都有着非常重要的作用。各个元件的参数一旦发生变化，就会导致干涉条纹的对比度、周期等产生改变，从而直接影响到系统的探测性能，降低系统对目标偏振成像的准确性。本节主要针对萨瓦板的厚度以及半波片光轴角度对成像效果的影响展开研究，并提出了消除影响的方法。

### 3.2.1　萨瓦板厚度对成像效果的影响

萨瓦板偏光器在该系统中的主要作用是对入射光进行偏振分光，在分出的不同成分光之间产生一定大小的横向剪切量。在理想情况下，制作萨瓦板偏光器的四块萨瓦板厚度 $t$ 应该是完全相同的。若萨瓦板偏光器的四块萨瓦板厚度各不相同，则每块萨瓦板引入的横向剪切量各不相同，由此产生的干涉条纹频率就会与系统理想条纹频率之间存在一定的差异。

1. 萨瓦板厚度对探测器上光强分布的影响

假设在如图 3-1 的成像系统中，制作萨瓦板偏光器 $SP_1$ 和 $SP_2$ 的萨瓦板厚度从左到右依次为 $t_1$，$t_2$，$t_3$ 和 $t_4$，与萨瓦板设计厚度 $t$ 之间满足关系 $t_1=a_1t$，$t_2=a_2t$，$t_3=a_3t$，$t_4=a_4t$，由它们产生的横向剪切量相应地变为 $\Delta_1=a_1\Delta$，$\Delta_2=a_2\Delta$，$\Delta_3=a_3\Delta$，$\Delta_4=a_4\Delta$。一束沿着光轴进入系统的光在经过系统后被分为四束，在 $SP_2$ 出射面上的位置如图 3-2 所示，从图中可以看出，理想系统由于各块萨瓦板厚度相同，产生的剪切量也相同，因此分出的四束光的光斑空间位置形成一个正方形，而萨瓦板厚度不同时，每块萨瓦板产生的横向剪切量各不相同，因此分出的四束光的光斑空间位置随萨瓦板厚度发生变化。当这四束光经过成像透镜后将在透镜的焦平面上两两之间发生干涉，显然，图 3-2(a)中的四束光形成的干涉条纹将分别沿着 $x$ 轴方向、$y$ 轴方向以及与 $x$ 轴成 ±45°的方向；而图 3-2(b)中的四束光所形成的条纹的方向则略有不同。

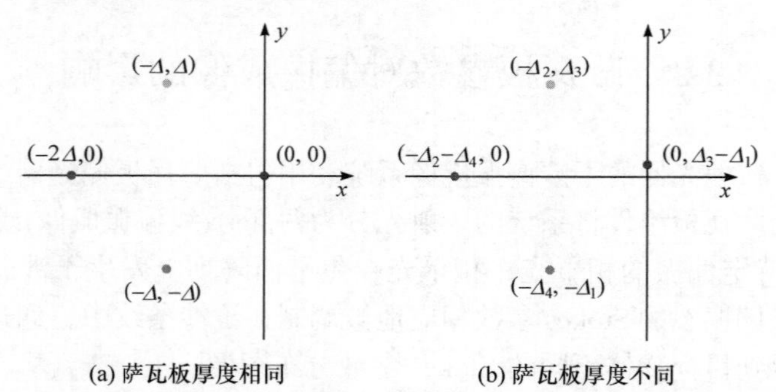

(a) 萨瓦板厚度相同　　(b) 萨瓦板厚度不同

图 3-2　萨瓦板出射光的位置分布

焦平面上的干涉图样强度分布为

$$I(x_i,y_i)=\Big\langle\Big|E_1'(x_i,y_i;t)\mathrm{e}^{-\mathrm{i}\phi_1}+E_2'(x_i,y_i;t)\mathrm{e}^{-\mathrm{i}\phi_2}+E_3'(x_i,y_i;t)\mathrm{e}^{-\mathrm{i}\phi_3}+E_4'(x_i,y_i;t)\mathrm{e}^{-\mathrm{i}\phi_4}\Big|^2\Big\rangle \tag{3.7}$$

式中，尖括号表示对时间的平均；$x_i,y_i$ 是像平面上各点的坐标，它们与物空间中的各点的坐标一一对应；$\phi_1\sim\phi_4$ 表示四束光在经过系统的过程中所产生的累积相位，若选取 eoeo 光的累积相位 $\phi_1$ 作为参考，则有

$$\begin{cases}\phi_1(x_i,y_i)=0, \quad \phi_2(x_i,y_i)=2\pi\dfrac{1}{\lambda f}(\varDelta_3 y_i+\varDelta_4 x_i)\\ \phi_3(x_i,y_i)=2\pi\dfrac{1}{\lambda f}\left[(\varDelta_3-\varDelta_1)y_i+(\varDelta_4+\varDelta_2)x_i\right], \quad \phi_4(x_i,y_i)=2\pi\dfrac{1}{\lambda f}(\varDelta_2 x_i-\varDelta_1 y_i)\end{cases} \tag{3.8}$$

将式(3.1)化简即可得到萨瓦板厚度不同时 FPA 上的干涉强度分布表达式：

$$\begin{aligned}I(x_i,y_i)=&\frac{1}{2}S_0(x_i,y_i)+\frac{1}{2}S_1(x_i,y_i)\cos\left[2\pi\varOmega(a_3y_i+a_4x_i)\right]\\&-\frac{1}{4}\left|S_{23}(x_i,y_i)\right|\cos\left\{2\pi\varOmega\left[(a_3-a_1)y_i+(a_4+a_2)x_i\right]+\arg\left[S_{23}(x_i,y_i)\right]\right\}\\&+\frac{1}{4}\left|S_{23}(x_i,y_i)\right|\cos\left\{2\pi\varOmega\left[(a_3+a_1)y_i+(a_4-a_2)x_i\right]-\arg\left[S_{23}(x_i,y_i)\right]\right\}\end{aligned} \tag{3.9}$$

$$\varOmega=\frac{\varDelta}{\lambda f}, \quad S_{23}(x_i,y_i)=S_2(x_i,y_i)+\mathrm{i}S_3(x_i,y_i) \tag{3.10}$$

式中，$\varOmega$ 表示理想情况下系统焦平面阵列上干涉条纹的频率；$\varDelta$ 是萨瓦板为设计厚度时对光束的横向剪切量。在该表达式中，Stokes 参数被调制在不同的周期性条纹中，可以通过对干涉强度图进行解调得到目标的 Stokes 参数分布图像。

2. 萨瓦板厚度对成像结果的影响

式(3.9)可改写为如下形式：

$$\begin{aligned}I=&\frac{1}{2}S_0(x_i,y_i)+\frac{1}{4}S_1(x_i,y_i)\left\{\exp\left[\mathrm{i}2\pi\varOmega(a_3y_i+a_4x_i)\right]+\exp\left[-\mathrm{i}2\pi\varOmega(a_3y_i+a_4x_i)\right]\right\}\\&+\frac{1}{8}\left\{-S_{23}^*(x_i,y_i)\exp\left[-\mathrm{i}2\pi\varOmega\left(\langle a_3-a_1\rangle y_i+\langle a_4+a_2\rangle x_i\right)\right]\right.\\&-S_{23}(x_i,y_i)\exp\left[\mathrm{i}2\pi\varOmega\left(\langle a_3-a_1\rangle y_i+\langle a_4+a_2\rangle x_i\right)\right]\\&+S_{23}^*(x_i,y_i)\exp\left[\mathrm{i}2\pi\varOmega\left(\langle a_3+a_1\rangle y_i+\langle a_4-a_2\rangle x_i\right)\right]\\&\left.+S_{23}(x_i,y_i)\exp\left[-\mathrm{i}2\pi\varOmega\left(\langle a_3+a_1\rangle y_i+\langle a_4-a_2\rangle x_i\right)\right]\right\}\end{aligned} \tag{3.11}$$

式中，$S_{23}^*(x_i,y_i)$ 是 $S_{23}(x_i,y_i)$ 的共轭复数，对上式进行傅里叶变换，可得如下结果：

$$\mathcal{F}\left\{I(x_i,y_i)\right\}=\frac{1}{2}F_0(u,v)+\frac{1}{4}\left[F_1(u-a_3\sigma,v-a_4\sigma)+F_1(u+a_3\sigma,v+a_4\sigma)\right]$$

$$
\begin{aligned}
&+\frac{1}{8}\left\{-F_{23}^{*}\left[u+\left(a_4+a_2\right)\sigma,v+\left(a_3-a_1\right)\sigma\right]\right.\\
&-F_{23}\left[u-\left(a_4+a_2\right)\sigma,v-\left(a_3-a_1\right)\sigma\right]\\
&+F_{23}^{*}\left[u-\left(a_4-a_2\right)\sigma,v-\left(a_3+a_1\right)\sigma\right]\\
&\left.+F_{23}\left[u+\left(a_4-a_2\right)\sigma,v+\left(a_3+a_1\right)\sigma\right]\right\}
\end{aligned}
\tag{3.12}
$$

式中，$F_0$，$F_1$，$F_{23}$ 和 $F_{23}^*$ 分别是 $S_0$，$S_1$，$S_{23}$ 和 $S_{23}^*$ 的傅里叶变换；平移量 $\sigma=\Omega DN$ [$D$ 为单个像元的尺寸，$N$ 为焦平面阵列采集到的图像包含的像素数(此处认为图像的行列数相等)]。从式(3.12)可以看出，FPA 采集到的调制图像经过傅里叶变换后在频域上将出现七个波峰，其位置如图 3-3(b)所示，类似地，萨瓦板厚度相同的系统的调制图像在频域中的图像如图 3-3(a)所示。

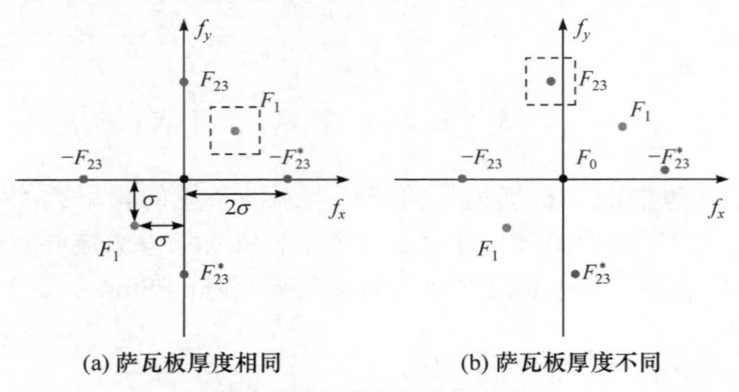


图 3-3　图像的频谱示意图

从图 3-3 中可以看出，当萨瓦板厚度不同时，$S_1$，$S_{23}$ 以及 $S_{23}^*$ 对应的频谱在频域内将发生一定大小的平移，而 $S_0$ 对应的频谱位置则始终位于频域的中央位置。在解调时通常使用如图中虚线所示的矩形滤波器截取频域图中的一部分，然后对其进行傅里叶逆变换，重建出相应的 Stokes 参数分布图像。在滤波器的选取中应使滤波器的带宽尽量大，从而减少高频信息的丢失，但是，不同 Stokes 参量所对应的滤波器又不能交叠，否则将导致重构出的图像之间出现较为明显的混叠。在理想情况下，各块萨瓦板的厚度完全相同，各个频谱分量选取的滤波器带宽均为 $\sigma$。当萨瓦板厚度不同时，为保证重构图像不出现较为明显的混叠，可以选择适当减小频域滤波的带宽。萨瓦板设计厚度为 $t=5.32\text{mm}$，假设各块萨瓦板的厚度误差为 $\pm 0.01\text{mm}$，则 $a_1 \sim a_4$ 的值均在 0.996～1.004 之间，因此对于图 3-3(b)中的频域图像，将频域滤波器的宽度选为 $0.996\sigma$ 即可。显然，相比于理想的各个萨瓦板厚度都相同的系统，这样的选择对高频信息的丢失程度并没有明显增加。因此，在当前的加工精度下，萨瓦板厚度的差异对基于萨瓦板偏光器的偏振成像系统的成像质量并没有明显影响。

### 3.2.2　半波片角度失配对成像效果的影响及其消除

1. 半波片对线偏振光的作用

在基于萨瓦板的干涉偏振成像仪中，半波片的作用主要在于改变线偏振光的振动面方向，当半波片的光轴恰好与 $x$ 轴正方向成 22.5°时就能够使得从萨瓦板偏光器 $SP_1$ 出射的 oe 光和 eo 光所在的振动面恰好与 $x$ 轴正方向呈 ±45°角，从而保证在经过 $SP_2$ 时 oe 光和 eo 光能够被等振幅分光，最终在透镜焦平面处能够得到式(3.11)的光强分布。但实际系统中半波片的光轴方向难免与理想系统存在一定大小的角度失配，导致最终在 FPA 上实际得到的光强分布与理论情况存在一定的差异。

如图 3-4 所示，半波片有旋转线偏振光偏振方向的作用，假设一束振幅为 $A_\mathrm{i}$ 的线偏振光垂直入射到半波片上，其偏振方向与半波片光轴的夹角为 $\theta$，由于晶体的双折射效应，进入半波片后被分为振动方向垂直光轴的 o 光和振动方向平行于光轴的 e 光，二者传播方向都与入射光相同，当它们传播到半波片的出射面时，半波片恰好在 o 光和 e 光之间引入了大小为 $\delta=(2k+1)\pi, k=1,2,3,\cdots,$ 的相位差，从半波片出来后，o 光和 e 光之间始终保持这一固定的相位差，二者在出射平面处再次合成，合成后的光是线偏振光，其振幅 $A_\mathrm{o}=A_\mathrm{i}$，只是出射光的振动方向相对于入射光旋转了 $2\theta$。

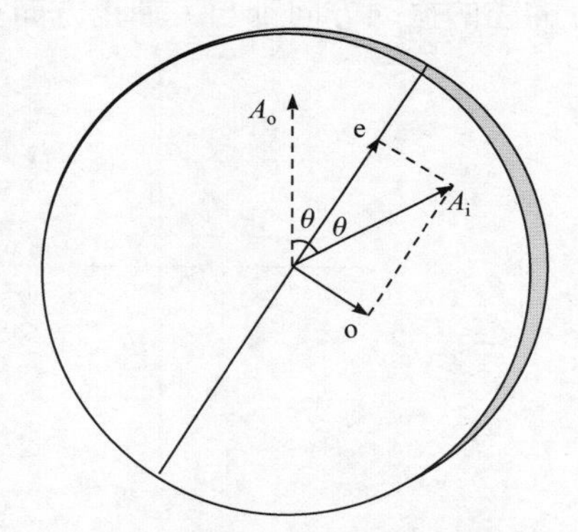


图 3-4　半波片对线偏振光的作用

2. 半波片失配角对探测器上的光强分布的影响

假设在萨瓦板偏振成像仪中，半波片的光轴方向与 $x$ 轴正方向夹角为 $\omega=22.5°+\alpha$，入射光沿 $z$ 轴方向进入萨瓦板偏振成像仪，它在沿 $x$ 轴和 $y$ 轴方向上的振幅分别为 $E_x$ 和 $E_y$，进入系统后的光经过系统内的偏振光学元件后在系统中不同平面处的状态如图 3-5 所示。入射光束透过滤光片后变为准单色光，然后经过由双折射晶体做成的萨瓦板偏光器 $SP_1$，晶体的双折射效应使其横向剪切为偏振方向正交的两束线偏振光，分别记为 eo 光和 oe 光，它们对应的位置和振幅如图 3-5(a)所示，eo 光的空间位置与入射前相比沿 $y$ 轴负方向有一个大小为 $\varDelta$ 的横向剪切量，其振幅大小为$E_{20}=E_y$，振动方向沿$y$轴方向；oe 光的空间位置与入射前相比沿 $x$ 轴正方向有一个大小为$\Delta$的横向剪切量，振幅大小为$E_{10}=E_x$，振动方向沿$x$轴方向，从萨瓦板偏光器 $SP_1$ 出来的光经过半波片后振动方向发生改变，而振幅的大小不变，由于半波片光轴方向与$x$轴正方向的夹角为$22.5°+\alpha$，eo 光的振动方向经半波片作用后与 $x$ 轴正向夹角为$\omega_1=-45°+2\alpha$，振幅大小仍然为$E_{20}=E_y$；oe 光的振动方向经半波片作用后与 $x$ 轴正方向夹角为$\omega_2=45°+2\alpha$，如图 3-5(b)所示。经过半波片的 eo 光和 oe 光再经过萨瓦板偏光器 $SP_2$ 的作用后，各自被分为两束，分别记为eoeo、eooe、oeoe和oeeo，振动方向如图 3-5(c)所示，其中 eoeo 光的振动方向沿 $y$ 轴负方向，振幅大小为$E_1=E_{10}\sin\omega_1$；eooe 光的振动方向沿$x$轴正方向，振幅大小为$E_2=E_{10}\cos\omega_1$；oeoe 光的振动方向沿$x$轴正方向，振幅大小为$E_3=E_{20}\cos\omega_2$；oeeo 光的振动方向沿 $y$ 轴正方向，振幅大小为$E_4=E_{20}\sin\omega_2$。最后再经过一个与$x$轴正方向成45°的起偏器后，各个成分的光的振动方向都与$x$轴正方向呈45°，如图 3-5(d)所示，振幅分别为

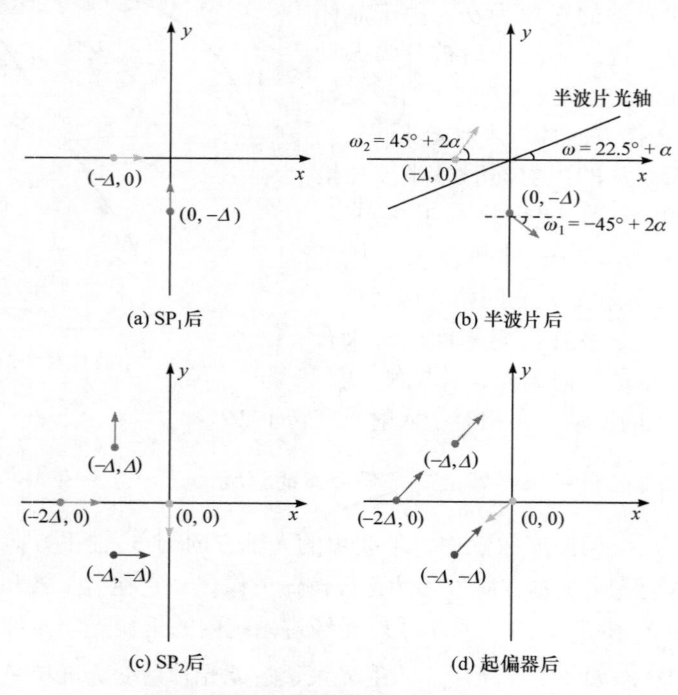


图 3-5 系统不同位置处光的状态

$$
\begin{cases}
E_1' = \dfrac{\sqrt{2}}{2} E_{10} \sin\omega_1 = \dfrac{1}{2} E_y \left(\sin 2\alpha - \cos 2\alpha\right) \\
E_2' = \dfrac{\sqrt{2}}{2} E_{10} \cos\omega_1 = \dfrac{1}{2} E_y \left(\sin 2\alpha + \cos 2\alpha\right) \\
E_3' = \dfrac{\sqrt{2}}{2} E_{20} \cos\omega_2 = \dfrac{1}{2} E_x \left(\cos 2\alpha - \sin 2\alpha\right) \\
E_4' = \dfrac{\sqrt{2}}{2} E_{20} \sin\omega_2 = \dfrac{1}{2} E_y \left(\sin 2\alpha + \cos 2\alpha\right)
\end{cases}
\tag{3.13}
$$

通过计算可以得到半波片失配角为 $\alpha$ 时 FPA 上得到的干涉强度分布表达式：

$$
\begin{aligned}
I\left(x_i, y_i\right) = & \frac{1}{2} S_0\left(x_i, y_i\right) + \frac{1}{2} S_1\left(x_i, y_i\right) \cos\left[2\pi\Omega\left(x_i + y_i\right)\right]\left(1 - 2\sin^2 2\alpha\right) \\
& - \frac{1}{4}\left|S_{23}\left(x_i, y_i\right)\right| \cos\left\{2\pi\Omega\left(2x_i\right) + \arg\left[S_{23}\left(x_i, y_i\right)\right]\right\}\left(1 - 2\cos 2\alpha \sin 2\alpha\right) \\
& + \frac{1}{4}\left|S_{23}\left(x_i, y_i\right)\right| \cos\left\{2\pi\Omega\left(2x_i\right) - \arg\left[S_{23}\left(x_i, y_i\right)\right]\right\}\left(1 + 2\cos 2\alpha \sin 2\alpha\right)
\end{aligned}
\tag{3.14}
$$

由上式可以看出，在表达式中，$S_0$，$S_1\left(1-2\sin^2 2\alpha\right)$，$S_{23}\left(1-2\cos 2\alpha \sin 2\alpha\right)$以及$S_{23}\left(1+2\cos 2\alpha \sin 2\alpha\right)$分别被调制在不同的通道上。假如一个基于萨瓦板偏光器的偏振成像系统存在大小为 $\alpha$ 的半波片失配角，但是在实际的解调过程未对该失配角加以考虑，直接进行解调，那么解调得到的偏振 Stokes 分布 $S_{\mathrm{o}}$ 与系统的输入偏振 Stokes 矢量分布 $S_{\mathrm{i}}$ 的各个分量之间将满足：

$$
\begin{cases}
S_{\mathrm{o}0} = S_{\mathrm{i}0} \\
S_{\mathrm{o}1} = \left(1 - 2\sin^2 2\alpha\right) S_{\mathrm{i}1} \\
S_{\mathrm{o}2} = \left(1 - 2\cos 2\alpha \sin 2\alpha\right) S_{\mathrm{i}2} \\
S_{\mathrm{o}3} = \left(1 - 2\cos 2\alpha \sin 2\alpha\right) S_{\mathrm{i}3}
\end{cases}
\tag{3.15}
$$

因此，对一个存在半波片失配角的成像系统得到的干涉图像直接按照原来的方法进行解调时，解调出的 Stokes 参数与系统的输入 Stokes 参数在理论上存在一定的误差 $\varepsilon$，该解调误差的大小与失配角 $\alpha$ 的变化如图 3-6 所示。

从图中可以看出，$S_0$ 的解调误差在理论上始终为 0，$S_1$，$S_2$ 和 $S_3$ 的解调误差均随着半波片失配角的增大而增大，其中，$S_2$ 和 $S_3$ 的解调误差始终相等，且增大的趋势较为明显，而 $S_1$ 的解调误差则是随着半波片失配角缓慢增大。鉴于以上原因，在实际使用该成像系统进行偏振成像时，可以通过对半波片失配角 $\alpha$ 的影响进行补偿，得到更精确的偏振成像解调结果。

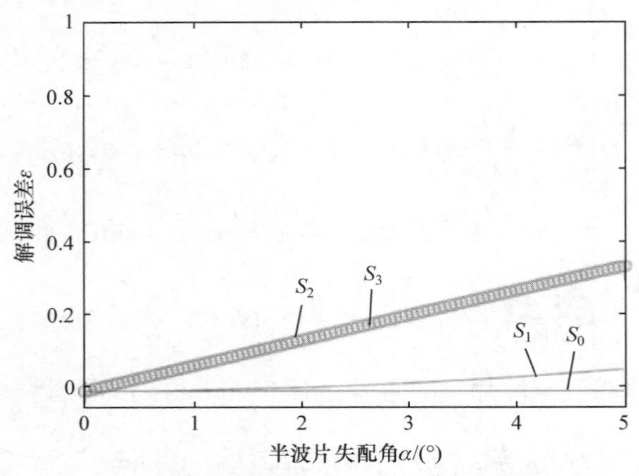


图 3-6 解调误差随半波片失配角的变化

3. 半波片失配角的补偿

为了解决半波片角度失配对探测结果所造成的影响，本节提出在使用萨瓦板型干涉偏振成像时，计算出系统的半波片失配角 $\alpha$，然后根据计算出来的失配角对解调结果进行修正，得到比较接近入射光 Stokes 参数的偏振 Stokes 参数分布图像。

假设用于对系统定标的非偏振目标发出的光强分布为 $I_0(x,y)$，通过系统前端放置一个起偏器，能使由目标物发出的光透过起偏器后的强度分布变为 $\frac{1}{2}I(x,y)$。先使起偏器起偏方向位于0°方向上，那么通过该起偏器后的光都变为水平方向上的线偏振光，因此，由定标物体发出并进入系统光的Stokes参数分布可以表示为 $\frac{1}{2}I(x,y)\cdot(1,1,0,0)^{\mathrm{T}}$，由式(3.14)可知在 FPA 上探测到的干涉条纹强度分布为

$$I(x,y)=\frac{1}{2}S_0(x,y)+\frac{1}{2}S_1(x,y)\cos\left[2\pi\Omega(x+y)\right]\left(1-2\sin^2 2\alpha\right) \tag{3.16}$$

再调节起偏器，使其起偏方向位于45°方向，则由定标物体发出并进入系统的 Stokes 参数分布为 $\frac{1}{2}I(x,y)\cdot(1,0,1,0)$，FPA 上探测到的干涉条纹强度分布为

$$\begin{aligned}I(x,y)=\frac{1}{2}S_0(x,y)-\frac{1}{4}\left|S_{23}(x,y)\right|\cos\{2\pi\Omega(2x)\\+\arg\left[S_{23}(x,y)\right]\}\left(1-2\cos 2\alpha\sin 2\alpha\right)\end{aligned} \tag{3.17}$$

分别对两次探测结果进行解调，得

$$S_{t1}(x,y)=\left(\frac{1}{2}I(x,y),\frac{1}{2}I(x,y)\cdot\left(1-2\sin^2 2\alpha\right),0,0\right) \tag{3.18}$$

$$S_{t2}(x,y)=\left(\frac{1}{2}I(x,y),0,\frac{1}{2}I(x,y)\cdot\left(1-2\cos 2\alpha\sin 2\alpha\right),0\right) \tag{3.19}$$

分别由式(3.16)和式(3.17)可计算出与半波片失配角 $\alpha$ 相关的系数 $A=1-2\sin^2 2\alpha$ ，$B=1-2\cos 2\alpha\sin 2\alpha$ 。实际偏振成像时，FPA 上直接采集到如式(3.9)所表示的强度分布结果，直接解调可得 $S_0(x,y)$ ，$S_1'=A\cdot S_1(x,y)$ 和 $S_{23}'=B\cdot S_{23}(x,y)$ ，将以上 $A$ 和 $B$ 代入，即可计算出目标物的偏振 Stokes 矢量 $S(x,y)$ 的分布图像。

4. 数值仿真

为了验证本书所提出的对半波片失配角补偿方法的有效性，利用 Matlab 软件对整个成像过程进行了模拟。在仿真中选用德国映美精公司生产的 DMK51BU02-USB 单色 CCD 相机，其像元大小为 $4.40\mu\text{m}\times4.40\mu\text{m}$ ，成像透镜焦距为 16mm，使用 632.8nm 的光作为系统的适用波长，萨瓦板使用折射率较大的方解石晶体，萨瓦板单板厚度为 5.32mm，载波频率 $\Omega$ 为 4 像素/条纹，系统中半波片失配角的大小为 $\alpha=2°$ 。

图 3-7 分别表示系统的输入图像的 Stokes 参数分布，图像从左向右分为三个部分，第一部分表示的是水平线偏振光，第二部分表示部分偏振光，第三部分表示 45°的线偏振光。图 3-8 是输入图像经系统调制后在焦平面阵列上得到的光强分布，可以看出不同偏振态的入射光经系统调制之后会形成不同形状的明暗变化的周期性条纹。

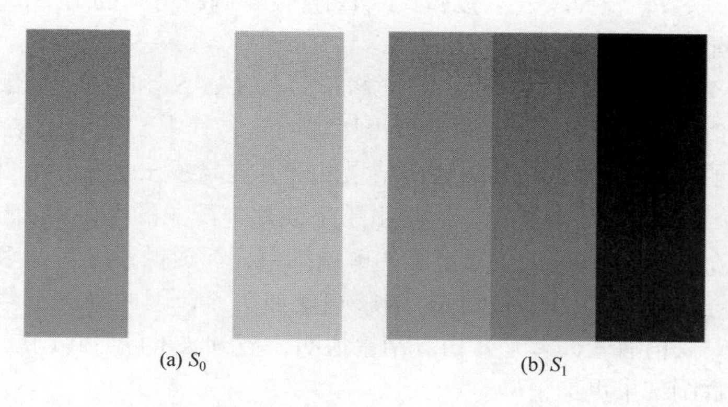

(a) $S_0$　　(b) $S_1$

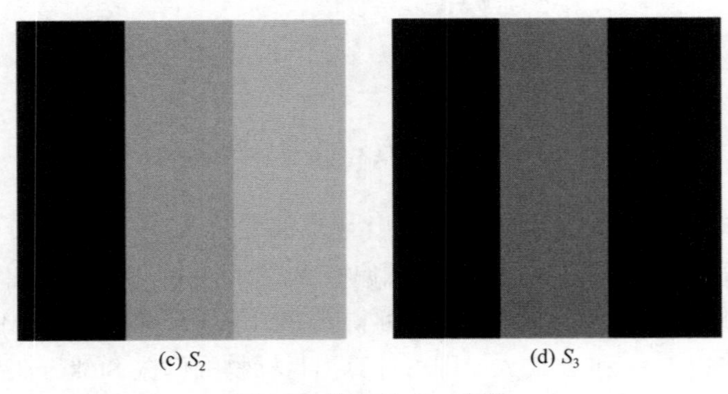


图 3-7　输入 Stokes 参数

图 3-8　焦平面阵列上的光强分布

对图 3-8 的图像进行解调的过程主要是先对图像进行离散傅里叶变换，这样就可以在频域内的不同区域分别得到 $S_0$，$S_1$ 和 $S_{23}$ 的频谱，然后根据式(3.11)采用合适的滤波器进行频域滤波，再分别对 $S_0$，$S_1$ 和 $S_{23}$ 的频谱进行傅里叶逆变换即可解调出输入光的偏振 Stokes 参数分布图像。当然这个偏振 Stokes 参数分布图像就是未修正情况下的解调结果，利用已知的系统半波片失配角 $\alpha$ 对该图像进行修正后即可得到更加精确的结果。

为了更加直观地说明，分别抽取输入图像和解调结果中一行像素归一化之后的灰度数据来描绘 Stokes 参数的横向分布情况，如图 3-9 所示，其中短虚线表示输入 Stokes 参数，长虚线表示按照式(3.12)直接解调所得到的结果，实线表示借助半波片失配角进行修正后的解调结果。

从图 3-9(b)～(d)中可以看出，补偿修正后的 $S_1$，$S_2$ 和 $S_3$ 的值相比修正之前更接近输入值，尤其在 $S_2$ 和 $S_3$ 上表现得更加明显，其中 $S_1$ 的解调结果准确度在修正后提高了 0.97%，$S_2$ 和 $S_3$ 的解调结果准确度提高了 13.9%，而图 3-9(a)中的 $S_0$ 所对应的三条曲线基本重合。这是由于半波片失配角的大小对 $S_0$ 的调制没有影响，因此 $S_0$ 始终能够得到比较准确的解调结果，而成像系统对 $S_1$ 和 $S_{23}$ 的调制情况和失配角的大小有关，且对 $S_{23}$ 的影响更加明显，因此未进行修正 $S_{23}$ 的解调结果就与输入值有较大差别。仿真结果说明，该方法可以对解调结果进行有效补偿，使得解调结果更加精确。

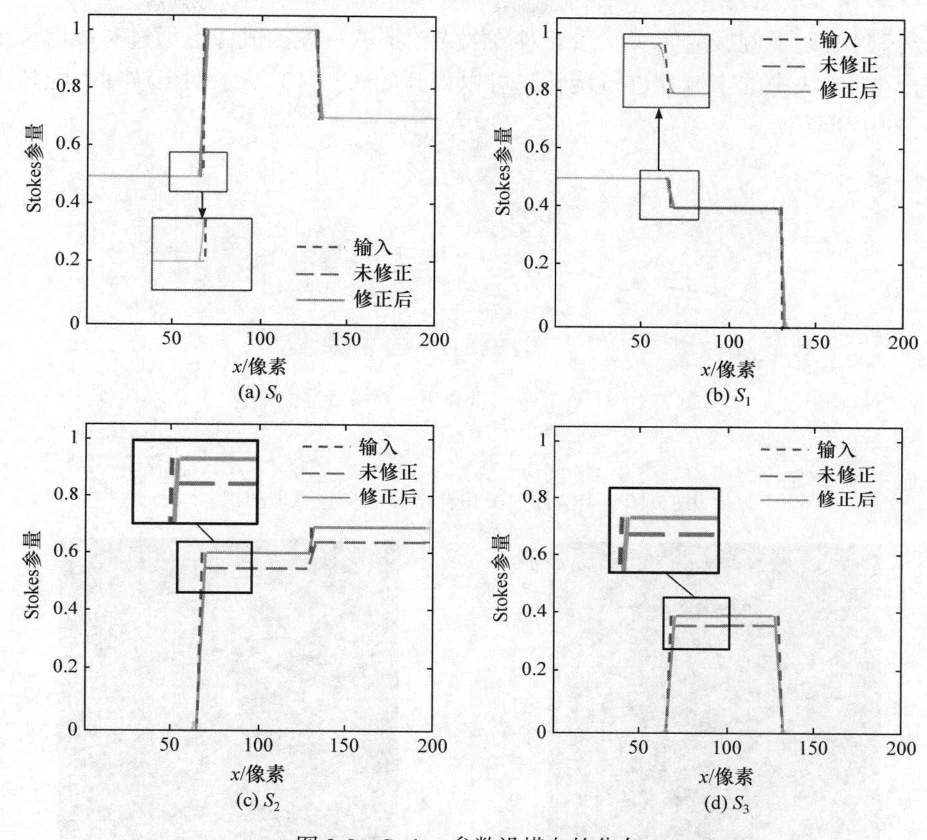


图 3-9　Stokes 参数沿横向的分布

此外，图 3-9 中的解调后的曲线相比于输入值在边界处的变化比较平缓，这主要是由于在解调过程中采用频域滤波器造成图像的高频信息丢失，在实际应用中会导致成像结果中目标的边界区域比较模糊。

5. 实验验证

为了验证本书提出的对偏振成像解调结果进行补偿的方法在实际应用中的效果，按照图 3-10 所示的实验原理图设计了验证实验，使用 He-Ne 激光照射一个激光图形调制器，激光被调制后照射在距离成像系统 2.4m 远的墙面上，形成如图 3-11 所示的具有一定形状的激光图案，但是粗糙的墙面会使得激光发生退偏，导致激光图案的偏振态不可控，再通过一个 45°方向的偏振片后，由该图像传播到偏振成像系统的光将全部变为 45°方向上的线偏振光，其 Stokes 矢量可以描述为 $I(x,y)\cdot(1,0,1,0)^{\mathrm{T}}$，其中 $I(x,y)$ 表示图像经过偏振片后的强度分布，最后通过搭建的远距偏振成像实验系统对该激光图案进行偏振成像，通过对成像系统偏振调制模块中的半波片进行旋转，可以得到如图 3-12 所示的半波片失配角为 2°时的干涉图像。

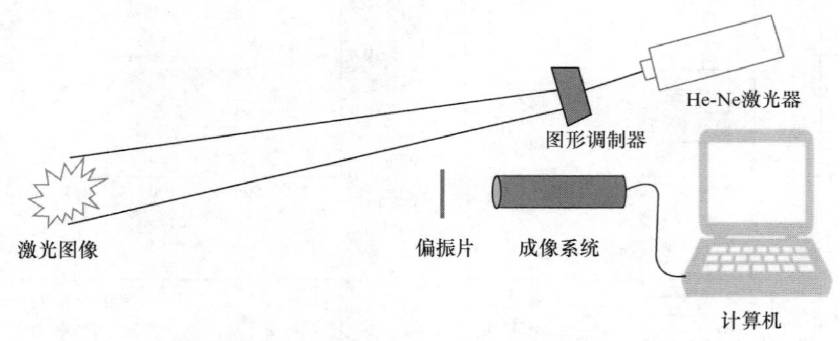


图 3-10　半波片失配角补偿验证实验原理图

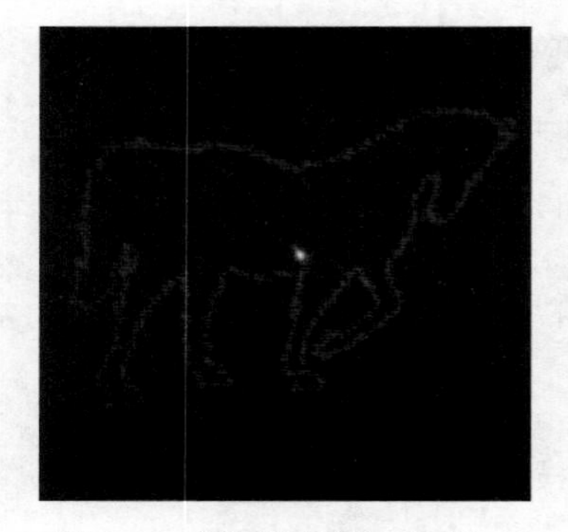

图 3-11　调制后的激光图案

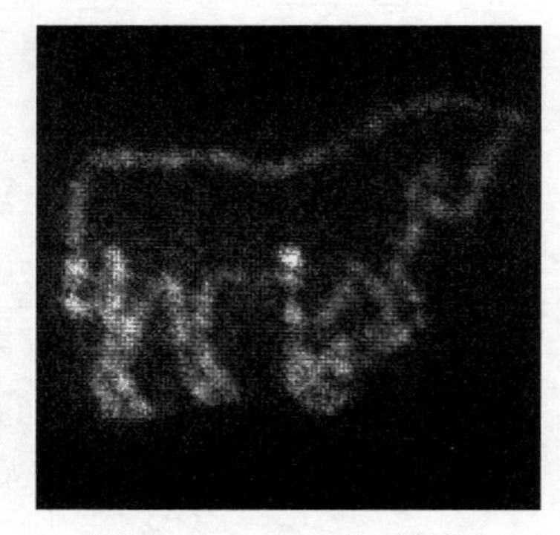

图 3-12　FPA 上的干涉图

对比图 3-11 和图 3-12 可以看出，FPA 上得到的激光图案的干涉图像轮廓与激光图案相同，只是系统对入射光的分光和干涉作用使得图像在细节上变为明暗相间的干涉条纹。

对图 3-12 直接按照式(3.5)进行解调，就可以得到激光关于目标图案没有进行修正的 Stokes 参数分布图，如图 3-13 所示。

由于入射光经过了一个 45°方向放置的偏振片，$S_0$ 和 $S_2$ 的图像在理论上应该是相同的，而 $S_1$ 和 $S_3$ 都没有实际的图像，但是从图 3-12 可以看出，$S_2$ 的图像明显比 $S_0$ 的图像暗，产生该现象的原因主要有：①半波片失配角对 $S_2$ 的影响在解调中并未予以考虑，导致解调结果相比于理论结果偏小；②解调过程中频域滤波器的选择使得 $S_2$ 的信息损失比 $S_0$ 更严重。在 $S_1$ 和 $S_3$ 的图像中出现的斑点则主要是由成像系统的噪声以及其他 Stokes 参数的影响产生。

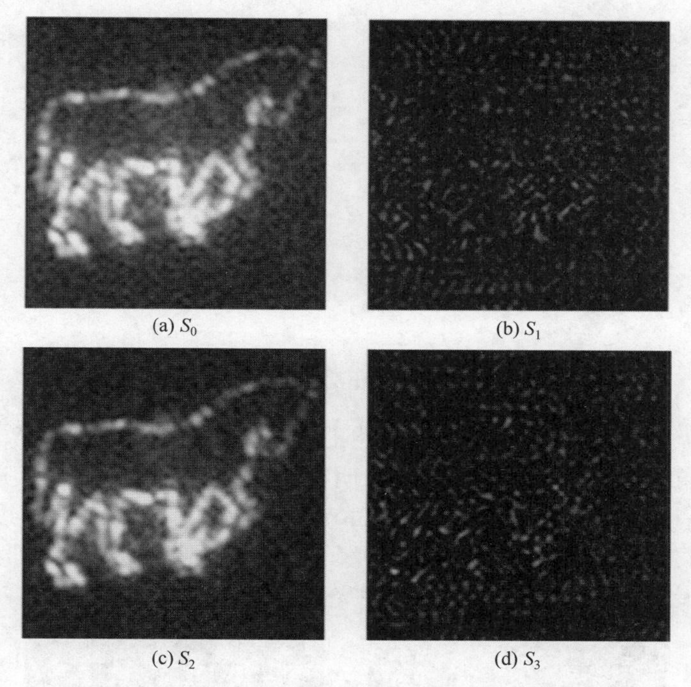

(a) $S_0$　(b) $S_1$

(c) $S_2$　(d) $S_3$

图 3-13　未修正的解调结果

利用本书提出的修正方法对图 3-13 的解调结果进行补偿，由于此次实验中半波片失配角为 2°，分别对图 3-13(b)的强度值除以系数 $A = 1 - 2\sin^2 2\alpha = 0.9903$，对图 3-13(c)和图 3-13(d)的强度值除以系数 $B = 1 - 2\cos 2\alpha \sin 2\alpha = 0.8608$，可以得到如图 3-14 所示的修正后的解调结果。

对比图 3-13(c)和图 3-14(c)可以看出，Stokes 参数 $S_2$ 的解调结果在经过修正后强度变大，成像质量较修正之前有较为明显的提高。

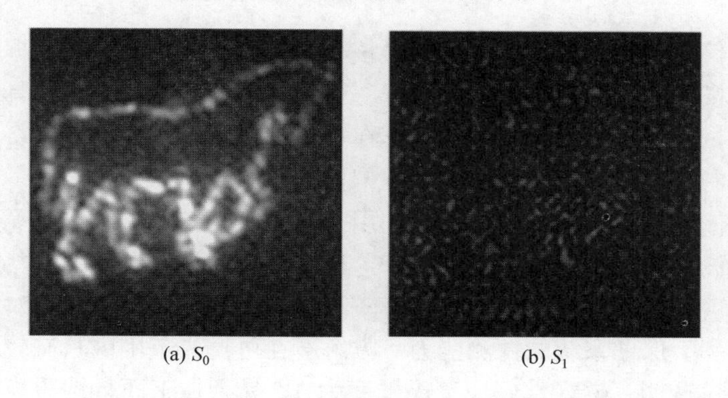

(a) $S_0$　(b) $S_1$

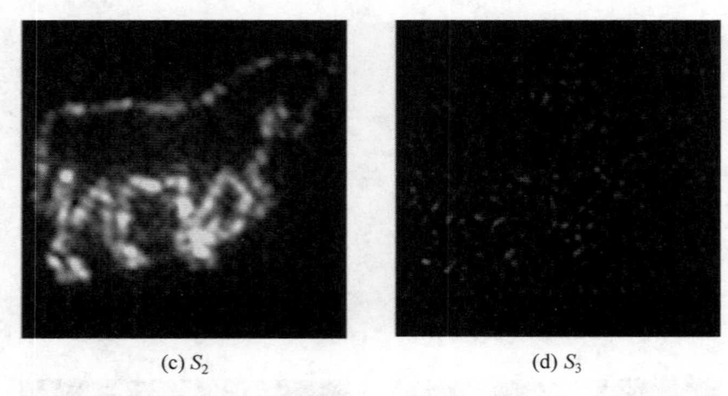

(c) $S_2$　(d) $S_3$

图 3-14　修正后的解调结果

图 3-15(a)和图 3-15(b)分别是解调出的 $S_0$ 的图像与修正前后的 $S_2$ 的图像相减后的强度分布，通过对二者的对比可以明显看出，修正后的 $S_2$ 更接近于 $S_0$ 的解调结果。通过计算，可以得到图 3-13(c)的平均强度与 $S_0$ 的平均强度之比为 0.814，而图 3-14(c)的平均强度与 $S_0$ 的平均强度之比则为 0.927，由此可以看出对解调结果的修正可以使偏振成像的结果变得更加精确。

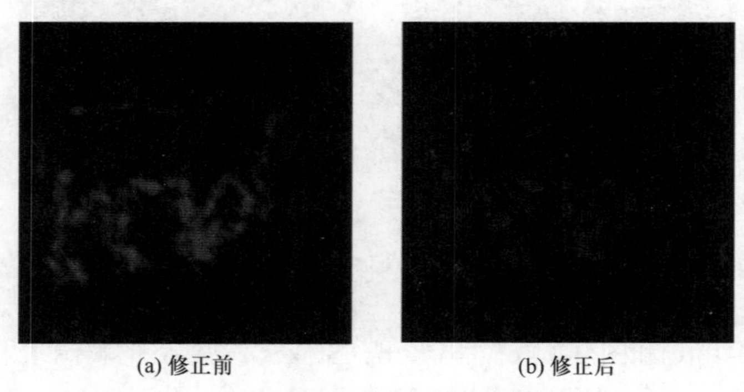

(a) 修正前　(b) 修正后

图 3-15　修正前后的 $S_2$ 与 $S_0$ 的差值图像

萨瓦板偏光器是该偏振成像系统最核心的元件，该元件能够根据入射光的偏振态，将其横向剪切为多个不同的成分，分出的各个成分的光之间具有一定大小的横向剪切量并且满足相干条件，能够在透镜焦平面上发生干涉，将来自目标的偏振信息调制于干涉图像中，可以实现偏振成像的功能。

萨瓦板偏光器在该系统中的主要作用是偏振分光，因此制作萨瓦板的材料对于系统设计波长的双折射率应该较大，这样就可以使用比较薄的材料来产生系统需要的横向剪切量，使得系统体积相对较小，同时较薄的晶体材料对光的吸收也比较弱，有利于保证系统的探测能力。方解石在可见光范围内具有较大且稳定的双折率，无色透明，透光性好，莫氏硬度为 3，易于加工而且性质稳定，常用作偏振器件的制作。本书选择方解石作为加工萨瓦板偏光器的材料。

由于目标物的偏振信息被调制于 FPA 上的干涉条纹中，偏振信息的分布最终要通过对干涉条纹的解调来获得。干涉条纹的空间频率是影响偏振信息解调结果准确程度的重要因素，理论上干涉条纹的空间频率为 3 像素/条纹到 6 像素/条纹时，都能够比较好地解调出目标的偏振 Stokes 参数分布，因此选择 4 像素/条纹作为该系统的干涉条纹载波频率。可以看出载波频率$\varOmega$同时由萨瓦板偏光器对入射光产生的横向剪切量$\varDelta$、入射光的波长$\lambda$，以及成像透镜的焦距$f$共同决定，且满足关系$\varOmega = \dfrac{\varDelta}{\lambda f}$，其中，$\varDelta = \dfrac{n_\mathrm{o}^2 - n_\mathrm{e}^2}{n_\mathrm{o}^2 + n_\mathrm{e}^2} t$，因此，萨瓦板偏光器的单板厚度$t$与晶体材料、适用波长、FPA 的像元大小$D$以及成像透镜的焦距存在如下关系：

$$t = \frac{\lambda f}{4D} \cdot \frac{n_\mathrm{o}^2 + n_\mathrm{e}^2}{n_\mathrm{o}^2 - n_\mathrm{e}^2} \tag{3.20}$$

采用 DMK51BU02 单色 CCD 相机，相机参数如表 3-1 所示，光谱响应曲线如图 3-16 所示。

**表 3-1　相机参数**

| 参数名称 | 参数值 |
| --- | --- |
| 像素数 | 1280 × 960 |
| 像素大小/μm | 4.40 × 4.40 |
| 感光面积/mm | 5.95 × 4.46 |

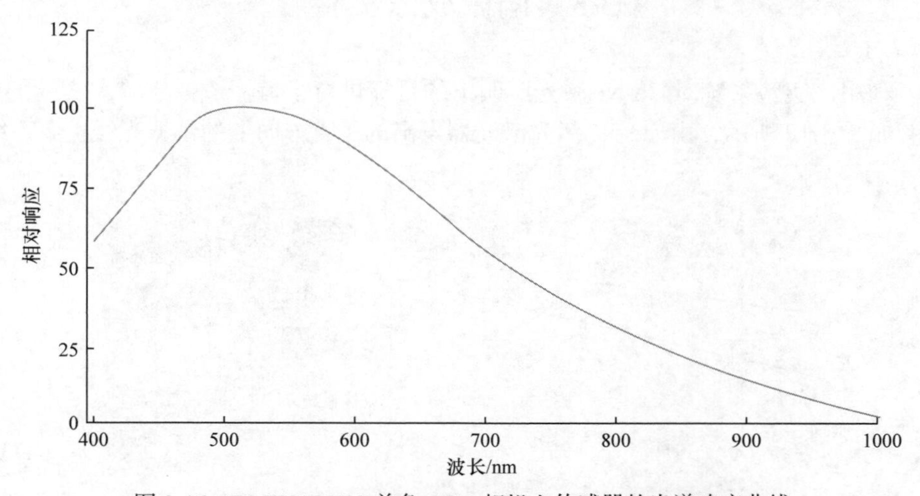


图 3-16　DMK51BU02 单色 CCD 相机上传感器的光谱响应曲线

成像透镜焦距为 16mm，当系统的工作波长为 632.8nm 时，方解石的主折射率分别为 $n_o = 1.65572$、$n_e = 1.48519$，可以由式(3.18)计算得到萨瓦板偏光器的单板厚度 $t = 5.32$mm，其长和宽均为 12mm，由此定制 $SP_1$ 和 $SP_2$ 的萨瓦板偏光器。最终，我们搭建了如图 3-17 的笼式偏振成像系统，系统参数如表 3-2 所示。

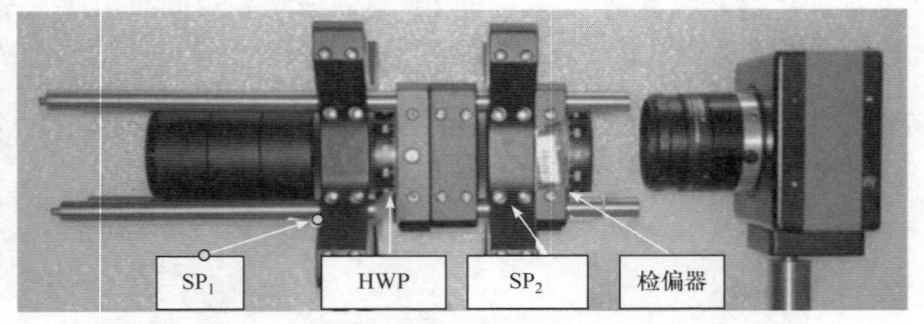


图 3-17　萨瓦板偏光型干涉偏振成像系统

**表 3-2　萨瓦板偏光型干涉偏振成像系统参数**

| 参数名称 | 参数值 |
| --- | --- |
| 萨瓦板规格/mm | 12 × 12 × 5.323 |
| 载波频率/(像素/条纹) | 4 |
| 成像透镜焦距/mm | 16 |
| CCD 像元大小/μm | 4.40 × 4.40 |

## 3.3　偏振成像实验

利用该实验系统对 He-Ne 激光照明下的目标进行了偏振成像实验，实验的原理图如图 3-18 所示，由 He-Ne 激光激光器发出的竖直方向上的偏振光经扩束系统

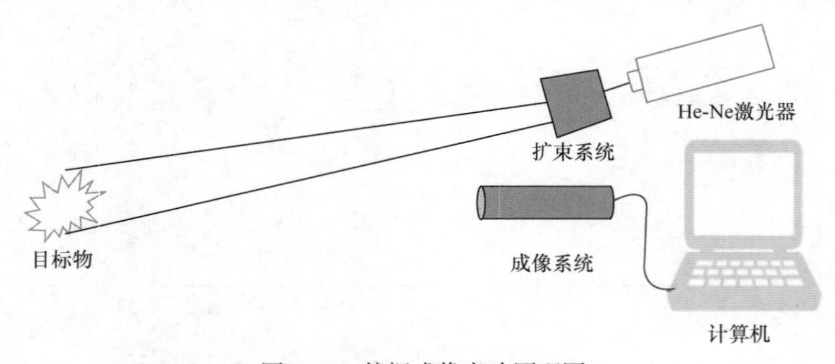


图 3-18　偏振成像实验原理图

后形成较大的光斑，照射在如图 3-19(a)所示的距离成像系统 2.5m 远处的目标物体上，激光在目标物表面发生吸收和反射的作用后，反射光表现出不同程度的退偏，在偏振成像系统焦平面阵列上形成如图 3-19(b)所示的干涉图像。对图 3-19(b)进行解调可以得到如图 3-20 所示偏振 Stokes 参数分布图像，由于使用的照明光是竖直偏振光，解调结果中的 $S_2$ 和 $S_3$ 均看不到目标图像；发票涂层和铝片具有较好的保偏效果，因此反射光仍为竖直方向上的线偏振光，可以在 $S_1$ 的分布图像中比较清楚地观察到铝片和发票涂层。铝片表面黑色的氧化层比较粗糙，因此

(a) 目标原图

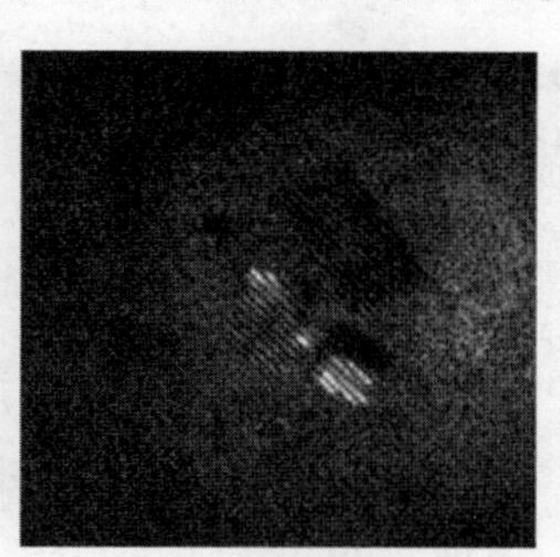

(b) 探测器上的图像

图 3-19　偏振成像实验目标

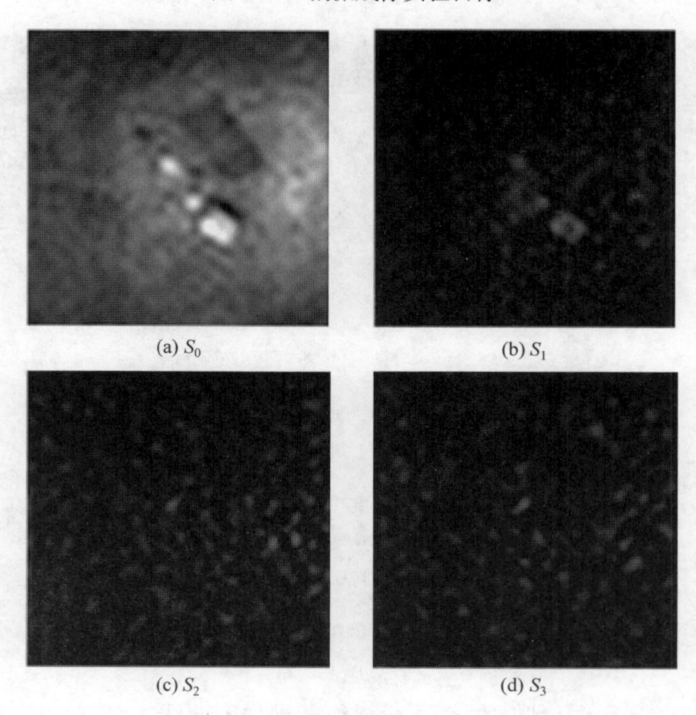

(a) $S_0$　(b) $S_1$

(c) $S_2$　(d) $S_3$

图 3-20　解调结果

对光的吸收及退偏效果都比较明显，所以在解调出的 $S_0$ 中铜片的图像强度较小，而在 $S_1$ 的图像中几乎看不到铝片的存在；目标物体之外的区域退偏效果较强，该区域的反射光可以视为自然光，因此在 $S_0$ 的图像中该区域强度较大，但在图像 $S_1$ 中强度则几乎为零。

## 3.4 混叠现象研究

对不同波段宽度下的偏振成像结果进行模拟分析，模拟参量选择：萨瓦板厚度取 $t = 1.54\text{mm}$，中心波长为 550nm，透镜焦距取 $f = 5\text{mm}$，像元大小 4.75μm，CCD 像元数 $1000\times1000$。输入不同 Stokes 参量，得到干涉图像二维傅里叶变换频谱图及图像中心位置一维强度曲线。分辨率所限，仅取中心像素 $200\times200$ 进行分析。

### 3.4.1 不同输入下波段混叠情况

1. 输入 $S = (1, 1, 0, 0)$

当输入为 $S = (1, 1, 0, 0)$的平面光时，不同谱段的干涉如图 3-21 所示。

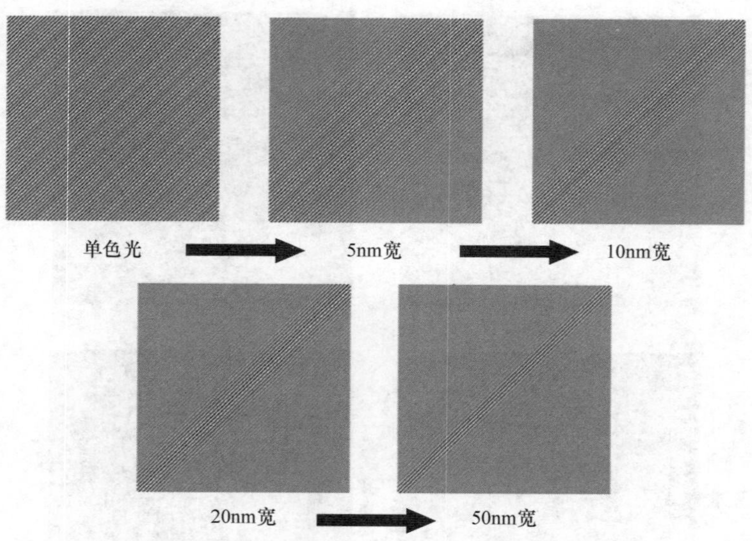


图 3-21 输入 $S = (1, 1, 0, 0)$时不同谱段干涉图

90°偏振光入射条纹为斜条纹，如图 3-21 所示，波段宽度越宽，可见条纹数越少。

取图 3-21 所示的干涉图中心一行，作一维强度曲线，结果如图 3-22 所示。

条纹对比度由 $\frac{I_{亮}-I_{暗}}{I_{亮}+I_{暗}}$ 表示，可见，波段越宽，条纹对比度下降越快。

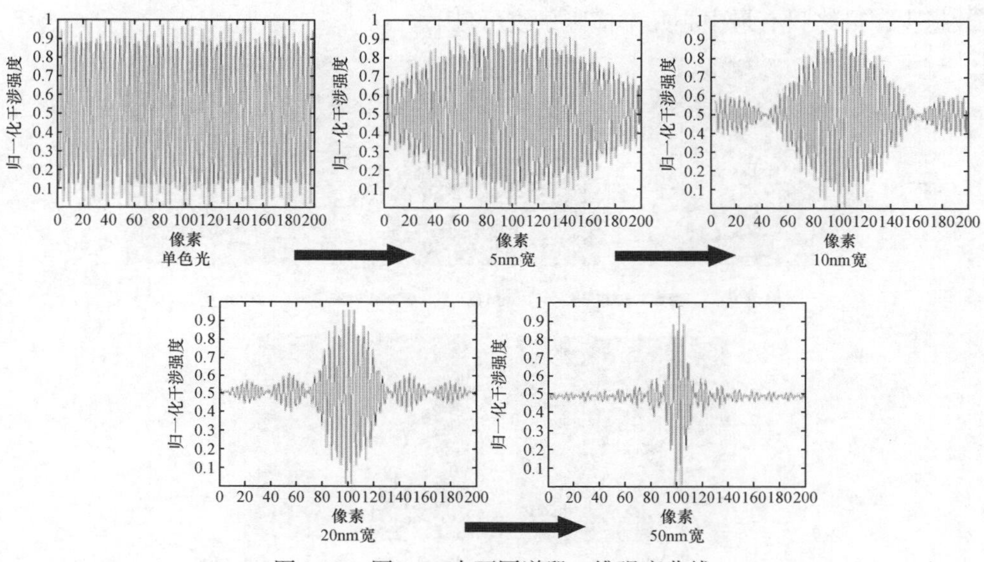


图 3-22　图 3-21 中不同谱段一维强度曲线

图 3-23 中亮点表示二维干涉图中的空间频率，其越集中，表示空间频率越一致，越分散，表示空间频率越紊乱。由图 3-23 可知，波段越宽，条纹的频谱图越黯淡和分散，表明其频率越乱。

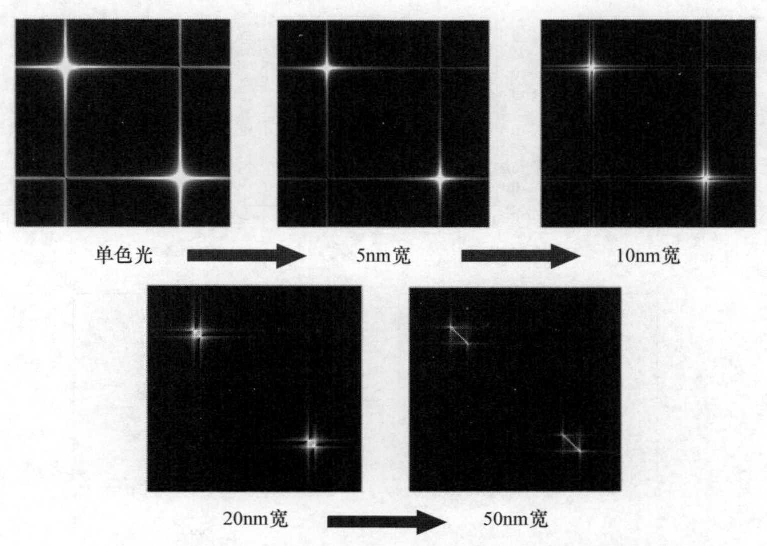


图 3-23　图 3-21 中不同谱段二维傅里叶变换频谱图

2. 输入 $S=(1, 0, 1, 0)$

45°偏振输入的结果是横条纹，由图 3-24 可见，波段宽度越宽，可见的条纹数越少，最终只有最中心几个横竖条纹可见。

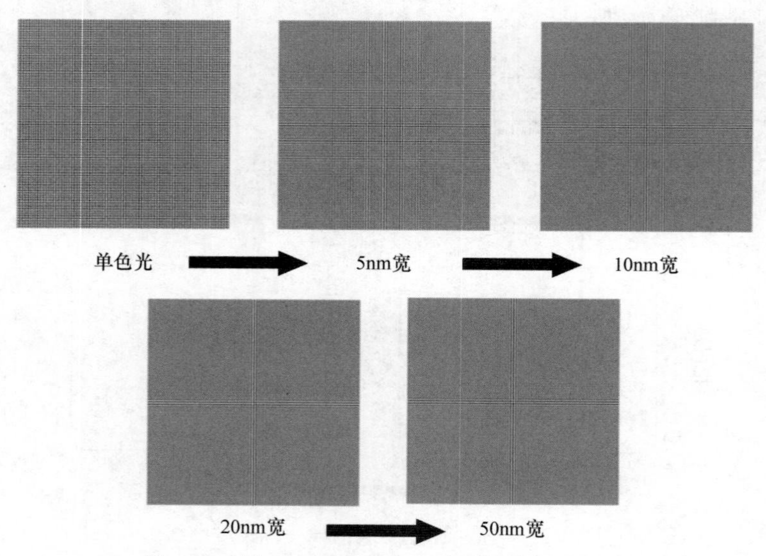


图 3-24　输入 $S=(1, 0, 1, 0)$时不同谱段干涉图

同样取图 3-24 所示干涉图中心一行，作一维强度曲线，其结果如图 3-25 所示，由图可见，波段越宽，条纹的对比度越低，可见条纹数越少。

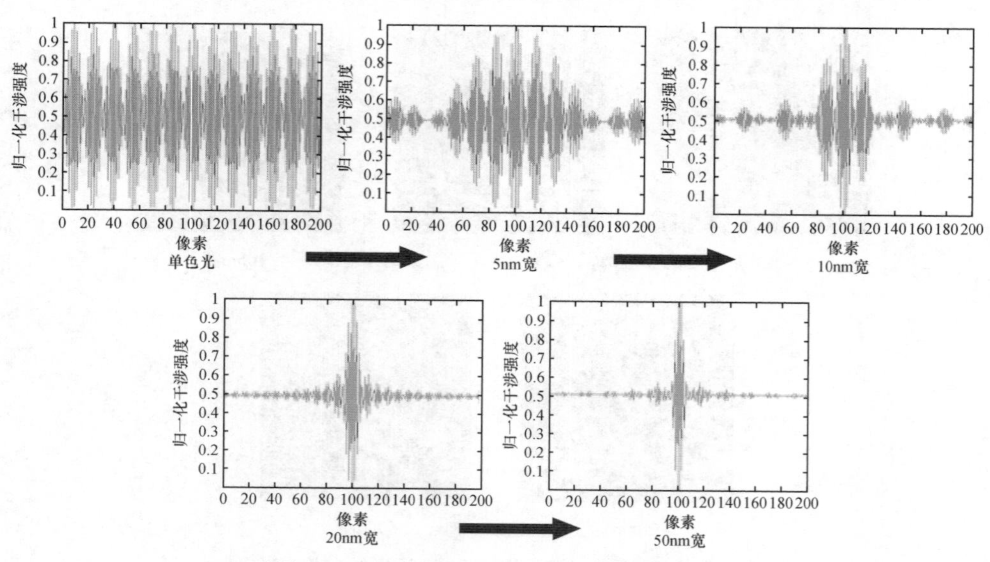


图 3-25　图 3-24 中不同谱段一维强度曲线

由图 3-26 可见，频谱图随着波段扩展逐渐展宽。

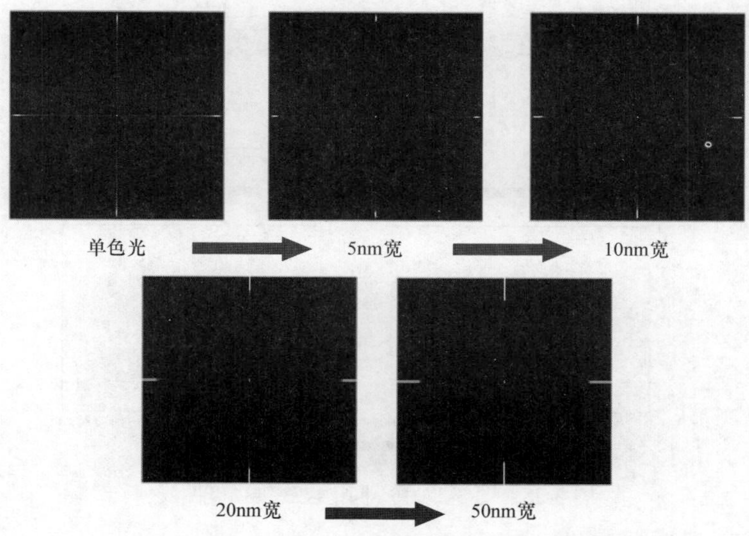


图 3-26　图 3-24 中不同谱段二维傅里叶变换频谱图

3. 输入 $S=(1, 0, 0, 1)$

由于在映射关系公式中，$S_2$ 与 $S_3$ 是共用两个调制频率的，所以其图像差相仿佛，均为横竖格子条纹。

图 3-27 为输入 $S=(1, 0, 0, 1)$时的干涉图，图 3-28 为选取图 3-27 中心一行作的强度曲线，波段越宽，条纹的对比度越低，可见条纹越少。

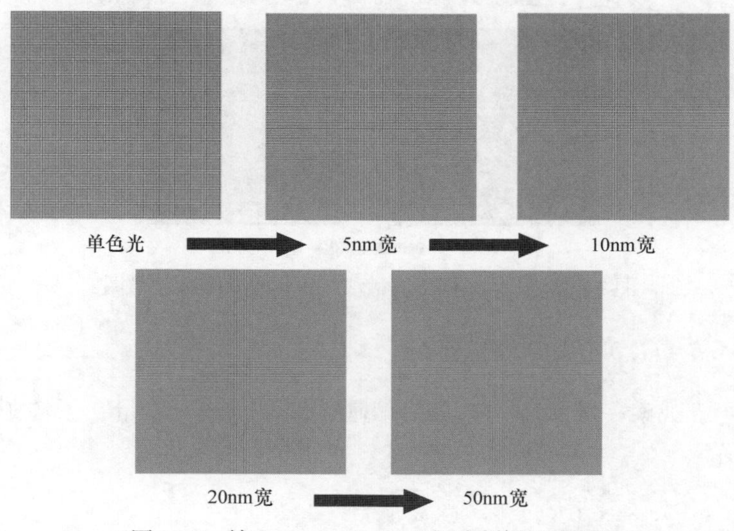


图 3-27　输入 $S=(1, 0, 0, 1)$时不同谱段干涉图

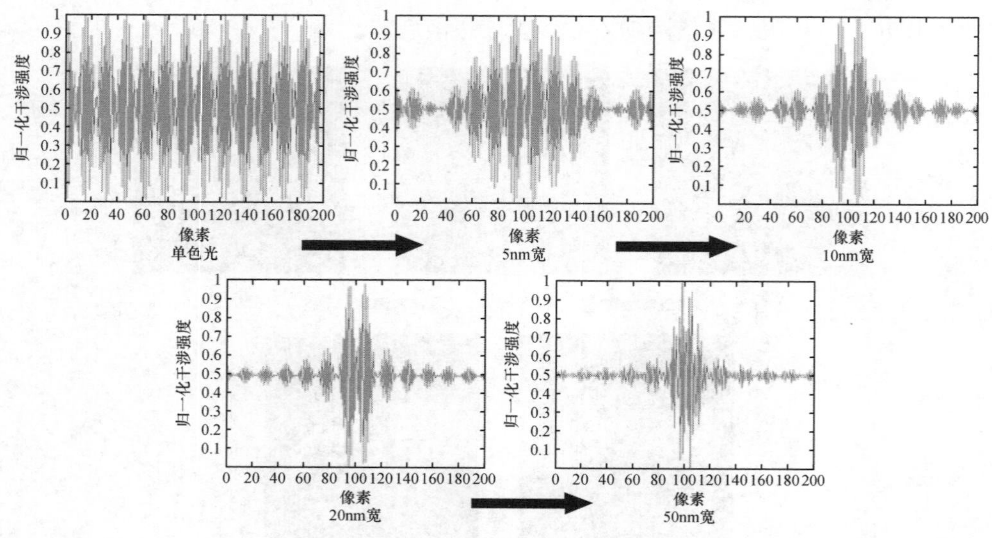


图 3-28　图 3-27 中不同谱段一维强度曲线

频谱图与图 3-29 类似，随着波段宽度逐渐分散。

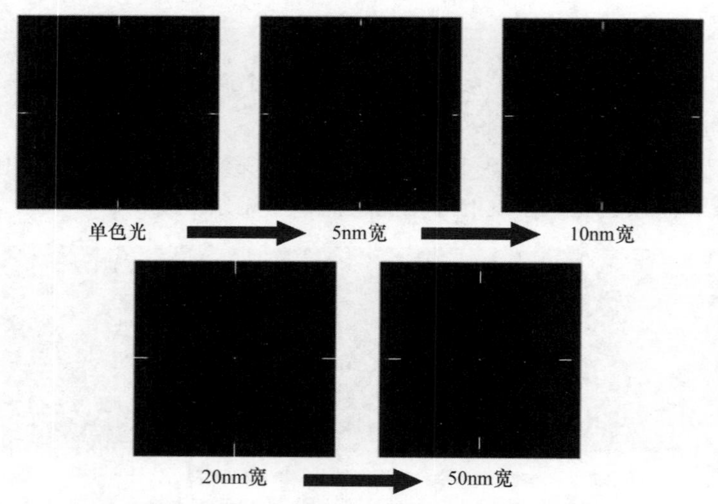


图 3-29　图 3-27 中不同谱段二维傅里叶变换频谱图

4. 输入 $S=(1, 0.8, 0.13, 0.58)$

为了便于观察一般状态，选取线偏圆、偏混合输入参量，干涉条纹图案如图 3-30 所示。

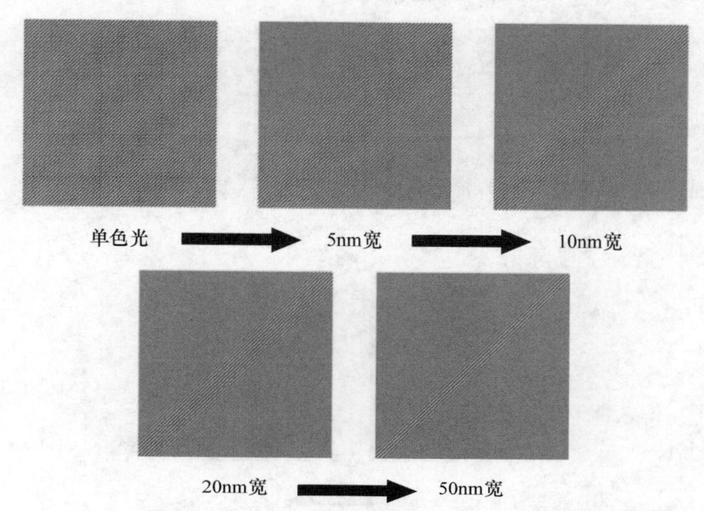


图 3-30　输入 $S = (1, 0.8, 0.13, 0.58)$时不同谱段干涉图

由图 3-30 可知，混合输入的干涉图既有表示线偏的斜条纹，又有表示圆偏的格子条纹。随着波段展宽，其条纹清晰度和数量都在下降。

由图 3-31 可见，波段越宽，条纹的对比度越低。

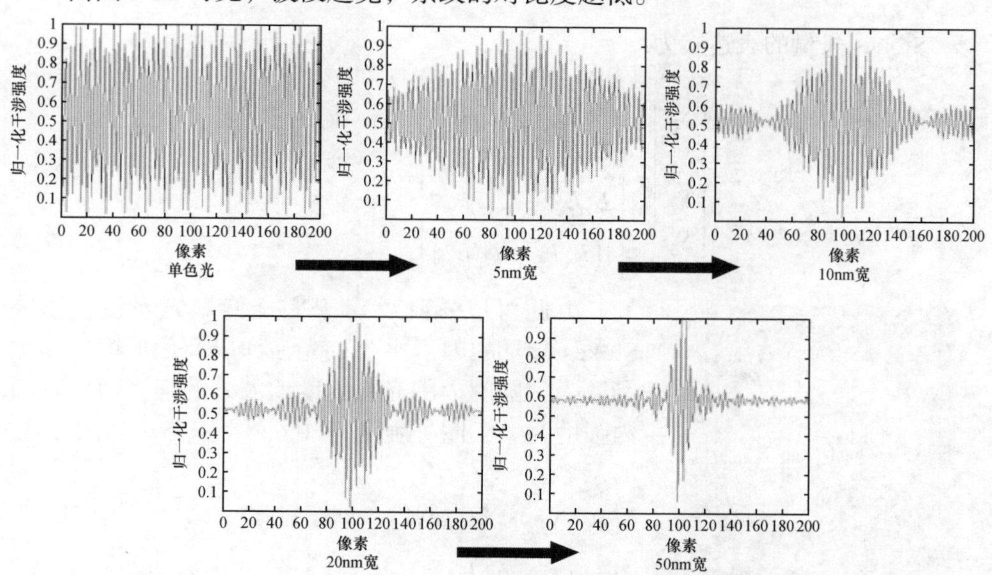


图 3-31　图 3-30 中不同谱段一维强度曲线

由图 3-32 可见，频谱图包含了线偏振和圆偏振的两种干涉条纹的频谱，而随着段的扩展，其频谱也相应展宽，使得条纹不可测。

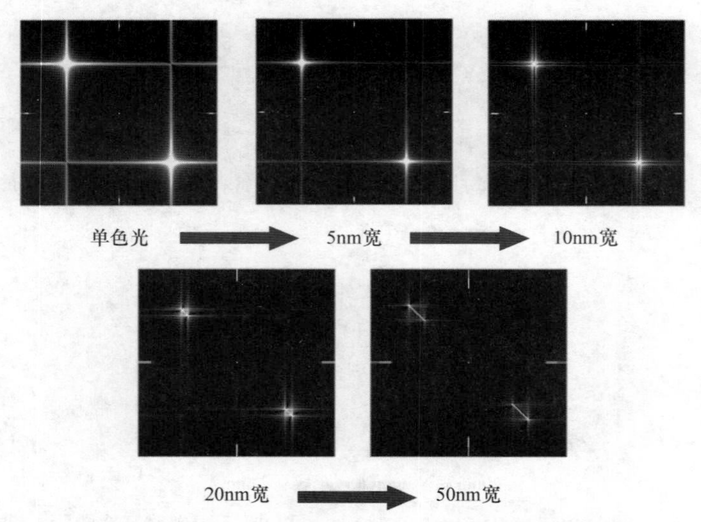


图 3-32　图 3-30 中不同谱段二维傅里叶变换频谱图

### 3.4.2　宽波段非均匀平面光混叠情况分析

1. 550nm 单波长光入射模拟

Stokes 矢量的表达式为

$$S=\begin{bmatrix}S_0\\S_1\\S_2\\S_3\end{bmatrix}=\begin{bmatrix}E_xE_x^*+E_yE_y^*\\E_xE_x^*-E_yE_y^*\\E_xE_y^*+E_yE_x^*\\\mathrm{i}\left(E_xE_y^*-E_yE_x^*\right)\end{bmatrix}=I\begin{bmatrix}1\\\cos\alpha\cos\beta\\\cos\alpha\sin\beta\\\sin\alpha\end{bmatrix}\tag{3.21}$$

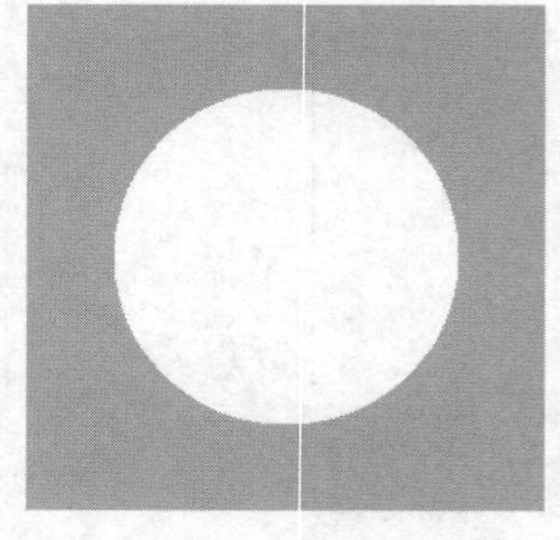

图 3-33　光强分布图

由此可以看到，对于完全偏振光来说，影响 Stokes 参量的因素主要有光强和以及偏振度。模拟参数为：圆圈内的光强强度比圈外的强度值大，圈内强度为 1，圈外强度为 0.6。光强分布如图 3-33 所示。

Stokes 参量的分布如图 3-34 所示，其中圈内为 $(S_0,S_1,S_2,S_3)^\mathrm{T}=\left(1,\frac{3}{4},\frac{\sqrt{3}}{4},\frac{1}{2}\right)^\mathrm{T}$，圈外为 $(S_0,S_1,S_2,S_3)^\mathrm{T}=\left(1,\frac{1}{4},\frac{\sqrt{3}}{4},\frac{\sqrt{3}}{2}\right)^\mathrm{T}$。

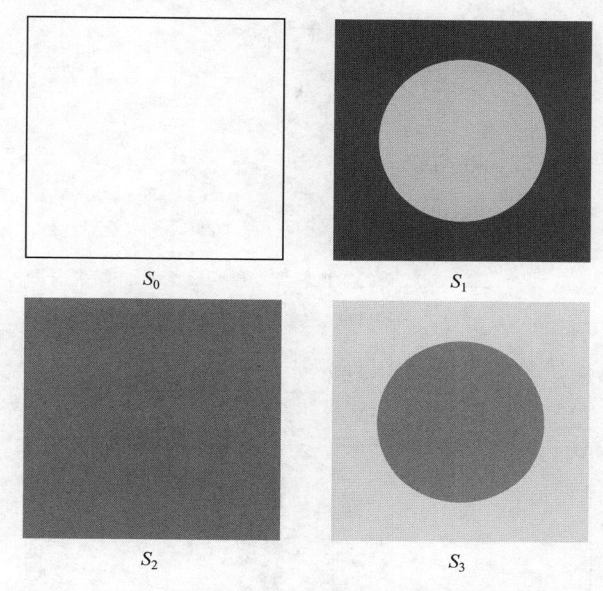


图 3-34　Stokes 参量分布图

由上述的条件，可以得到单色光的偏振成像仿真图，如图 3-35 所示。

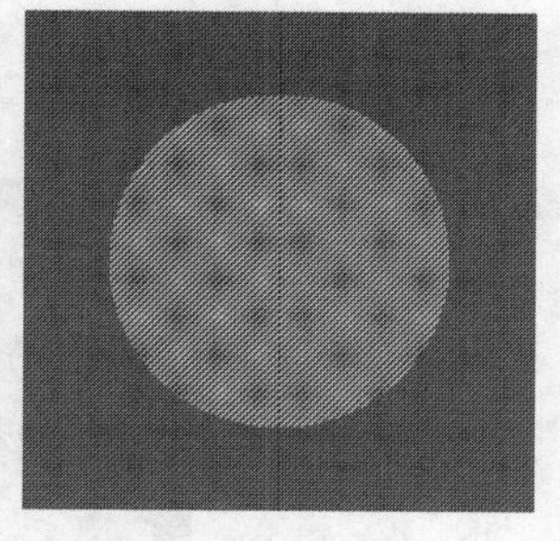

图 3-35　偏振成像仿真图

抽取 $x$ 轴上的数值，可以得到光强在 $x$ 轴上的分布如图 3-36 所示，可以发现光强对得到的结果影响很大。

2. 复色光的仿真成像结果

光强分布如图 3-37 所示，其中圈外的强度为 0.8，圈内的强度为 1。

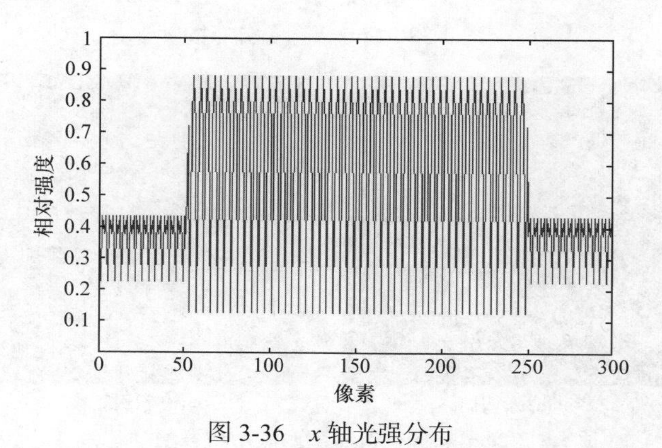


图 3-36　$x$ 轴光强分布

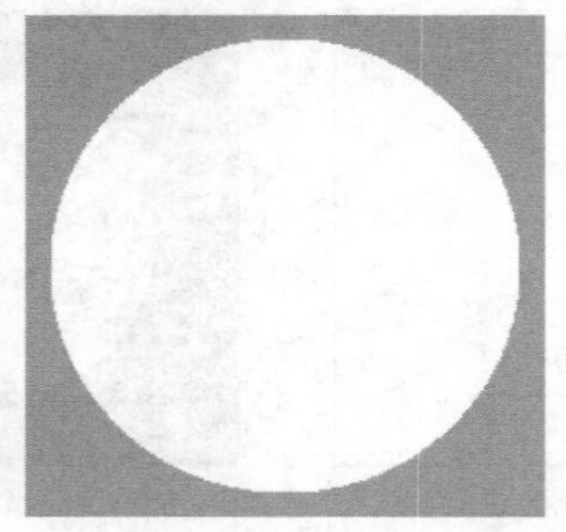

图 3-37 光强分布图

各个 Stokes 参量分布如图 3-38 所示。

当入射为复色光时，得到的干涉图如图 3-39 所示，其中展宽宽度为 7nm。

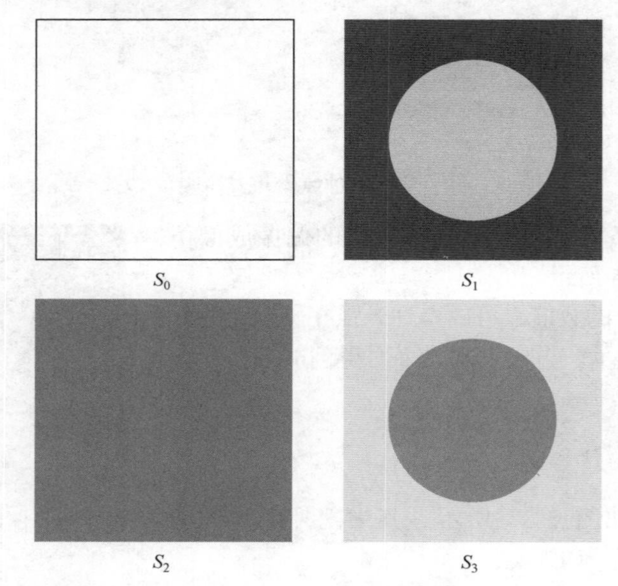


图 3-38 Stokes 参量分布图

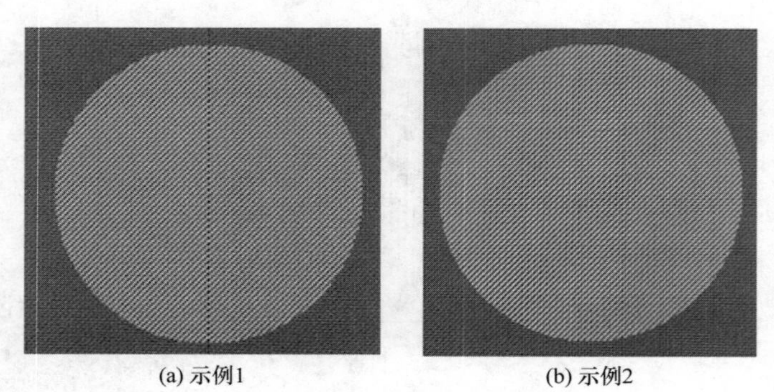


图 3-39 复色光偏振成像仿真图

抽取 $x$ 轴上光强分布数值，如图 3-40 所示，可以发现明显的干涉条纹。

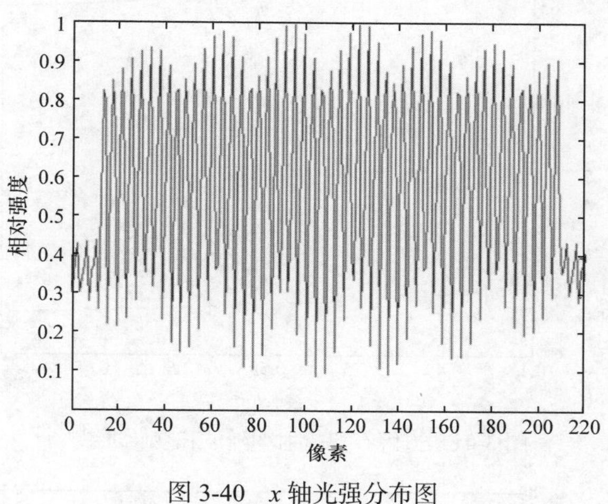


图 3-40　$x$ 轴光强分布图

## 3.5　波段宽度限制判据

### 3.5.1　影响因素分析

选用方解石晶体制作萨瓦板，因其双折射大，相应萨瓦板横向剪切量大，利于干涉成像。在波长 0.394～1.159μm 范围内，折射率可由以下拟合公式表示：

$$n_{\mathrm{o}}^2 = 2.6926 + \frac{0.0192}{\lambda^2 - 0.0195} - 0.0143\lambda^2 \tag{3.22}$$

$$n_{\mathrm{e}}^2 = 2.1846 + \frac{0.0085}{\lambda^2 - 0.0143} - 0.0023\lambda^2 \tag{3.23}$$

可见光波段内 o 光、e 光折射率如图 3-41 所示。

$$\varDelta = \frac{n_{\mathrm{o}}^2 - n_{\mathrm{e}}^2}{n_{\mathrm{o}}^2 + n_{\mathrm{e}}^2} t \tag{3.24}$$

式中，$\varDelta$ 表示剪切量；$t$ 表示单个萨瓦板的厚度。萨瓦板剪切量随波长变化如图 3-42 所示。

各波长剪切量与中心波长 550nm 处剪切量的相对误差如图 3-43 所示。

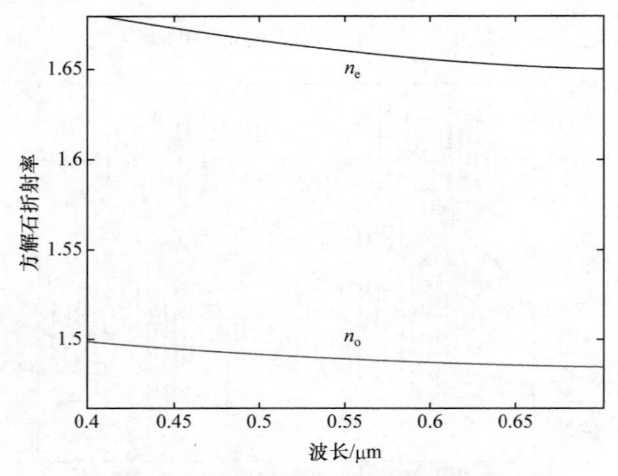

图 3-41　方解石双折射率随波长变化曲线

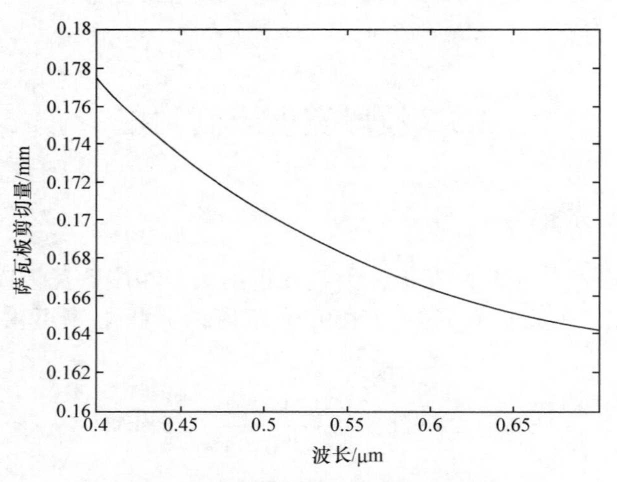

图 3-42　萨瓦板剪切量随波长变化示意图

由图 3-43 可见，波长导致的折射率变化使得剪切量的误差在 0%～5%之间浮动，长波位置的差异比短波位置要小，这是因为折射率的变化在短波处比长波处剧烈。

四束光之间的剪切量影响光在 CCD 相机上的空间频率$\Omega$为

$$\Omega = \frac{\Delta}{\lambda f} \tag{3.25}$$

式中，$f$ 表示成像透镜的焦距取值为 5mm。为了方便直观地了解空间频率，取其倒数，并除以 CCD 像元大小 4.75μm，得到其载波频率的单位为像素/条纹。载波频率与波长之间的关系如图 3-44 所示。

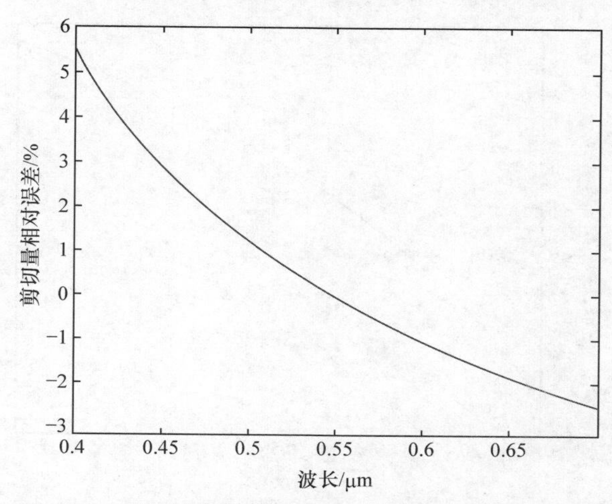


图 3-43　不同波长剪切量与中心波长相对误差示意图

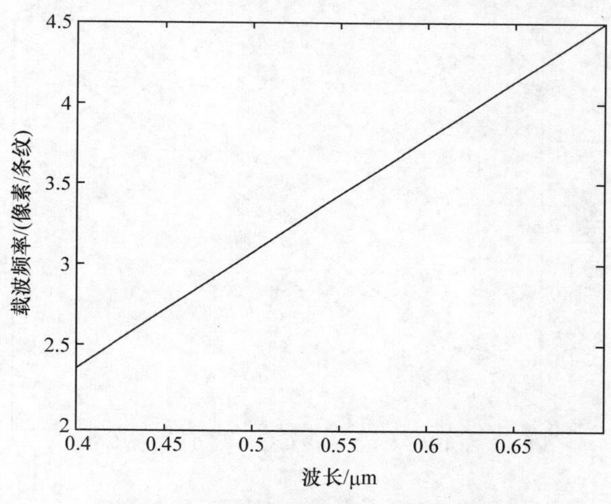


图 3-44　载波频率随波长变化示意图

由图 3-44 可见，载波频率与波长基本呈线性关系，考虑双折射率随波长变化情况下双折射率对载波频率的影响，得到其相对误差曲线，如图 3-45 所示。

考虑不同波长处载波频率与中心波长载波频率的相对误差，结果如图 3-46 所示。

由图 3-46 可知，载波频率是波长影响偏振成像性能的主要体现，是波长混叠的标志性参量。晶体双折射率受波长的影响相对较小，取波长较长处的波段，其影响可以被进一步降低。

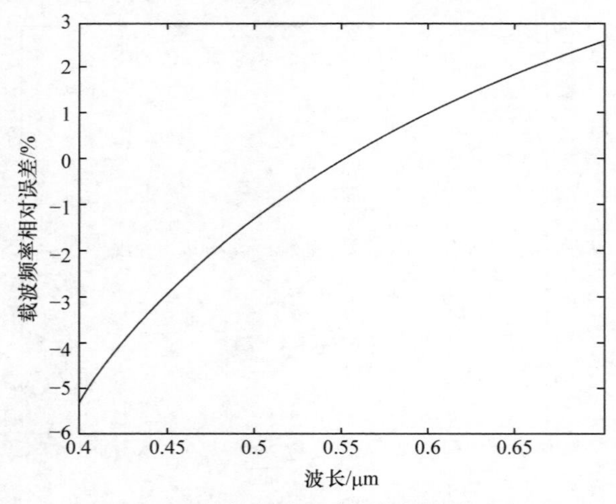


图 3-45　双折射率对载波频率的影响示意图

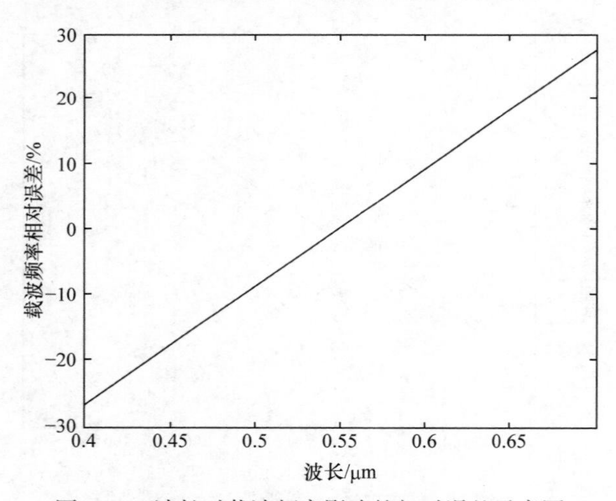


图 3-46　波长对载波频率影响的相对误差示意图

### 3.5.2　波段宽度判据

为了确定载波频率对成像结果的影响和判据公式，在积分范围$[-L,L]$($2L\times 2L$为焦平面上的成像面积)内对光强公式做二维傅里叶变换：

$$F=\mathcal{F}\{I\}=\int_{-L}^{L}\int_{-L}^{L}\left\{\begin{array}{l}\dfrac{1}{2}S_0+\dfrac{1}{2}S_1\cos\left[2\pi\Omega(x+y)\right]\\+\dfrac{1}{4}\left|S_{23}\right|\cos\left[2\pi\Omega(2x)+\arg S_{23}\right]\\-\dfrac{1}{4}\left|S_{23}\right|\cos\left[2\pi\Omega(2y)-\arg S_{23}\right]\end{array}\right\}\mathrm{e}^{-\mathrm{i}2\pi\left(f_x x+f_y y\right)}\mathrm{d}x\mathrm{d}y$$

$$
\begin{aligned}
&= 2L^2 S_0 \operatorname{sinc}(2\pi f_x L)\operatorname{sinc}(2\pi f_y L) \\
&\quad + L^2 S_1 \left[ \operatorname{sinc} 2\pi L(f_x - \Omega)\operatorname{sinc} 2\pi L(f_y - \Omega) + \operatorname{sinc} 2\pi L(f_x + \Omega)\operatorname{sinc} 2\pi L(f_y + \Omega) \right] \\
&\quad + \frac{1}{2} L^2 |S_{23}| \operatorname{sinc}(2\pi f_y L)\left[ \mathrm{e}^{\mathrm{i}\arg S_{23}} \operatorname{sinc} 2\pi L(f_x - 2\Omega) + \mathrm{e}^{-\mathrm{i}\arg S_{23}} \operatorname{sinc} 2\pi L(f_x + 2\Omega) \right] \\
&\quad + \frac{1}{2} L^2 |S_{23}| \operatorname{sinc}(2\pi f_x L)\left[ \mathrm{e}^{-\mathrm{i}\arg S_{23}} \operatorname{sinc} 2\pi L(f_y + 2\Omega) + \mathrm{e}^{\mathrm{i}\arg S_{23}} \operatorname{sinc} 2\pi L(f_y - 2\Omega) \right]
\end{aligned}
\tag{3.26}
$$

式中，$f_x, f_y$ 表示空间频域的坐标。上式体现的空间频域分布各部分均为 sinc 函数，如图 3-47 所示。

Stokes 参量在空间频域的位移与载波频率 $\Omega$ 成正比，因而在系统参数 $\Delta$、$f$ 确定时，位移量与波长 $\lambda$ 成反比，当复色光入射时就会出现通道混叠。使用复色光作为成像光源时，频域上的分布可表示为

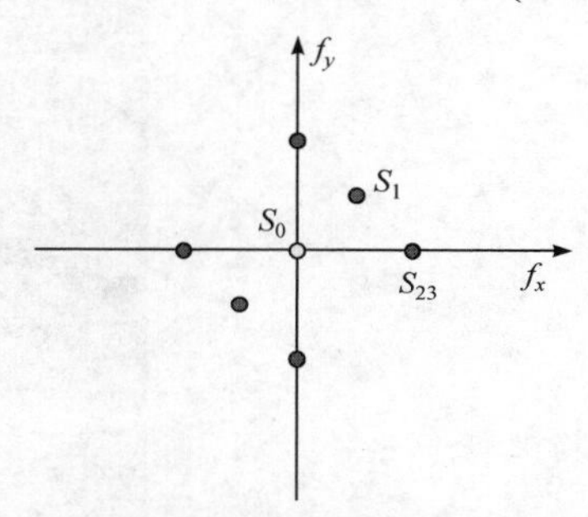


图 3-47　空间频域分布示意图

$$
F = \sum_{\Omega_i=\Omega_{\min}}^{\Omega_{\max}} \left\{
\begin{aligned}
&2L^2 S_0 \operatorname{sinc}(2\pi f_x L)\operatorname{sinc}(2\pi f_y L) \\
&+L^2 S_1 \left[ \operatorname{sinc} 2\pi L(f_x - \Omega_i)\operatorname{sinc} 2\pi L(f_y - \Omega_i) + \operatorname{sinc} 2\pi L(f_x + \Omega_i)\operatorname{sinc} 2\pi L(f_y + \Omega_i) \right] \\
&+\frac{1}{2} L^2 |S_{23}| \operatorname{sinc}(2\pi f_y L)\left[ \mathrm{e}^{\mathrm{i}\arg S_{23}} \operatorname{sinc} 2\pi L(f_x - 2\Omega_i) + \mathrm{e}^{-\mathrm{i}\arg S_{23}} \operatorname{sinc} 2\pi L(f_x + 2\Omega_i) \right] \\
&+\frac{1}{2} L^2 |S_{23}| \operatorname{sinc}(2\pi f_x L)\left[ \mathrm{e}^{-\mathrm{i}\arg S_{23}} \operatorname{sinc} L2\pi(f_y + 2\Omega_i) + \mathrm{e}^{\mathrm{i}\arg S_{23}} \operatorname{sinc} 2\pi L(f_y - 2\Omega_i) \right]
\end{aligned}
\right\}
\tag{3.27}
$$

上式表明，随着入射光频谱宽度的增加，各个波长对应的空间频率在空间频谱上呈现为 sinc 函数叠加的形式，如图 3-48 所示。

为了能够尽可能完整地截取出各个 Stokes 参量信息，必须保证各个通道 sinc 函数尽可能保持其主瓣信息的完整性。为此，根据瑞利判据，取通道内某一波长 sinc 函数的峰值恰好落在中心波长 sinc 函数的一级零点时，二者刚刚处于信号重叠的边界，定义该波长为中心波长对应波段宽度的极限波长，两个一级零点所对应的极限波长的间隔称为极限波段宽度，该波段宽度表达式即为波段宽度判据。

对于 $S_{23}$ 通道，其频域的频谱函数表达式 $F_3$ 为

$$
F_3 = A\mathcal{F}\left\{ S_{23} \operatorname{sinc} 2\pi L(f_x - 2\Omega_0)\operatorname{sinc}(2\pi f_y L) \right\}
\tag{3.28}
$$

式中，$F_3$ 表示 $S_{23}$ 在空间频域上对应的信号函数表达式；$A$ 为信号的振幅；

$\mathcal{F}\{S_{23}\}$ 表示 $S_{23}$ 的傅里叶变换形式。其中心波长一级零点满足 $2\pi L(2\Omega_0 - f_x) = \pm\pi$，对应的两个坐标为 $\left(2\Omega_0 \pm \dfrac{1}{2L}, 0\right)$，就此得到 $S_{23}$ 对应极限波长分别为

$$\lambda_{\min} = \frac{2L\Delta}{4L\Omega_0 f + f}, \quad \lambda_{\max} = \frac{2L\Delta}{4L\Omega_0 f - f} \tag{3.29}$$

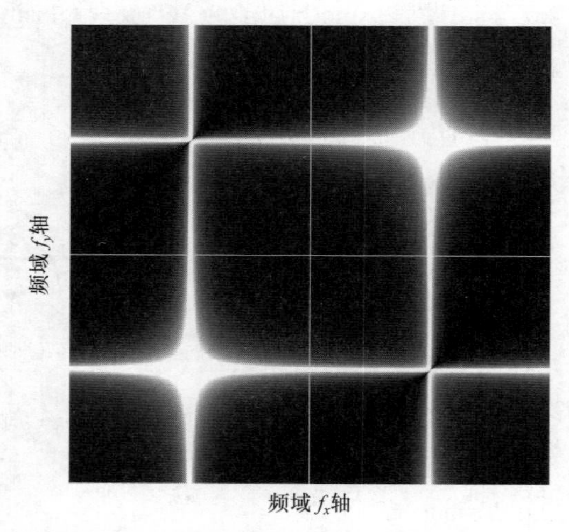


图 3-48　混叠情况下频域分布示意图

因而 $S_{23}$ 对应极限波段宽度，即波段宽度限制判据为

$$\delta = \lambda_{\max} - \lambda_{\min} = \frac{4L\Delta}{16L^2\Omega_0^2 f - f} \tag{3.30}$$

再根据最大光程差 $D = \dfrac{2\Delta}{f}L$，$S_{23}$ 对应判据表达式可改写为

$$\delta_{S_{23}} = \frac{2D\lambda_0^2}{4D^2 - \lambda_0^2} \tag{3.31}$$

同理可得 $S_1$ 通道对应判据表达式为

$$\delta_{S_1} = \frac{4D\lambda_0^2}{4D^2 - \lambda_0^2} \tag{3.32}$$

综合式(3.31)和式(3.32)，由于 $\delta_{S_{23}} < \delta_{S_1}$，$\Delta\lambda_{\max 1}$ 对波段宽度限制最强。这样，最终限制干涉偏振成像系统的波段宽度判据表达式应为

$$\delta = \frac{2D\lambda_0^2}{4D^2 - \lambda_0^2} \tag{3.33}$$

# 3.6　波段扩展方法

3.5 节得到了波段扩展的判据，为补偿干涉产生的色散效应，需要引入一个与波长正相关的色散剪切量。为此设计了一种色散补偿萨瓦板(dispersion compensation Savart plate，DCSP)，以产生色散型横向剪切量，从而可以应用到干涉偏振成像的偏振调制模块，得到宽波段的偏振成像系统。

## 3.6.1　双折射晶体的色散效果分析

为了适应干涉偏振成像系统，首先分析传统萨瓦板剪切量的计算公式为

$$\Delta(\lambda)=\sqrt{2}\frac{n(\lambda)_{\mathrm{o}}^{2}-n(\lambda)_{\mathrm{e}}^{2}}{n(\lambda)_{\mathrm{o}}^{2}+n(\lambda)_{\mathrm{e}}^{2}}t \tag{3.34}$$

式中，$n(\lambda)_{\mathrm{o}}$ 和 $n(\lambda)_{\mathrm{e}}$ 分别为晶体的双折射率。如果想在分光的过程中同时产生色散，即剪切量 $\Delta(\lambda)=\sqrt{2}\frac{n(\lambda)_{\mathrm{o}}^{2}-n(\lambda)_{\mathrm{e}}^{2}}{n(\lambda)_{\mathrm{o}}^{2}+n(\lambda)_{\mathrm{e}}^{2}}t$ 发生色散。

在常见的单轴双折射晶体中，存在色散程度比较大的晶体，剪切量与波长的关系为 $\Delta_2=a-b\lambda(a,b$为常数$)$，也存在色散程度比较小的晶体，其剪切量可以近似表示为一个与波长项无关的常数。在制作传统萨瓦板时，选择色散程度小的方解石或者石英，而且色散程度都是随着波长的增加而减少，与系统所需要的色散关系正好相反。

为此我们提出了一种新型的色散补偿萨瓦板，首先，将色散大的萨瓦板和色散小的萨瓦板组合，使波长与组合棱镜的剪切量呈正相关；其次，引入半波片(half wave plate，HWP)，通过改变晶体的光轴方向，实现各个波长中心重合，以及中心对称的剪切。其结构如图 3-49 所示。

新型萨瓦板包含了两块色散程度大的晶体，两块色散程度小的晶体，中间夹着一个 45°放置的半波片。其线迹追踪如图 3-50 所示。光束经过第一块晶体板时，发生双折射效应，各个波长不发生色散效应，当光束经过第二块双折射晶体板时，发生色散现象，剪切量方向与第一块产生的剪切量方向相反，波长大的光返回的少，而波长小的光返回的多，即两块晶体板组合起来的效果是相对于入射点，波长大的光剪切量大，而波长小的光剪切量小。

而半波片的存在使得从第二块晶体板出来的光振动方向旋转了 90°。在光束经过第三块晶体板时，其中的 o 光变成了 eo 光，而原来的 e 光则变成了 oe 光，使得两束光产生了剪切量，第三块板依旧选择色散程度小的晶体作为基底，其厚度和材料与第一块板相同。而第四块板选择和第二块板相同的参数，使得 eo 光

产生与 oe 光相同的色散剪切量。

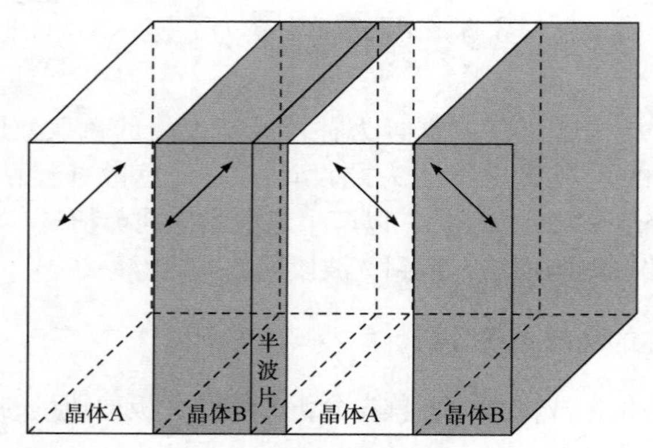

图 3-49　改良萨瓦板结构示意图

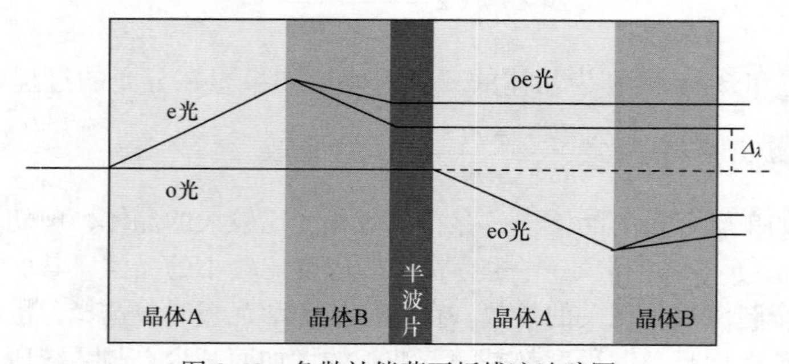

图 3-50　色散补偿萨瓦板线迹追踪图

其剪切量表示为

$$\varDelta=\varDelta_1+\varDelta_2=2\left(\frac{n(\lambda)_{o1}^2-n(\lambda)_{e1}^2}{n(\lambda)_{o1}^2+n(\lambda)_{e1}^2}t_1-\frac{n(\lambda)_{o2}^2-n(\lambda)_{e2}^2}{n(\lambda)_{o2}^2+n(\lambda)_{e2}^2}t_2\right) \tag{3.35}$$

### 3.6.2　色散补偿萨瓦板型干涉偏振成像系统

色散补偿萨瓦板主要是为了补偿干涉偏振成像中干涉现象造成的条纹混叠，系统结构示意图如图 3-51 所示。

入射光携带有目标的偏振信息，进入偏振成像系统，经过第一块色散补偿萨瓦板时产生色散剪切量 $\varDelta(\lambda)$，经过 22.5°放置的半波片，两束光的振动方向旋转 45°，在经过第二块色散补偿萨瓦板时分别可以继续产生双折射效应，两束光分成了四束光。经过检偏器之后，振动方向一致，最后在成像透镜的作用下在焦平面上成像，并发生干涉，其成像公式为

$$I\left(x_i,y_i\right)=\left\langle\left|\begin{array}{l}\frac{1}{2}E_x\left(x_i,y_i,t\right)\mathrm{e}^{\mathrm{i}\varphi_1}-\frac{1}{2}E_x\left(x_i,y_i,t\right)\mathrm{e}^{\mathrm{i}\varphi_2}\\+\frac{1}{2}E_y\left(x_i,y_i,t\right)\mathrm{e}^{\mathrm{i}\varphi_3}+\frac{1}{2}E_y\left(x_i,y_i,t\right)\mathrm{e}^{\mathrm{i}\varphi_4}\end{array}\right|^2\right\rangle \tag{3.36}$$

式中，$x_i, y_i$ 为空间坐标；$\langle\ \rangle$ 表示时间的平均；$\varphi_1 \sim \varphi_4$ 为空间坐标引入的相位因子、且相位因子表示为

$$\begin{cases}\varphi_1\left(x_i,y_i\right)=2\pi\dfrac{\varDelta_\lambda}{\lambda f}\left(x_i+y_i\right), \quad \varphi_2\left(x_i,y_i\right)=2\pi\dfrac{\varDelta_\lambda}{\lambda f}\left(-x_i-y_i\right)\\ \varphi_3\left(x_i,y_i\right)=2\pi\dfrac{\varDelta_\lambda}{\lambda f}\left(-x_i+y_i\right), \quad \varphi_4\left(x_i,y_i\right)=2\pi\dfrac{\varDelta_\lambda}{\lambda f}\left(-x_i-y_i\right)\end{cases} \tag{3.37}$$

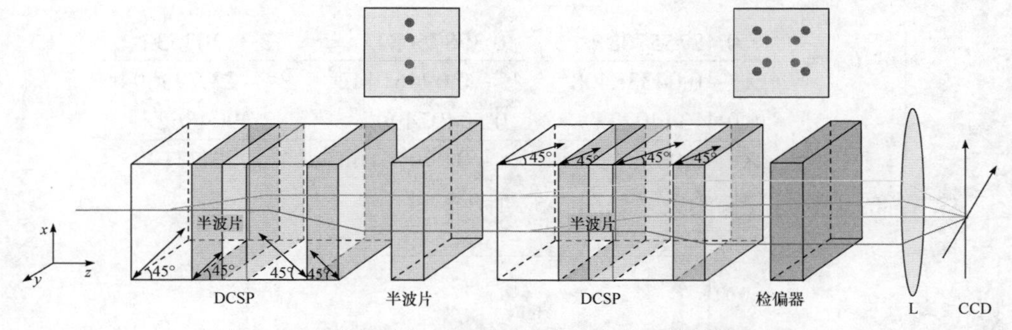


图 3-51 色散补偿萨瓦板型干涉偏振成像系统结构示意图

另外 Stokes 参量可以表示为

$$\begin{cases}E_xE_x^*=\dfrac{1}{2}\left(S_0+S_1\right)\\ E_yE_y^*=\dfrac{1}{2}\left(S_0-S_1\right)\\ E_xE_y^*=\dfrac{1}{2}\left(S_2-\mathrm{i}S_3\right)\\ E_yE_x^*=\dfrac{1}{2}\left(S_2+\mathrm{i}S_3\right)\end{cases} \tag{3.38}$$

代入光强公式，并简化得

$$\begin{aligned}I\left(x_i,y_i\right)=&\frac{1}{2}S_0\left(x_i,y_i\right)-\frac{1}{2}S_1\left(x_i,y_i\right)\cos(2\pi\varOmega_{\mathrm{DSP}}*x_i)\\&+\frac{1}{4}\left|S_{23}\left(x_i,y_i\right)\right|\cos\left\{2\pi\varOmega_{\mathrm{DSP}}\left(x_i+y_i\right)-\arg\left[S_{23}\left(x_i,y_i\right)\right]\right\}\end{aligned}$$

$$-\frac{1}{4}\left|S_{23}\left(x_i,y_i\right)\right|\cos\left\{2\pi\Omega_{\mathrm{DSP}}\left(x_i-y_i\right)+\arg\left[S_{23}\left(x_i,y_i\right)\right]\right\} \tag{3.39}$$

式中，载波频率为

$$\Omega=2\left(\frac{n(\lambda)_{\mathrm{o1}}^2-n(\lambda)_{\mathrm{e1}}^2}{n(\lambda)_{\mathrm{o1}}^2+n(\lambda)_{\mathrm{e1}}^2}t_1-\frac{n(\lambda)_{\mathrm{o2}}^2-n(\lambda)_{\mathrm{e2}}^2}{n(\lambda)_{\mathrm{o2}}^2+n(\lambda)_{\mathrm{e2}}^2}t_2\right)/\lambda f \tag{3.40}$$

经过研究各个晶体的色散程度以及透光率、制作难度、组合效果，选择 $YVO_4$ 和 $MgF_2$ 分别作为改良型萨瓦板的材料，其中 $YVO_4$ 的双折射率为

$$\begin{cases}n_{\mathrm{o1}}^2(\lambda)=3.77834+0.069736/(\lambda^2-0.04724)-0.0108133\lambda^2\\ n_{\mathrm{e1}}^2(\lambda)=4.59905+0.110534/(\lambda^2-0.04813)-0.0122676\lambda^2\end{cases} \tag{3.41}$$

$MgF_2$ 的双折射率为

$$\begin{cases}n_{\mathrm{o2}}^2(\lambda)=1+\dfrac{0.48755708\lambda^2}{\lambda^2-0.04338408^2}+\dfrac{0.39875031\lambda^2}{\lambda^2-0.09461442^2}+\dfrac{2.3120353\lambda^2}{\lambda^2-23.793604^2}\\ n_{\mathrm{e2}}^2(\lambda)=1+\dfrac{0.41344023\lambda^2}{\lambda^2-0.03684262^2}+\dfrac{0.50497499\lambda^2}{\lambda^2-0.09076162^2}+\dfrac{2.4904862\lambda^2}{\lambda^2-23.771995^2}\end{cases} \tag{3.42}$$

二者的系数与波长的关系如图 3-52 所示。

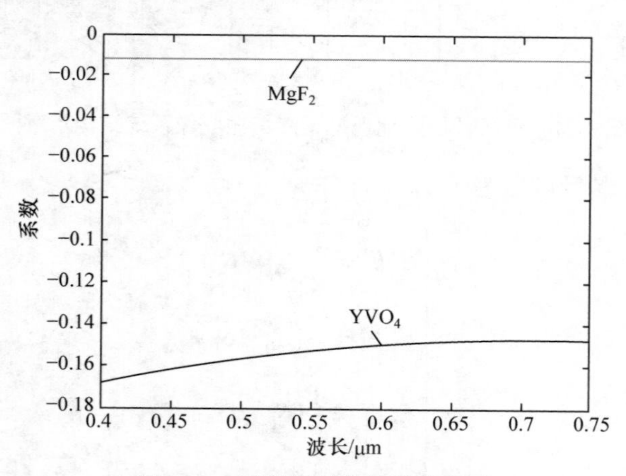


图 3-52　两种材料的色散示意图

其中，$MgF_2$ 的色散现象基本不明显，作为萨瓦板的第一块晶体板和第三块晶体板，产生一个各个波长都相同的基底剪切量。而 $YVO_4$ 的色散效果明显，可以产生较为明显的色散现象，则选作为第二块晶体板和第四块晶体板。其中半波片必须选择消色散的半波片。当考虑了波段判据的限制之后，在 256 × 256 的成像范围内，采样频率选择 4 像素/条纹时，其限制为 $\Delta\Omega=1/L$，经过测试研究，得到的结果为两种晶体板的厚度选择为 $t_{\mathrm{MgF_2}}$ 和 $t_{\mathrm{YVO_4}}$ 分别等于5.97mm和92.7mm，

波段宽度为 132nm，其中剪切量随波长的变化如图 3-53 所示，载波频率的变化如图 3-54 所示。

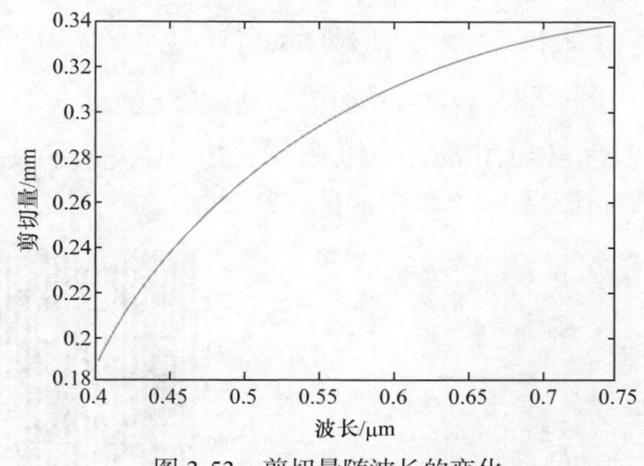


图 3-53　剪切量随波长的变化

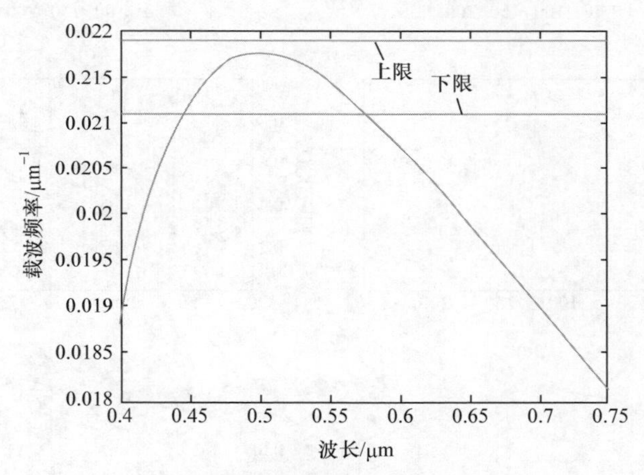


图 3-54　载波频率随波长的变化

从图 3-54 可以看出，理论上该系统可以实现 494～581nm 的波段宽度。

进一步，本书进行了模拟实验，得到如图 3-55(a)和(b)的结果，图(a)表示相同的波段宽度用传统萨瓦板型偏振成像系统的成像结果，图(b)表示使用色散补偿萨瓦板型偏振成像系统的成像结果。

从图 3-55 中，可以发现传统萨瓦板的成像效果发生了明显的混叠现象，只有中心几个条纹比较明显，在边缘地带，条纹基本无法分辨。抽取其中一行的光强分布，如图 3-55(c)所示，边缘地带的对比度已经不足 1%。同样的参数，使用色散补偿型萨瓦板，其成像结果有分布均匀的干涉条纹，其中一行的光强分布如图 3-55(d)所示，边缘的对比度高达 71.4%。为了进一步清楚表示，本书对其进行傅里叶变换，得到了其频域表示：

$$\begin{aligned}\Im\left(f_x,f_y\right)&=\mathcal{F}\left\{S_0\left(x,y\right)+S_1\left(x,y\right)C_1\left(x,y\right)+S_{23}\left(x,y\right)C_2\left(x,y\right)\right\}\\&=\mathcal{F}\left\{S_0\left(x,y\right)\right\}+\mathcal{F}\left\{S_1\left(x,y\right)\right\}\otimes\delta\left(f_x-\omega_{1x},f_y-\omega_{1y}\right)\\&\quad+\mathcal{F}\left\{S_2\left(x,y\right)\right\}\otimes\delta\left(f_x-\omega_{2x},f_y-\omega_{2y}\right)\end{aligned}\tag{3.43}$$

其分布如图 3-55(e)和(f)所示，可以看到，传统萨瓦板的频域发生了严重的通道漂移，而色散补偿型并没有发生这种现象。

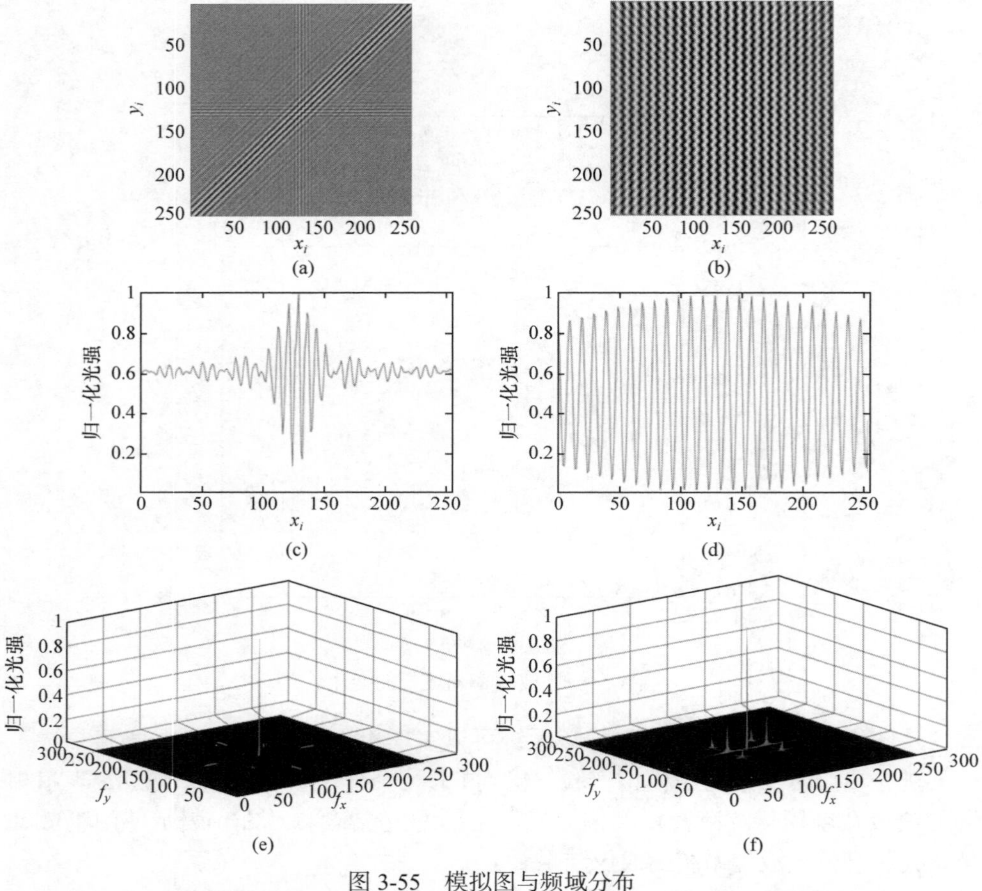


图 3-55　模拟图与频域分布

通过滤波选择各自的通道，并进行傅里叶逆变换，得到解调复原结果如图 3-56 所示。

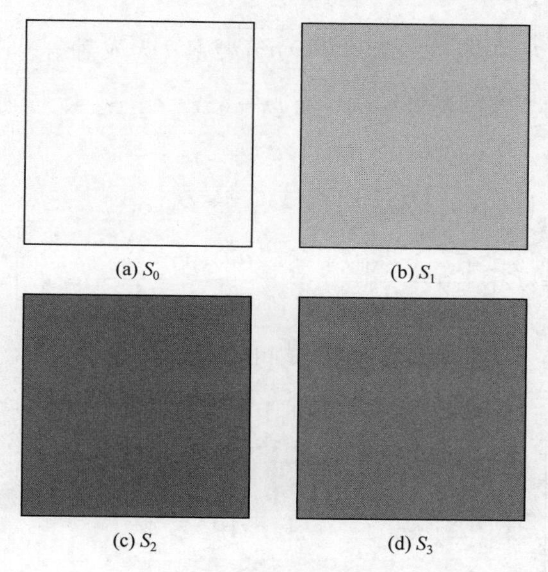


图 3-56　解调结果

根据均方误差表示方式：

$$C_j = \sqrt{\frac{1}{NM}\sum_{x=1,y=1}^{N,M}\left[S_{j,\text{mea}}(x_i,y_i) - S_{j,\text{in}}(x_i,y_i)\right]^2},\quad j=0,1,2,\cdots \tag{3.44}$$

对上述四个 Stokes 参量的复原进行了误差计算，分别为 0.0191, 0.0153, 0.0158 和 0.0184，可表明该系统的探测准确性。

### 3.6.3　视场角分析

该构型可补偿视场角造成的光程差，其中第一块晶体板的光程差与视场角的关系为

$$D_1 = t\left\{\begin{aligned}&\frac{1}{c}-\frac{1}{b}+\frac{\left(a^2-b^2\right)\cos\omega_1}{2c^2}\sin i\\&+\frac{\sin^2 i}{2}\left[\left(b-\frac{a^2}{c}\right)\sin^2\omega_1+\left(b-\frac{a^2b^2}{c^3}\right)\cos^2\omega_1\right]\end{aligned}\right\} \tag{3.45}$$

第二块晶体板的光程差与视场角的关系为

$$D_2 = t\left\{\begin{aligned}&\frac{1}{c}-\frac{1}{b}+\frac{\left(a^2-b^2\right)\sin\omega_2}{2c^2}\sin i\\&+\frac{\sin^2 i}{2}\left[\left(b-\frac{a^2b^2}{c^3}\right)\sin^2\omega_2+\left(b-\frac{a^2}{c}\right)\cos^2\omega_2\right]\end{aligned}\right\} \tag{3.46}$$

式中，$a=1/n_e$；$b=1/n_o$；$c=\sqrt{(a^2+b^2)/2}$；$i$ 为入射角；$\omega_j\,(j=1,2)$ 为入射面与光轴面的夹角。该萨瓦板结构中有 $\omega_1=45°$，$\omega_{21}=-45°$，整个的光程差可以表示为

$$
\begin{aligned}
D&=\left(D_{\mathrm{MgF_2}1}-D_{\mathrm{MgF_2}2}\right)+\left(D_{\mathrm{YVO_4}1}-D_{\mathrm{YVO_4}2}\right)\\
&=\sqrt{2}\left(\frac{a_{\mathrm{MgF_2}}^2-b_{\mathrm{MgF_2}}^2}{a_{\mathrm{MgF_2}}^2+b_{\mathrm{MgF_2}}^2}t_{\mathrm{MgF_2}}+\frac{a_{\mathrm{YVO_4}}^2-b_{\mathrm{YVO_4}}^2}{a_{\mathrm{YVO_4}}^2+b_{\mathrm{YVO_4}}^2}t_{\mathrm{YVO_4}}\right)\sin i
\end{aligned}
\tag{3.47}
$$

其中光程差与入射角和波长的关系如图 3-57 所示。

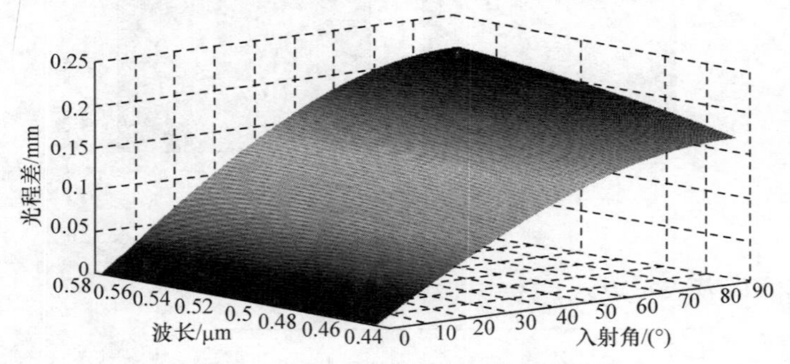


图 3-57　光程差与入射角和波长的关系

光程差的最大值为 0.215μm，小于最小波长的一半，即

$$D\leqslant\frac{\lambda_{\min}}{2}$$

这种构型的萨瓦板可以将入射角度不同引入的光程差补偿掉，但是由于结构中存在消色散的半波片，该元件允许的入射光的角度有限，为了不引入额外的误差，该系统的入射角限定在 3°以内。随着工艺的进步，当消色散半波片的入射角扩大时，色散补偿萨瓦板型偏振成像系统的入射角也随之增加。

### 3.6.4　半波片失配角误差分析

系统中包含了两组色散补偿萨瓦和一个半波片，其中每个色散补偿萨瓦板中包含了两组单板和一个半波片。半波片的装配，萨瓦板单板的厚度，都将影响最终的成像结果，这里分别讨论三个半波片产生的影响，为了方便讨论，采用的是针对 $256\times256$ 的成像面积、4.65μm 大小的像元、25mm 的成像透镜和 8 像素/条纹为条件而设计的干涉偏振成像系统，即两种材料的厚度选择为 122.6mm 和 8.22mm。

半波片的作用是将线偏振光的振动方向进行旋转，旋转的角度为原始振动方

向与快轴方向夹角的二倍。当在实际装备过程中，半波片放置的快轴方向与设计的角度存在误差时，将引入误差项，使得实验的最终结果产生误差，本系统中包含了三块半波片，接下来将分析每一块半波片产生的误差。首先分析夹在色散补偿萨瓦板 1 中的半波片，其作用是将寻常光和非寻常光的振动方向旋转 90°，使得在色散补偿萨瓦板 1 的第二组单板中寻常光与非寻常光互换身份，在理想设计中，第一块半波片与 $x$ 轴的夹角为 45°，假设存在一个角度为 $\theta_1$ 的失配角(逆时针为正，正时针为负)，即振动方向将旋转的角度为

$$\varphi = 90^\circ + 2\theta_1 \tag{3.48}$$

这就意味着经过第一块半波片后的光将不能等价于第二组单板的寻常光和非寻常光，即图 3-58 中的 $1'$ 光和 $2'$ 光将在萨瓦板 1 的第二组单板中发生双折射，如图 3-58 所示。

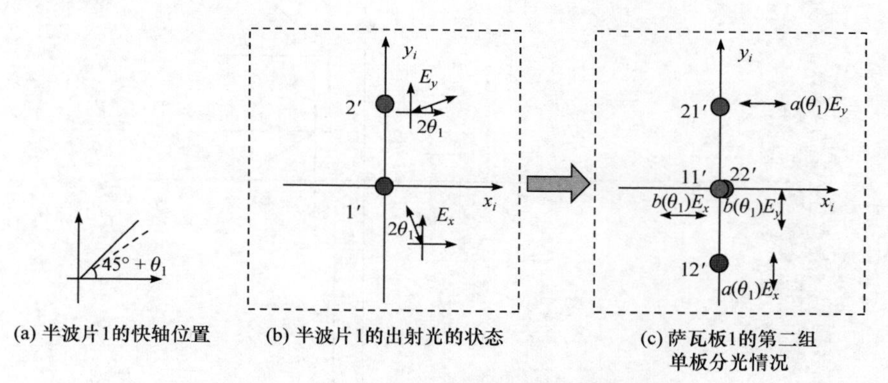


图 3-58　第一块半波片引起的光束状态变化

图 3-58(a)表示的是从半波片 1 出射光的振动方向和振幅的电场矢量，图 3-58(b)表示的是在经过萨瓦板 1 的第二组单板后，$1'$ 光和 $2'$ 光将发生双折射现象，分裂为 $11'$、$12'$、$21'$ 和 $22'$。其中 $11'$ 和 $21'$ 为 o 光，不发生折射，$12'$ 和 $22'$ 是 e 光，将发生折射现象，位置如图 3-58 所示，振幅大小表示为失配角 $\theta_1$ 的函数，为

$$\begin{cases} a(\theta_1) = \cos 2\theta_1 \\ b(\theta_1) = \sin 2\theta_1 \end{cases} \tag{3.49}$$

由图 3-58 可知，$11'$ 和 $22'$ 是由失配角误差引入的光束，在系统中将作为扰乱项存在。接下来光束将经过第二块半波片，其装配的失配角为 $\theta_2$，则有如图 3-59 所示的变化。

图 3-59(a)表示半波片 2 的装配角，经过半波片 2 之后各个光束的振动方向和振幅大小则如图 3-59(b)所示。这四束光进入色散补偿萨瓦板 2 的第一组单板之后将发生双折射现象，就会发生一个复杂的分光过程，四束光将变成八束光，而

经过半波片 3 之后，光束的振动方向没有旋转 90°，将会在色散补偿萨瓦板 2 的第二组单板中再一次发生双折射现象。图 3-58 和图 3-59 描述了其物理过程，为了更加清楚地表述各个光束的振幅和振动方向，接下来的过程如图 3-60 所示，图中所涉及的函数表示为

$$\begin{cases} c(\theta_2)=\sin(45^\circ+2\theta_2), \quad d(\theta_2)=\cos(45^\circ+2\theta_2) \\ e(\theta_2)=\sin(-45^\circ+2\theta_2), \quad f(\theta_2)=\cos(-45^\circ+2\theta_2) \\ h(\theta_3)=\cos(2\theta_3), \quad g(\theta_3)=\sin(2\theta_3) \\ m(\theta_3)=\sin(90^\circ+2\theta_3), \quad n(\theta_3)=\cos(90^\circ+2\theta_3) \end{cases} \tag{3.50}$$

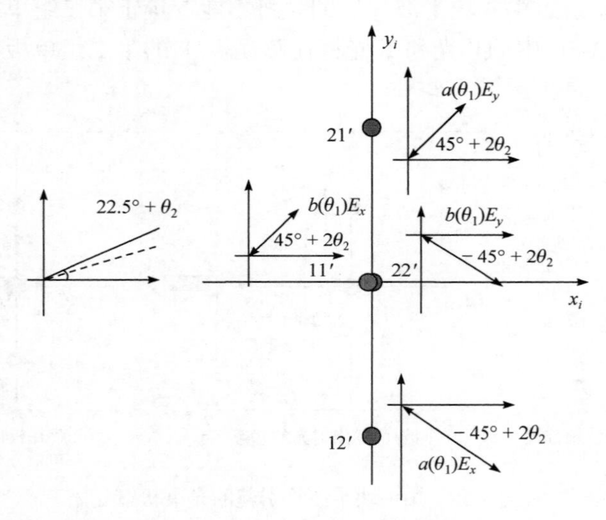


(a) 半波片2的快轴方向　　(b) 半波片2出射光的振幅分布

图 3-59　第二块半波片引起的光束状态变化

图中方框为同一灰度的表示是由一束光分裂而成的，虚线方框表示经过不同的器件之后的光束的状态。从中可以发现，最后分成的光束有十六束，其中半波片 1 和半波片 3 产生的失配角误差是分成十六束光的原因，因此在制备色散补偿萨瓦板时，两组晶体中间夹着的 45°放置的半波片的装配角度尤为重要，如果存在较大的误差，将严重影响成像质量。而半波片 2 主要影响的是进入色散补偿萨瓦板 2 光束的横向和纵向的光强分布，即影响第二次分光是否均匀，这将影响最终成像时干涉条纹的对比度。

把除了偏振成像探测需要的进行干涉的四束光之外的杂散光当作干扰项，干扰项引入的相对误差为

$$\frac{I_{\text{noise}}}{I_0}=\frac{1}{2}\left(\sin^2 2\theta_1+\sin^2 2\theta_3\cos^2 2\theta_1\right) \tag{3.51}$$

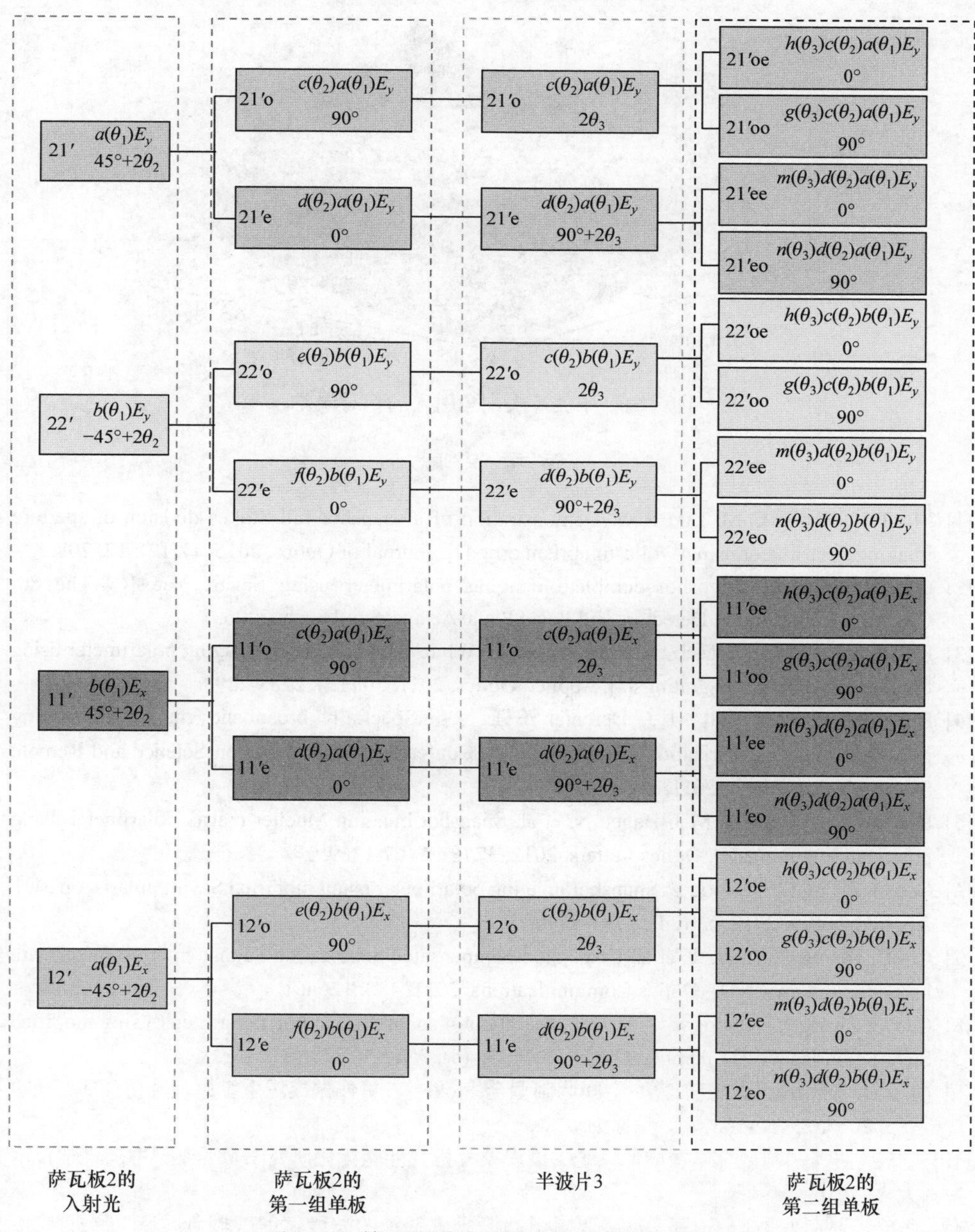


图 3-60　第三块半波片引起的光束状态变化

失配角与噪声的相对误差的关系如图 3-61 所示，当失配角绝对值在控制在 4.55°以内时，相对误差在 5%以内。

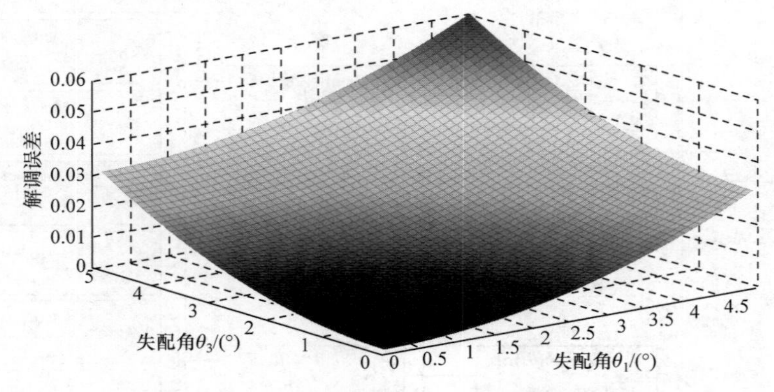


图 3-61　半波片失配角引入的相对误差

## 参 考 文 献

[1] Mu T K, Zhang C M, Luo R G. Demonstration of a snapshot full-Stokes division-of-aperture imaging polarimeter using Wollaston prism array[J]. Journal of Optics, 2015, 17(12): 125708.

[2] Oka K, Saito N. Snapshot complete imaging polarimeter using Savart plates[C]//The 8th Conference on Infrared Detectors and Focal Plane Arrays, San Diego, 2006.

[3] Kudenov M W, Escuti M J, Dereniak E L, et al. White-light channeled imaging polarimeter using broadband polarization gratings[J]. Applied Optics, 2011, 50 (15): 2283-2293.

[4] Kudenov M W, Escuti M J, Dereniak E L, et al.Spectrally broadband channeled imaging polarimeter using polarization gratings[C]//The Conference on Polarization Science and Remote Sensing V, San Diego, 2011.

[5] Kudenov M W, Escuti M J, Hagen N, et al. Snapshot imaging Mueller matrix polarimeter using polarization gratings[J]. Optics Letters, 2012, 37 (8): 1367-1369.

[6] Cao Q, Zhang C, DeHoog E. Snapshot imaging polarimeter using modified Savart polariscopes[J]. Applied Optics, 2012, 51 (24): 5791-5796.

[7] Cui H, Huang C, Zhang Y, et al. Dispersion-compensated polarization Sagnac interferometer with high imaging quality[J]. Optics Communications, 2021, 480: 126461.

[8] Cao Q, Zhang J, DeHoog E, et al. Demonstration of snapshot imaging polarimeter using modified Savart polariscopes[J]. Applied Optics, 2016, 55 (5): 954-959.

[9] 胡巧云，杨伟锋，胡亚东，等. 空间调制型全 Stokes 参量偏振成像系统原理及仿真[J]. 光学学报, 2015, 2: 152-158.

[10] 刘震. 空间调制型全偏振成像系统关键误差分析与性能优化研究[D]. 合肥：中国科学技术大学, 2016.

[11] 张宁，朱京平，宗康，等. 通道调制型偏振成像系统的波段宽度限制判据[J]. 物理学报, 2016, 65 (7): 204-210.

[12] Luo H, Oka K, DeHoog E, et al. Compact and miniature snapshot imaging polarimeter[J]. Applied Optics, 2008, 47 (24): 4413-4417.

[13] DeHoog E, Luo H, Oka K, et al. Snapshot polarimeter fundus camera[J]. Applied Optics, 2009, 48 (9): 1663-1667.

# 第 4 章　马赫-曾德尔干涉偏振成像技术

马赫-曾德尔干涉是一种典型的横向剪切干涉，基于该原理的干涉仪采用直角光路分振幅法产生双光束以实现干涉。相对于其他干涉结构，这种直角光路结构简单，调整相对容易，因而被很多干涉仪器采用。本书针对该种干涉结构开展了干涉偏振成像研究。

## 4.1　基于马赫-曾德尔干涉仪的单色光线偏振成像

应用于干涉偏振成像系统的马赫-曾德尔干涉仪[1]的结构如图 4-1 所示，包含两个偏振分束器、两块反射镜、一个偏振片用作检偏器、一个成像透镜和一个位于焦点处的探测器作为焦平面阵列，其结构示意图如图 4-1 所示。

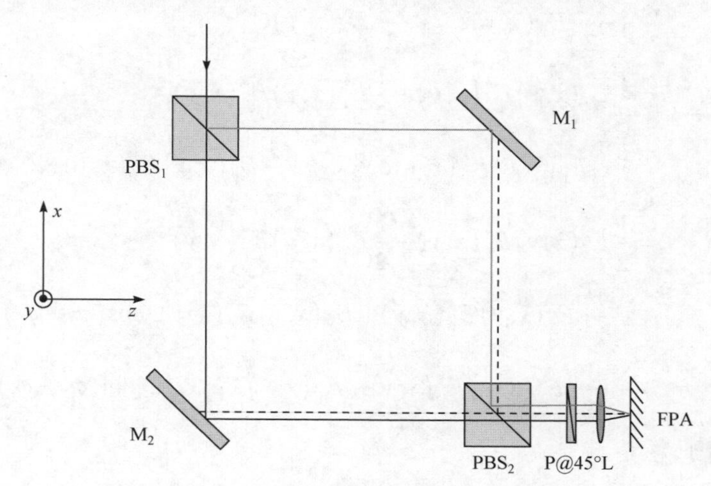


图 4-1　马赫-曾德尔干涉仪系统示意图

入射光经过第一个偏振分束器之后分成了两束光，这两束光振动方向垂直，分别为 p 分量和 s 分量，经过反射镜反射之后，两束光的传输方向均发生了 90°的偏转，使得两束光在第二块偏振分束器处汇合，经过与轴夹角为 45°的检偏器之后，两束光振动方向相同，在成像透镜的作用下，在焦平面处发生干涉，通过挪动反射镜的位置，可以控制两束的光的光程差。探测器获得干涉条纹的光强表示为

$$I(x,y)=\left\langle\left|\frac{\sqrt{2}}{2}E_x(x,y)\mathrm{e}^{-\mathrm{i}\varphi_1}+\frac{\sqrt{2}}{2}E_y(x,y)\mathrm{e}^{-\mathrm{i}\varphi_2}\right|\right\rangle^2 \tag{4.1}$$

式中，$x$ 和 $y$ 表示空间坐标；$\langle\ \rangle$ 表示对时间的平均；$\varphi_1$ 和 $\varphi_2$ 表示两束光的相位因子。将式(4.1)展开得

$$\begin{aligned}
I(x,y)=&\left[\frac{\sqrt{2}}{2}E_x(x,y)\mathrm{e}^{-\mathrm{i}\varphi_1}+\frac{\sqrt{2}}{2}E_y(x,y)\mathrm{e}^{-\mathrm{i}\varphi_2}\right]\\
&\cdot\left[\frac{\sqrt{2}}{2}E_x(x,y)\mathrm{e}^{-\mathrm{i}\varphi_1}+\frac{\sqrt{2}}{2}E_y(x,y)\mathrm{e}^{-\mathrm{i}\varphi_2}\right]^*\\
=&\frac{\sqrt{2}}{2}E_x(x,y)\mathrm{e}^{-\mathrm{i}\varphi_1}\frac{\sqrt{2}}{2}E_x^*(x,y)\mathrm{e}^{\mathrm{i}\varphi_1}\\
&+\frac{\sqrt{2}}{2}E_x(x,y)\mathrm{e}^{-\mathrm{i}\varphi_1}\frac{\sqrt{2}}{2}E_y^*(x,y)\mathrm{e}^{\mathrm{i}\varphi_2}\\
&+\frac{\sqrt{2}}{2}E_y(x,y)\mathrm{e}^{-\mathrm{i}\varphi_2}\frac{\sqrt{2}}{2}E_x^*(x,y)\mathrm{e}^{\mathrm{i}\varphi_1}\\
&+\frac{\sqrt{2}}{2}E_y(x,y)\mathrm{e}^{-\mathrm{i}\varphi_2}\frac{\sqrt{2}}{2}E_y^*(x,y)\mathrm{e}^{\mathrm{i}\varphi_2}\\
=&\frac{1}{2}E_x(x,y)E_x^*(x,y)+\frac{1}{2}E_y(x,y)E_y^*(x,y)\\
&+\frac{1}{2}E_x(x,y)E_y^*(x,y)\mathrm{e}^{\mathrm{i}(\varphi_2-\varphi_1)}+\frac{1}{2}E_y(x,y)E_x^*(x,y)\mathrm{e}^{\mathrm{i}(\varphi_1-\varphi_2)}\\
=&\frac{1}{2}E_x(x,y)E_x^*(x,y)+\frac{1}{2}E_y(x,y)E_y^*(x,y)\\
&+\frac{1}{2}\left[E_x(x,y)E_y^*(x,y)+E_y(x,y)E_x^*(x,y)\right]\cos(\varphi_2-\varphi_1)\\
&+\mathrm{i}\frac{1}{2}\left[E_x(x,y)E_y^*(x,y)-E_y(x,y)E_x^*(x,y)\right]\sin(\varphi_2-\varphi_1)
\end{aligned} \tag{4.2}$$

相位因子为

$$\begin{cases}\varphi_1=\dfrac{2\pi\Delta}{\lambda f}(-x)\\[2ex] \varphi_2=\dfrac{2\pi\Delta}{\lambda f}x\end{cases} \tag{4.3}$$

将式(4.3)代入(4.2)可得

$$I(x,y)=\frac{1}{2}S_0(x,y)+\frac{1}{2}S_2(x,y)\cos\left(2\pi\frac{2\Delta}{f\lambda}x\right)+\frac{1}{2}S_3(x,y)\sin\left(2\pi\frac{2\Delta}{f\lambda}x\right) \tag{4.4}$$

式中，$\varDelta$ 为马赫-曾德尔干涉引入的剪切量；$\lambda$ 为入射光的波长；$f$ 为成像透镜的焦距，$\Omega=\dfrac{2\varDelta}{f\lambda}$ 为载波频率。

由式(4.4)可以看出，马赫-曾德尔干涉仪应用到偏振成像系统中，可以获得部分偏振成像信息，分别为 $S_0$，$S_2$ 和 $S_3$，其中 $S_0$ 位于基波，而 $S_2$ 和 $S_3$ 则被调制上了 $\Omega$ 的载波频率，通过傅里叶变换可以得到其频域分布，再进行解调可以获得目标的二维偏振成像信息的重建。引入一个偏振的均匀平面光作为参考光束，即有解调方式为

$$\begin{cases} S_{0\text{sample}}(x,y)=\mathcal{F}^{-1}\left\{G_{0\text{sample}}\right\} \\ S_{2\text{sample}}(x,y)=\operatorname{Re}\left\{\dfrac{\sqrt{2}\mathcal{F}^{-1}\left\{G_{1\text{sample}}\right\}S_{0\text{ref}}(x,y)}{\mathcal{F}^{-1}\left\{G_{2\text{ref}}\right\}}\right\} \\ S_{3\text{sample}}(x,y)=\operatorname{Im}\left\{\dfrac{\sqrt{2}\mathcal{F}^{-1}\left\{G_{1\text{sample}}\right\}S_{0\text{ref}}(x,y)}{\mathcal{F}^{-1}\left\{G_{2\text{ref}}\right\}}\right\} \end{cases} \tag{4.5}$$

式中，$\mathcal{F}^{-1}$ 表示傅里叶逆变换；Re 表示实部；Im 表示虚部；sample 表示作为待探测目标的样品；ref 表示参考光束；$G_i(i=0,2,3)$ 表示滤波之后第 $i$ 个通道的信息。

使用 MATLAB14 作为模拟程序，运行环境为 Win10，载波频率为 4 像素/条纹，成像透镜焦距为 25mm，中心波长为 0.55μm，输入均匀平面偏振光，偏振态为 $(1,\ 0,\ 0.5,\ 0.75)^{\mathrm{T}}$，得到的成像结果如图 4-2 所示。

图 4-2　成像模拟结果图

可以得到清晰的干涉条纹，对其进行解调，得到的结果如图 4-3 所示，

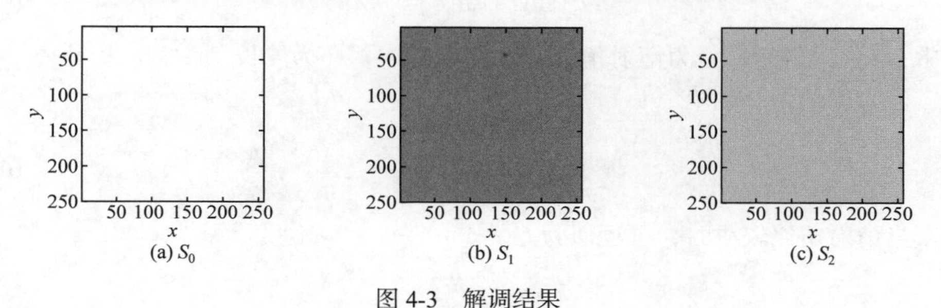


(a) $S_0$　(b) $S_1$　(c) $S_2$

图 4-3　解调结果

根据图像均方误差定义可算出，$S_0$，$S_2$ 和 $S_3$ 的误差分别为 0.35%，0.67%

和 0.87%。

### 4.1.1 色散剪切型马赫-曾德尔干涉仪结构

4.1 节推导了马赫-曾德尔干涉仪应用在干涉偏振成像系统中获得的 $S_0$ ， $S_2$ 和 $S_3$ 的二维成像分布。通过挪动反射镜位置，可以控制两束光之间的横向剪切量，但马赫-曾德尔干涉仪型的干涉偏振成像是准单色光，无法实现宽波段成像。

为了解决这一问题，在马赫-曾德尔干涉仪中加入了两组透射式闪耀光栅，以产生色散剪切量，其结构如图 4-4 所示。

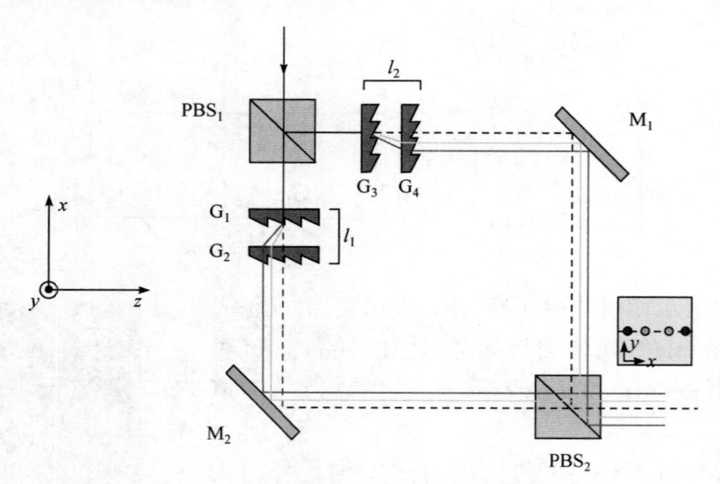


图 4-4 色散剪切量产生原理图

系统包含了两个偏振分束器 $PBS_1$ 和 $PBS_2$ ，两个反射镜 $M_1$ 和 $M_2$ ，两组相同的透射式光栅 $G_1$～$G_4$ 。

光栅的周期为 $d$ ，其衍射公式为

$$d\left(\sin i+\sin\theta\right)=m\lambda \tag{4.6}$$

式中， $i$ 为入射角； $\theta$ 为衍射角； $m$ 为衍射级次； $\lambda$ 为波长。

当入射角为 0°时有

$$\sin\theta=\frac{m\lambda}{d} \tag{4.7}$$

当衍射角比较小时，可近似为

$$\theta\approx\frac{m\lambda}{d} \tag{4.8}$$

光束经过 $PBS_1$ 之后分为两束，接着将进入一个透射的闪耀光栅中，闪衍射角与波长相关，当角度很小时，可以近似为波长正相关，紧接着第二块光栅将补偿衍射角，使光线变为平行光，经过镜子反射之后，在 $PBS_2$ 处汇聚，形成波长越长剪切量越大的色散剪切量：

$$\Delta = l\tan\theta \approx \frac{m\lambda}{d} l \tag{4.9}$$

式中，$l$ 为光栅之间的距离，理论上有 $l_1 = l_2 = l$ 。式(4.9)中的剪切量与波长成正相关函数，完全满足之前论述的波段补偿方案，将该结构应用到干涉偏振成像系统中，能获得宽波段成像系统。

值得注意的是，在宽波段成像系统中，产生剪切量的是两组光栅，而马赫-曾德尔干涉仪不再产生额外的剪切量，实现零光程差，才能将光栅 + 马赫-曾德尔干涉仪作为一个比较完美的结构来产生色散剪切量。

#### 4.1.2　基于马赫-曾德尔干涉仪的宽波段全偏振成像系统

本书分析得到了如何分光才能获得相应的 Stokes 参量，进一步分析马赫-曾德尔干涉仪的结构，本书提出了一种获得宽波段全偏振成像的方式，其结构如图 4-5 所示。系统包含了前置望远系统，一个普通的 50∶50 分束器 BS，一个 45°放置的四分之一波片 QWP，四面反射镜 $M_1$～$M_4$，两个偏振分束器 $PBS_1$、

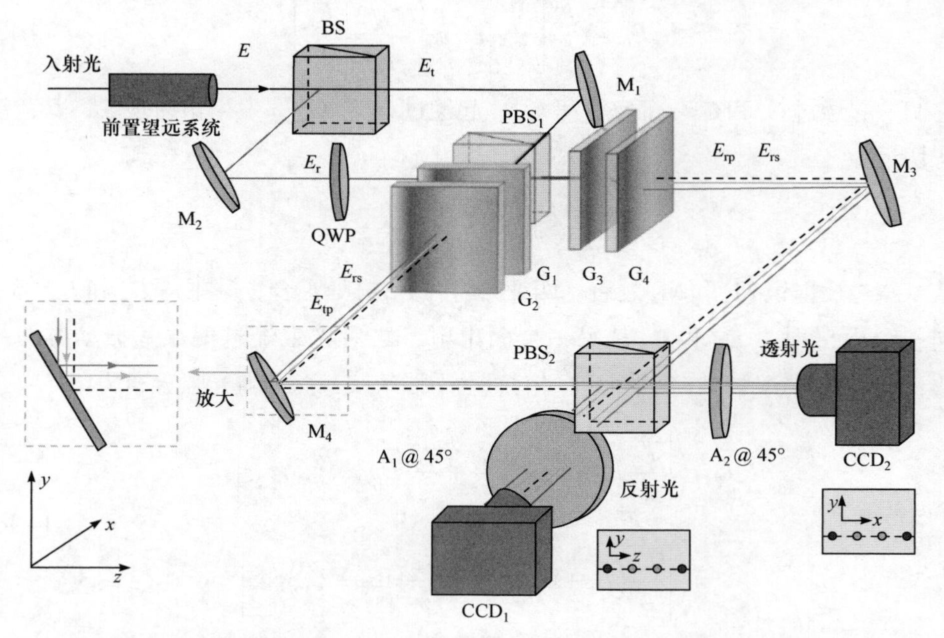


图 4-5　基于马赫-曾德尔干涉仪的宽波段全偏振成像原理示意图

$PBS_2$，两组透射式闪耀光栅 $G_1$～$G_4$，两个 45°放置的偏振片 $A_1$、$A_2$，两个成像透镜 $L_1$、$L_2$ 和两个面阵列型探测器 $CCD_1$ 和 $CCD_2$。

入射光经过前置望远系统之后将变为近平行入射光，进入系统，首先经过分束器，得到了透射和反射两束光，$E_{\mathrm{r}}$ 和 $E_{\mathrm{t}}$，其电场矢量表示方式分别为

$$E_{\mathrm{r}} = \frac{\sqrt{2}}{2}\begin{bmatrix} E_x \\ E_y \end{bmatrix}, \quad E_{\mathrm{t}} = \frac{\sqrt{2}}{2}\begin{bmatrix} E_x \\ E_y \end{bmatrix} \tag{4.10}$$

反射光经过镜子反射后，进入一个 45°放置的 QWP，其状态变为

$$\begin{aligned} E_{\mathrm{r}}' &= J_{\mathrm{QWP}} E_{\mathrm{r}} \\ &= \frac{\sqrt{2}}{2}\begin{bmatrix} 1 & i \\ i & 1 \end{bmatrix} \cdot \frac{\sqrt{2}}{2}\begin{bmatrix} E_x \\ E_y \end{bmatrix} = \frac{1}{2}\begin{bmatrix} E_x + \mathrm{i}E_y \\ \mathrm{i}E_x + E_y \end{bmatrix} \end{aligned} \tag{4.11}$$

$E_{\mathrm{r}}'$ 进入 $PBS_1$ 后，分成了垂直分量 $E_{\mathrm{rs}}$ 和平行分量 $E_{\mathrm{rp}}$：

$$E_{\mathrm{rs}} = \frac{1}{2}\begin{bmatrix} E_x + \mathrm{i}E_y \\ 0 \end{bmatrix}, \quad E_{\mathrm{rp}} = \frac{\sqrt{2}}{2}\begin{bmatrix} 0 \\ E_x + E_y \end{bmatrix} \tag{4.12}$$

BS 透射光束 $E_{\mathrm{t}}$ 经反射镜后直接进入 $PBS_1$，分成了 $E_{\mathrm{ts}}$ 和 $E_{\mathrm{tp}}$：

$$E_{\mathrm{tp}} = \frac{\sqrt{2}}{2}\begin{bmatrix} 0 \\ E_y \end{bmatrix}, \quad E_{\mathrm{ts}} = \frac{\sqrt{2}}{2}\begin{bmatrix} E_x \\ 0 \end{bmatrix} \tag{4.13}$$

它们一起经过 $G_1$ 和 $G_2$，而 $E_{\mathrm{rp}}$ 和 $E_{\mathrm{ts}}$ 一起经过 $G_3$ 和 $G_4$，发生衍射现象，其色散剪切量为

$$D = \frac{l\lambda}{d} \tag{4.14}$$

经过反射镜 $M_3$ 和 $M_4$ 之后，四束光将在 $PBS_2$ 处汇合，其中，$E_{\mathrm{rs}}$ 和 $E_{\mathrm{rp}}$ 将从同一个面出射，$E_{\mathrm{tp}}$ 和 $E_{\mathrm{ts}}$ 从另一个面出射，之后光束经过偏振片振动方向一致，经成像透镜后，在焦平面阵列上产生干涉条纹，探测器光强分布为

$$\begin{aligned} I_1 &= \left\langle \left| \frac{\sqrt{2}}{2} E_{\mathrm{rs}}(x,y,t)\mathrm{e}^{\mathrm{i}\varphi_1} + \frac{\sqrt{2}}{2} E_{\mathrm{rp}}(x,y,t)\mathrm{e}^{\mathrm{i}\varphi_2} \right|^2 \right\rangle \\ &= \left\langle \left| \frac{\sqrt{2}}{4}\left(E_x + \mathrm{i}E_y\right)\mathrm{e}^{\mathrm{i}\varphi_1} + \frac{\sqrt{2}}{4}\left(\mathrm{i}E_x + E_y\right)\mathrm{e}^{\mathrm{i}\varphi_2} \right|^2 \right\rangle \end{aligned} \tag{4.15}$$

$$\begin{aligned}I_2 &= \left\langle \left| \frac{1}{2}E_{\mathrm{ts}}(x,y,t)\mathrm{e}^{\mathrm{i}\varphi_3} + \frac{1}{2}E_{\mathrm{tp}}(x,y,t)\mathrm{e}^{\mathrm{i}\varphi_4} \right|^2 \right\rangle \\ &= \left\langle \left| \frac{1}{2}E_x\mathrm{e}^{\mathrm{i}\varphi_3} + \frac{1}{2}E_y\mathrm{e}^{\mathrm{i}\varphi_4} \right|^2 \right\rangle\end{aligned} \tag{4.16}$$

将式(4.15)和式(4.16)展开，代入相位因子：

$$\varphi_1 = \frac{2\pi l}{df}z,\quad \varphi_2 = -\frac{2\pi l}{df}z \tag{4.17}$$

$$\varphi_3 = \frac{2\pi l}{df}x,\quad \varphi_4 = -\frac{2\pi l}{df}x \tag{4.18}$$

化简得到光强分别为

$$\begin{aligned}I_1(z,y) &= \frac{1}{4}S_0(z,y) + \frac{1}{4}S_2(y,z)\cos\left(\frac{4\pi l}{df}z\right) + \frac{1}{4}S_1(y,z)\sin\left(\frac{4\pi l}{df}z\right) \\ &= \frac{1}{4}S_0(y,z) + \frac{1}{4}\left[S_2(y,z) + \mathrm{i}S_1(y,z)\right]\exp(\mathrm{j}4\pi lz/df)\end{aligned} \tag{4.19}$$

$$\begin{aligned}I_2(x,y) &= \frac{1}{4}S_0(x,y) + \frac{1}{4}S_2(x,y)\cos\left(\frac{4\pi l}{df}x\right) + \frac{1}{4}S_3(x,y)\sin\left(\frac{4\pi l}{df}x\right) \\ &= \frac{1}{4}S_0(x,y) + \frac{1}{4}\left[S_2(x,y) + \mathrm{i}S_3(x,y)\right]\exp(\mathrm{j}4\pi lx/df)\end{aligned} \tag{4.20}$$

考虑光栅衍射效率，实际探测得到的 Stokes 参量与原始的 Stokes 参量存在以下关系：

$$S_j(\lambda) = \int_{\lambda_1}^{\lambda_2} \mathrm{DE}^2(\lambda)S'_j(\lambda)\,\mathrm{d}\lambda,\quad j = 0,1,2,3\cdots \tag{4.21}$$

式中，DE 表示衍射效率；$S_j$ 表示探测得到的 Stokes 参量；$S'_j$ 表示原始的 Stokes 参量；$\lambda_1$ 和 $\lambda_2$ 表示成像波段的最小和最大波长。

从式(4.19)和式(4.20)可以看出，一个探测器探测到 $S_0$，$S_1$ 和 $S_2$，另一个探测器探测到 $S_0$，$S_2$ 和 $S_3$，两个相机结合，将探测得到全偏振成像。其解调方式需要引入一个均匀平面偏振光作为参考。

本书通过模拟实验来验证宽波段全偏振性，使用 $(1,0.707,0.5,0.5)^{\mathrm{T}}$ 的偏振光入射，成像面积为 $256\times256$，载波频率为 4 像素/条纹，波段宽度为白光范围。模拟计算得到的 $CCD_1$ 与 $CCD_2$ 捕获的均匀平面光干涉图分别如图 4-6(a)、(b)所示，图中，右上角小图为干涉图灰线一行的强度曲线。

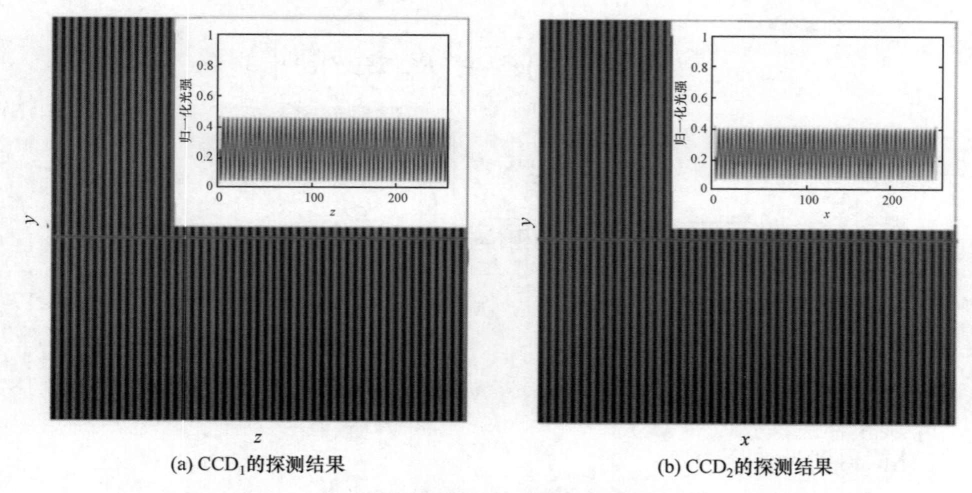


(a) $CCD_1$的探测结果　(b) $CCD_2$的探测结果

图 4-6　均匀平面光成像模拟结果

对图 4-6 进行傅里叶变换得

$$
\begin{cases}
F_1\left(f_z,f_y\right)=\mathcal{F}\{I_1\left(z,y\right)\}=\mathcal{F}\left\{\dfrac{1}{4}S_0+\dfrac{1}{4}S_2\cos\left(\dfrac{4\pi l}{df}z\right)+\dfrac{1}{4}S_3\sin\left(\dfrac{4\pi l}{df}z\right)\right\} \\
\qquad =C_{01}\left(f_z,f_y\right)+C_1\left(f_z-\varphi,f_y\right) \\
F_2\left(f_x,f_y\right)=\mathcal{F}\{I_2\left(x,y\right)\}=\mathcal{F}\left\{\dfrac{1}{4}S_0+\dfrac{1}{4}S_2\cos\left(\dfrac{4\pi l}{df}x\right)+\dfrac{1}{4}S_3\sin\left(\dfrac{4\pi l}{df}x\right)\right\} \\
\qquad =C_{02}\left(f_x,f_y\right)+C_2\left(f_x-\varphi,f_y\right)
\end{cases}
\tag{4.22}
$$

得到其频域分布。通道滤波后再进行傅里叶逆变换得

$$\mathcal{F}^{-1}\left\{C_{01}\right\}=\frac{1}{4}S_0 \tag{4.23}$$

$$\mathcal{F}^{-1}\left\{C_1\right\}=\frac{1}{4}\left(S_2+\mathrm{i}S_1\right)\exp(\mathrm{j}4\pi lz/df) \tag{4.24}$$

$$\mathcal{F}^{-1}\left\{C_2\right\}=\frac{1}{4}\left(S_2+\mathrm{i}S_3\right)\exp(\mathrm{j}4\pi lx/df) \tag{4.25}$$

引入 45°偏振的均匀平面光以补偿相位，得到解调结果为

$$S_{0,\text{object}}\left(z,y\right)=\left|\mathcal{F}^{-1}\left\{C_{01,\text{object}}\right\}\right|$$

$$S_{1,\text{object}}\left(z,y\right)=\frac{\mathcal{F}^{-1}\left\{C_{1,\text{object}}\right\}}{\mathcal{F}^{-1}\left\{C_{1,\text{reference}\,0^\circ}\right\}}\left|\mathcal{F}^{-1}\left\{C_{01,\text{reference}\,0^\circ}\right\}\right|$$

$$S_{2,\text{object}}(x,y)=\text{Re}\left\{\frac{\mathcal{F}^{-1}\left\{C_{1,\text{object}}\right\}}{\mathcal{F}^{-1}\left\{C_{1,\text{reference}\,0^\circ}\right\}}\left|\mathcal{F}^{-1}\left\{C_{01,\text{reference}\,0^\circ}\right\}\right|\right\}$$
$$S_{3,\text{object}}(x,y)=\text{Im}\left\{\frac{\mathcal{F}^{-1}\left\{C_{2,\text{object}}\right\}}{\mathcal{F}^{-1}\left\{C_{2,\text{reference}\,0^\circ}\right\}}\left|\mathcal{F}^{-1}\left\{C_{02,\text{reference}\,0^\circ}\right\}\right|\right\} \tag{4.26}$$

式中，$\mathcal{F}^{-1}\{\ \}$ 表示傅里叶逆变换；Re 表示实部；Im 表示虚部；reference 表示参考光束的信息；object 表示目标的信息。

图 4-6 的解调结果如图 4-7 所示。

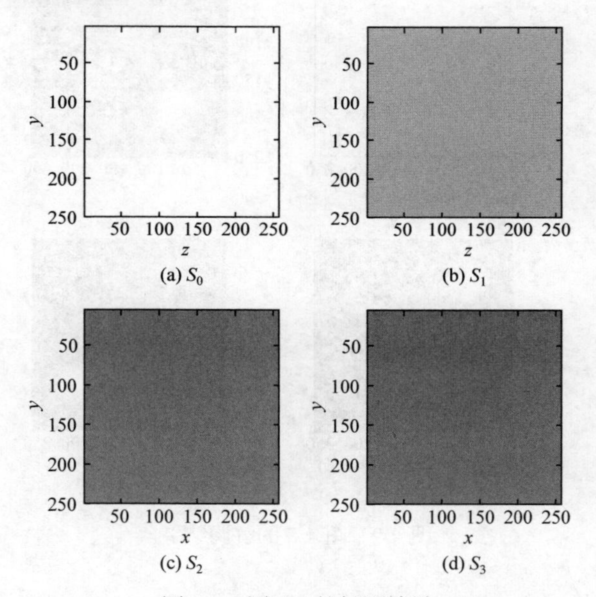


图 4-7　图 4-6 的解调结果

根据图像的均方根误差公式，图中 $S_0$，$S_1$，$S_2$ 和 $S_3$ 的误差分别为 0.59%，0.52%，1.76%和 0.58%。

当输入光不是均匀平面光时，系统的数值仿真结果如图 4-8 所示，其中 A 区域和 C 区域是输入的是 $(1,0,1,0)^{\mathrm{T}}$，B 区域输入的是 $(1,1,0,0)^{\mathrm{T}}$，D 区域输入的是 $(1,0,0,1)^{\mathrm{T}}$。

其解调结果如图 4-9 所示。解调误差分别为 0.64%，6.71%，6.7%和 6.72%。误差的增大主要由输入光的图形边缘处的偏振信息突变造成。

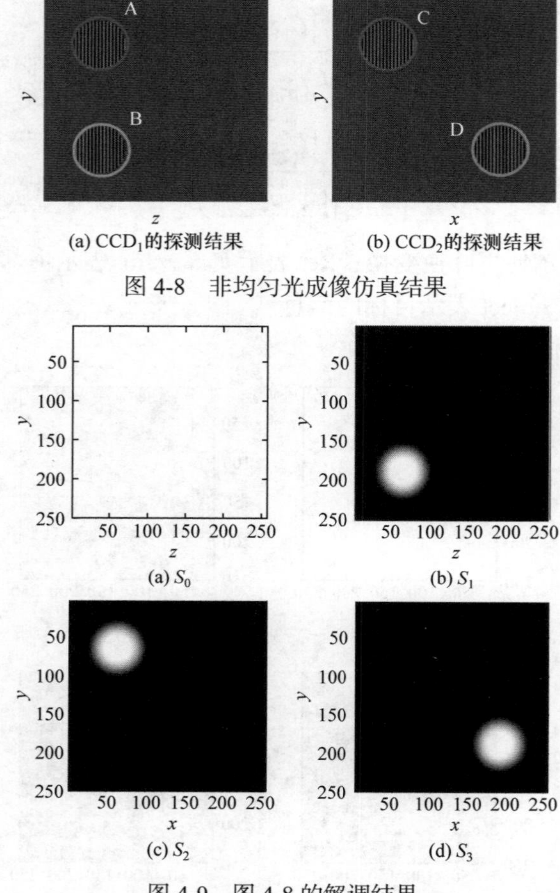


(a) $CCD_1$的探测结果　　(b) $CCD_2$的探测结果

图 4-8　非均匀光成像仿真结果

(a) $S_0$　　(b) $S_1$

(c) $S_2$　　(d) $S_3$

图 4-9　图 4-8 的解调结果

# 4.2　系 统 分 析

基于马赫-曾德尔干涉仪的宽波段全偏振成像系统理论上可实现白光探测，但是在实际应用中，系统使用的各类光学元件会影响波段宽度。影响系统的波段宽度主要有两方面，一方面，各类光学元件的光学性能会直接影响系统的光能利用率；另一方面，波段展宽的核心——光栅的装配角度会直接影响系统的波段宽度。

## 4.2.1　光能利用率分析

接下来分析系统的光能利用率，设定入射光的光强为 $I_{\text{in}}$ ，分束器的反射率

和透射率为 $R_1$ 和 $T_1$，光束经过分束器之后分成的两束光的光强为 $R_1I_{in}$ 和 $T_1I_{in}$。接下来光束经过QWP和反射镜，反射镜的反射率和QWP的透过率均超过95%。接着光束将经过 $PBS_1$，其反射率和透过率为 $R_2$ 和 $T_2$，四束光的光强变为 $R_1R_2I_{in}$，$R_1T_2I_{in}$，$T_1R_2I_{in}$ 和 $T_1T_2I_{in}$。考虑光栅的衍射效率，四束光的光强变为 $R_1R_2\text{DE}^2I_{in}$，$R_1T_2\text{DE}^2I_{in}$，$T_1R_2\text{DE}^2I_{in}$ 和 $T_1T_2\text{DE}^2I_{in}$。当光束经过 $PBS_2$，其参数与 $PBS_1$ 相同，那么光束的强度变为 $R_1R_2^2\text{DE}^2I_{in}$，$R_1T_2^2\text{DE}^2I_{in}$，$T_1R_2^2\text{DE}^2I_{in}$ 和 $T_1T_2^2\text{DE}^2I_{in}$。最后的偏振片将直接吸收光束的一半光强，综上，探测器探测得到的光能利用率表示为

$$\eta(\lambda)=\left[R_1(\lambda)+T_1(\lambda)\right]\left[T_2^2(\lambda)+R_2^2(\lambda)\right]\text{DE}^2(\lambda)/2 \tag{4.27}$$

式中，$R_1(\lambda)+T_1(\lambda)\approx 1$，上式可以简化为

$$\eta(\lambda)=\left[T_2^2(\lambda)+R_2^2(\lambda)\right]\text{DE}^2(\lambda)/2 \tag{4.28}$$

参考商用的偏振分束器和光栅的性能参数，如图 4-10(a)所示，得到其光能利用率如图 4-10(b)所示。

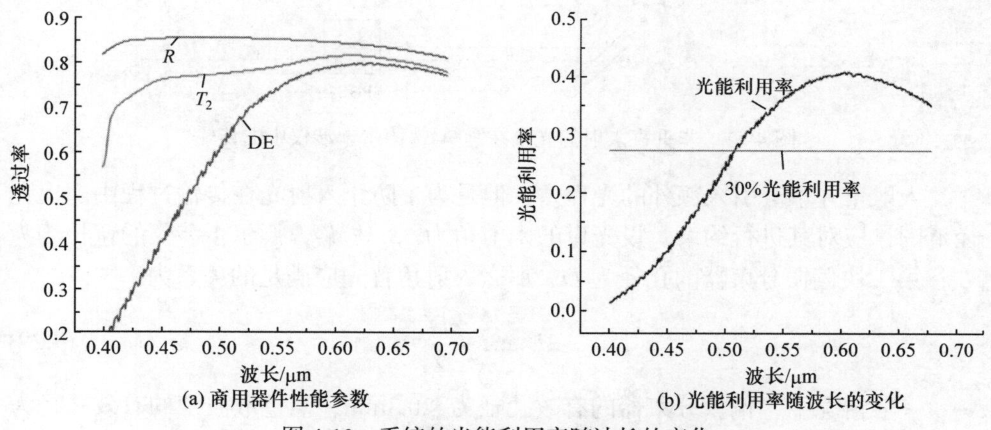

(a) 商用器件性能参数　(b) 光能利用率随波长的变化

图 4-10　系统的光能利用率随波长的变化

由图 4-10 可以发现，在可见光范围内，存在波段宽度为 174nm 的光谱有超过 30%的光能利用率，在 0.63μm 波长附近有高达 45%的光能利用率。

### 4.2.2　视场角分析

马赫-曾德尔干涉仪型干涉全偏振成像系统在不加光栅时，可以作为一个准单色光的偏振成像探测器件，当加上光栅之后，可以实现复色光的偏振探测。其视场角有两个约束条件：一是在单色光系统和复色光系统中都起作用的约束，即干涉仪两臂臂长的尺寸与系统的孔径之间相互配合的约束；二是针对复色光系统

中光栅的约束。下面针对两个约束进行讨论，当使用单色光系统时，考虑第一个约束条件。当加上光栅使用复色光系统时，则需要综合两个条件，取更为严苛的限制。

1. 干涉仪臂长和孔径的约束

如果入射光存在一定的入射角，在马赫-曾德尔干涉仪结构中传输时，是不会产生额外的光程差的，如图 4-11 所示。

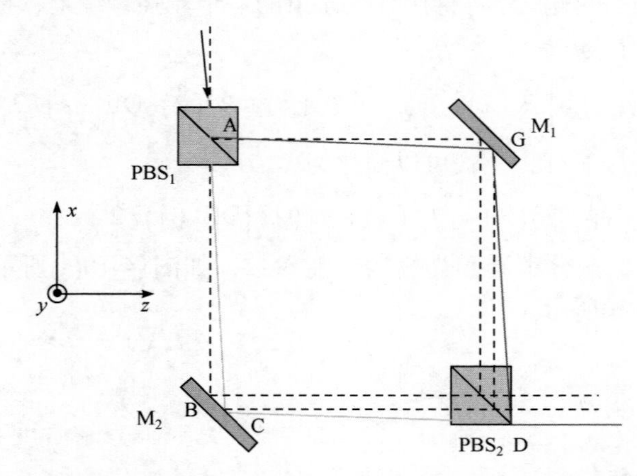


图 4-11　非垂直入射的光束在马赫-曾德尔干涉仪中的传输

入射角并不会引入额外的光程差，但是为了防止入射光在传输过程中超出孔径范围，应对其进行约束。设光束的入射角为$i$，马赫-曾德尔干涉仪的臂长均为$L$，第二块偏振分束器的孔径为$D$，那么入射角首先应满足的关系为

$$2L\tan i \leqslant \frac{D}{2} \tag{4.29}$$

一般情况下，偏振分束器的有效孔径为 20.3mm，消色散波片的有效孔径为 10mm，臂长取 10cm，那么在该条件约束下约束角度为 2.2°。

2. 光栅的约束

当入射光存在一定的入射角时，光栅在系统中产生的衍射角就需要考虑入射角的影响。首先，当以$i$的角度入射到第一块光栅时，根据光栅方程，其一级光的衍射角为

$$\theta_1 = \sin^{-1}\left(\frac{\lambda}{d} - \sin i\right) \tag{4.30}$$

式中，$\theta_1$为衍射角；$d$为光栅周期。那么当光束以$\theta$角度入射到第二块光栅时，

相当于第二块光栅的入射角为$\theta$，根据光栅方程，第二块光栅的出射角$\theta_2$为

$$\theta_2 = \sin^{-1}\left(\frac{\lambda}{d} - \sin\theta_1\right) = i \tag{4.31}$$

入射角$i \neq 0$时，衍射角与波长的近似正相关关系不再成立，光线传输过程如图 4-12 所示。

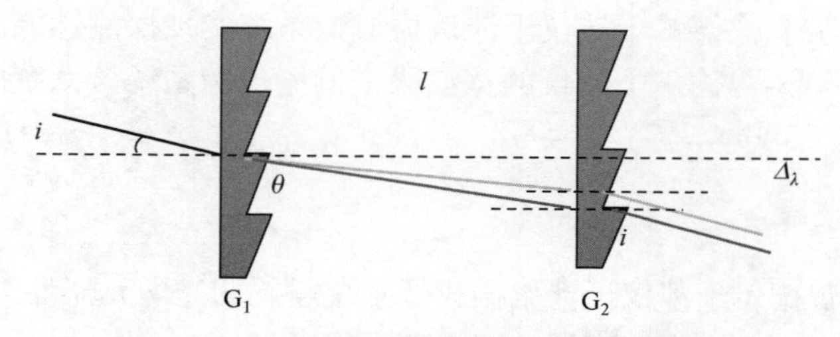


图 4-12　光束在光栅组之间的传输过程

光栅组产生的色散剪切量为

$$\Delta_\lambda = l\tan\theta = l\tan\left[\sin^{-1}\left(\frac{\lambda}{d} - \sin i\right)\right] \tag{4.32}$$

各个波长的载波频率为

$$\Omega = \frac{\Delta_\lambda}{\lambda f} = \frac{l\tan\theta}{\lambda f} = \frac{l}{\lambda f}\tan\left[\sin^{-1}\left(\frac{\lambda}{d} - \sin i\right)\right] \tag{4.33}$$

根据判据公式，载波频率取 4 像素/条纹，成像面积取$256 \times 256$个像素，像元大小为 4.4μm × 4.4μm，光栅周期为 150 线/mm，当视场角发生变化时，载波频率随波长的变化如图 4-13 所示。

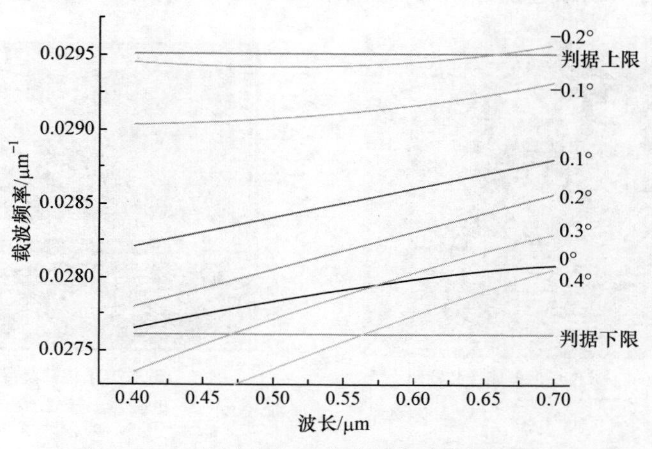


图 4-13　不同入射角时载波频率随波长的变化

由图 4-13 可知，当入射角为 0.4°时，波段宽度已经仅有 150nm，因而光栅对入射角的要求更为苛刻。综合两个限制条件，宽波段的马赫-曾德尔干涉仪型的干涉偏振成像系统的入射角限制在 －0.2°～0.4°更为合适。

### 4.2.3　实验验证

为了验证马赫-曾德尔干涉仪干涉偏振成像系统实现探测性能的有效性，本书搭建了基于马赫-曾德尔干涉仪的宽波段全偏振成像系统。系统的元器件选型如下。

1. 器件的选择

基于马赫-曾德尔干涉仪干涉偏振成像系统需要的光学元器件为：一个 50：50 普通分束器、两个偏振分束器、四个面平整度为 1/10 波长的反射镜、两个偏振片、两个 50mm 焦距的成像透镜和两个 CMOS 相机。

2. 机械件的选择

激光的发散角、镜子的平整度、仪器的平整度与夹具的平整度要相互匹配。如反射镜选择了面型平整度为 1/10 波长的，那么如果选择传统的夹具，靠单点压圈固定，就会破坏面型平整性，则需要匹配 Newport 光电公司的 1/10 波长平整度的反射镜夹。

通过上述选型和实验调节，得到的系统如图 4-14 所示，系统使用了一个前置准直光路、一个普通的分束器 BS、四个 1/10 波长面平整度的镀铝反射镜 $M_1$～$M_4$、两个偏振分束器 $PBS_1$ 和 $PBS_2$、四个透射式闪耀光栅 $G_1$～$G_4$、两个偏振片 $P_1$ 和 $P_2$、两个成像透镜 $L_1$ 和 $L_2$ 和两个 CMOS 探测器($CMOS_1$ 和 $CMOS_2$)。

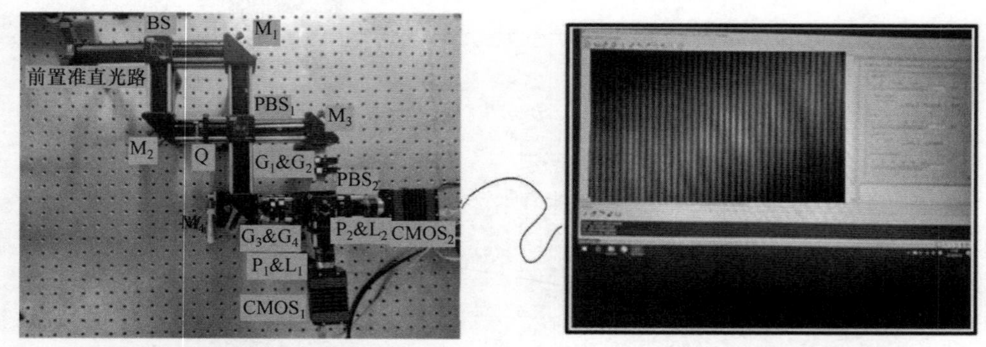


(a) 马赫-曾德尔干涉仪型偏振成像装置图　　(b) 数据采集端获得的条纹图

图 4-14　实验装置图

将扩束后的激光作为入射光，图 4-14(b)中出现了明暗交替的条纹，条纹周期随着光栅间的距离变化而变化，这说明干涉仪是可以获取偏振信息的。进一步将两个探测器获得的干涉条纹进行解调，得到如图 4-15 所示的效果图。其中，图(a)是 $CMOS_1$ 获得的图像，图(b)是 $CMOS_2$ 获得的图像，图(c)是对两幅图解调之后的 $S_0$ 的解调结果，图(d)是入射光的偏振度的分布效果。

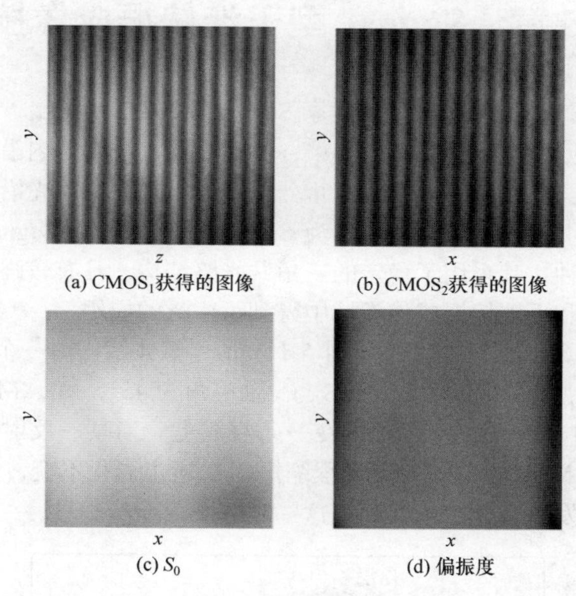

(a) $CMOS_1$获得的图像　(b) $CMOS_2$获得的图像

(c) $S_0$　(d) 偏振度

图 4-15　成像效果图

由于激光的扩束器并不具有保偏能力，解调结果的偏振度为 43.2%，但是这依旧可以说明装置具有获得全偏振信息的能力。初步的实验结果说明了光栅距离在干涉偏振成像系统中起到了决定性作用，干涉条纹携带了入射光的偏振信息。

## 参 考 文 献

[1] Zhang N, Zhu J P, Zhang Y Y, et al. Snapshot broadband polarization imaging based on Mach-Zehnder-grating interferometer[J]. Optics Express, 2020, 28 (22): 33718-33730.

# 第 5 章　Sagnac 型干涉偏振成像技术

Sagnac 干涉效应最早由法国科学家 Sagnac 于 1913 年提出，是一种圆形光纤环路，将同一光源发出的光分解成两束，然后在同一个环路内沿着相反的方向循环一周后会合。类似地，对入射光进行分束，分出来的两束光沿相同路径反向运动，最终在屏幕上发生干涉的结构称为 Sagnac 干涉仪[1-3]。Sagnac 干涉仪是横向剪切干涉仪的一种，其采用了稳定的三角共光路结构，具有较强的抗干扰能力，在静态光谱成像和干涉偏振成像领域中得到了广泛的应用。

一种典型的 Sagnac 干涉仪[4]如图 5-1 所示，整体结构由一个分束器 BS 和两块平面反射镜 $M_1$、$M_2$组成，其中 BS 与 $x$ 轴夹角为 45°，$M_1$、$M_2$与 $x$ 轴、$y$ 轴的夹角为 62.5°，$M_1$、$M_2$的中心与 BS 在一条直线上。当某一反射镜发生位移时，例如 $M_1$ 移动到 $M_1'$ 位置，$I_1$ 所走光程缩短，$I_2$ 所走光程不变，$I_1$ 与 $I_2$ 在光屏上的干涉结果就会发生变化，可以利用这一原理进行干涉测量。

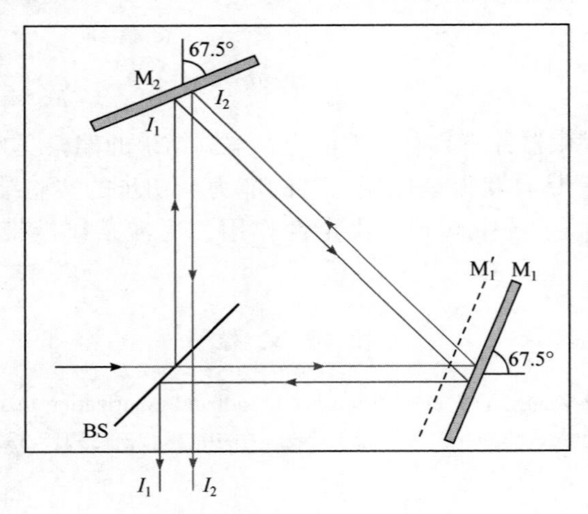


图 5-1　三角共路的 Sagnac 结构图

## 5.1　基于 Sagnac 干涉仪的偏振成像结构

将 Sagnac 干涉仪结构中分束器替换成线栅型偏振分光棱镜(wire grid type

beam splitter，WGBS)，并在成像透镜前放置检偏片，得到偏振 Sagnac 干涉仪(polarized Sagnac interferometer，PSI)，其结构如图 5-2 所示。其中偏振 Sagnac 干涉仪包含一个线栅型偏振分光棱镜 WGBS、两个完全相同的平面反射镜 $M_1$、$M_2$、一个检偏片 A 及一个成像透镜 L。图中 5-2 中 $d_1$，$d_2$ 分别表示反射镜 $M_1$ 与 $M_2$ 分别与 WGBS 之间的距离。当一束平行光沿 $x$ 正半轴入射到 WGBS 后被分为振动方向相互垂直的两束线偏振光 $I_p$ 和 $I_s$，透射光 $I_p$ 振动方向平行于 $z$ 轴(沿纸面方向)，反射光 $I_s$ 振动方向平行于 $y$ 轴(垂直于纸面方向)。以 $I_p$ 为例，$I_p$ 经 $M_1$ 反射后到达 $M_2$，再经过 $M_2$ 反射后到达 WGBS 被透射，最终沿 $z$ 轴正方向出射。$I_s$ 先经过 $M_2$ 和 $M_1$，被 WGBS 反射后同样沿 $z$ 轴正方向出射。两束平行的出射光 $I_p$ 和 $I_s$ 经过检偏片后振动方向相同，在焦平面上发生干涉，形成干涉条纹。

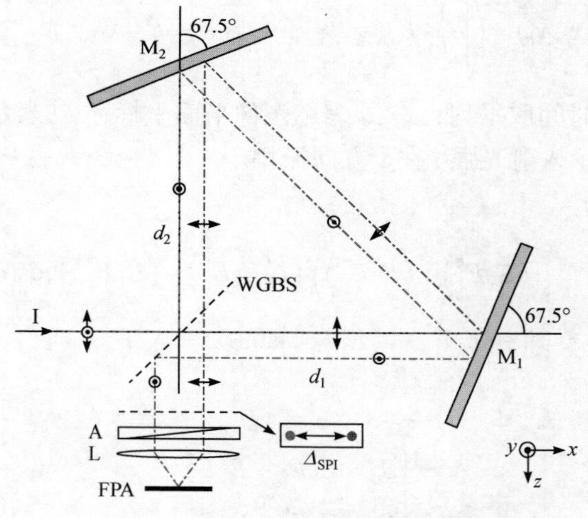


图 5-2　偏振 Sagnac 干涉仪结构图

偏振 Sagnac 干涉仪能够产生干涉的主要原因是 $d_1 \neq d_2$。如果 $d_1 = d_2$，则被分束器反射与折射的两束光的光路相同，剪切量为 0，此时不会产生干涉条纹。当 $d_1 \neq d_2$ 时，两面平面反射镜与分束器的距离不同，使得两束光路不同，产生横向剪切量 $\Delta_{SPI}$。这一现象与萨瓦板对光束产生的剪切效果相同，此时 Sagnac 作用与双折射晶体的作用相同，都对同一光源的光进行了剪切，根据几何知识，剪切量可以表示为

$$\Delta_{SPI} = \sqrt{2}\alpha \tag{5.1}$$

式中，$\alpha$ 为表示平面反射镜 $M_1$ 与 $M_2$ 分别到偏振分束器的距离差值，即 $\alpha = d_1 - d_2$。

两束光到达 A 前的光程分别为

$$
\begin{cases}
S_1 = d_2 + \sqrt{2}\left(d_2 + \dfrac{\varDelta_{\mathrm{SagP}}}{2}\right) + \left(d_2 + \dfrac{\varDelta_{\mathrm{SagP}}}{2}\right) + S_{\mathrm{A}} \\
S_2 = d_1 + \sqrt{2}\left(d_1 - \dfrac{\varDelta_{\mathrm{SagP}}}{2}\right) + \left(d_1 - \dfrac{\varDelta_{\mathrm{SagP}}}{2}\right) + S_{\mathrm{A}}
\end{cases}
\tag{5.2}
$$

式中，$S_{\mathrm{A}}$ 为表示 WGBS 到偏振片 A 的距离。

光程差可以表示为

$$
d_{\mathrm{SagP}} = S_2 - S_1 = 0 \tag{5.3}
$$

对比萨瓦板剪切量可以看出，当不考虑萨瓦板折射率随波长变化时，Sagnac 干涉仪与萨瓦板相同，光强公式可以表示为

$$
I_{\mathrm{SPP}}(x_i, y_i) = \left\langle \left| \frac{1}{\sqrt{2}} E_x(x_i, y_i)\mathrm{e}^{-\mathrm{j}\phi_{\mathrm{oe}}} + \frac{1}{\sqrt{2}} E_y(x_i, y_i)\mathrm{e}^{-\mathrm{j}\phi_{\mathrm{eo}}} \right|^2 \right\rangle \tag{5.4}
$$

式中：〈 〉表示对时间取平均；$x$，$y$ 表示图像平面坐标；$E_x$ 表示入射光强 $I$ 在 $x$ 方向振幅；$E_y$ 表示入射光强 $I$ 在 $y$ 方向振幅。

展开式(5.4)得

$$
I_{\mathrm{SPP}}(x_i, y_i) = \frac{1}{2}\left\{
\begin{aligned}
&\left(\left\langle E_x E_x^* \right\rangle + \left\langle E_y E_y^* \right\rangle\right) + \left(\left\langle E_x E_y^* \right\rangle + \left\langle E_y E_x^* \right\rangle\right)\cos(\phi_{\mathrm{eo}} - \phi_{\mathrm{oe}}) + \\
&\mathrm{j}\left(-\left\langle E_x E_y^* \right\rangle + \left\langle E_y E_x^* \right\rangle\right)\sin(\phi_{\mathrm{eo}} - \phi_{\mathrm{oe}})
\end{aligned}
\right\} \tag{5.5}
$$

已知：

$$
\begin{cases}
S_0 = E_x E_x^* + E_y E_y^* \\
S_1 = E_x E_x^* - E_y E_y^* \\
S_2 = E_x E_y^* + E_y E_x^* \\
S_3 = E_x E_y^* - E_y E_x^*
\end{cases}
\tag{5.6}
$$

可得

$$
I_{\mathrm{SPP}}(x_i, y_i) = \frac{1}{2}\left\{ S_0 + S_2 \cos\left[\frac{2\pi}{\lambda f_{\mathrm{obj}}} \varDelta(x_i - y_i)\right] - S_3 \sin\left[\frac{2\pi}{\lambda f_{\mathrm{obj}}} \varDelta(x_i - y_i)\right] \right\} \tag{5.7}
$$

式(5.7)显示，Stokes 参量 $S_0$、$S_2$ 与 $S_3$ 分别被振幅调制到了不同个在波频率上。对于 Sagnac 干涉结构，由于两束分光到达偏振片 A 光程差为 0，但其空间位置不同，这与单萨瓦板偏振镜的情况完全相同，而 Sagnac 干涉结构出射部分与萨瓦板偏光镜偏振干涉系统区别主要为剪切坐标不同，此时 Sagnac 累计相位与

两块镜子的距离差 $\alpha$ 相关(先照射到 $M_2$ 上的点向 $x$ 轴负方向移动 $\frac{\alpha}{2}$，先照射到 $M_1$ 上的点向 $x$ 轴正方向移动 $\frac{\alpha}{2}$ )，相位因子可以表示为

$$\begin{cases} \varphi_1 = \dfrac{2\pi}{\lambda f_{\text{obj}}} \dfrac{\sqrt{2}\alpha}{2} x_i \\ \varphi_2 = -\dfrac{2\pi}{\lambda f_{\text{obj}}} \dfrac{\sqrt{2}\alpha}{2} x_i \end{cases} \tag{5.8}$$

式中，坐标原点是指入射点沿传输方向的对应点。Sagnac 偏振干涉仪干涉光强表示为

$$I_{\text{SagP}}(x_i, y_i) = \frac{1}{2}\left[ S_0 + S_2 \cos\left( \frac{2\pi}{\lambda f_{\text{obj}}} \sqrt{2}\alpha x_i \right) - S_3 \sin\left( \frac{2\pi}{\lambda f_{\text{obj}}} \sqrt{2}\alpha x_i \right) \right] \tag{5.9}$$

载波频率 $\Omega_{\text{SagP}}$ 可以表示为

$$\Omega_{\text{SagP}} = \frac{\sqrt{2}\alpha}{\lambda f_{\text{obj}}} \tag{5.10}$$

由式(5.10)可以得到载波频率 $\Omega_{\text{SagP}}$ 与剪切 $\sqrt{2}\alpha$ 成正比，与物镜的焦长 $f_{\text{obj}}$ 成反比，和入射波长 $\lambda$ 成反比，即 Sagnac 成像干涉仪具有色散效应。类似萨瓦板偏振干涉仪，为了能够得到宽波段偏振成像结构，需要消除干涉条纹载波频率的色散现象，即要得到一个剪切 $\Delta$ 与波长 $\lambda$ 成正比( $\Delta \propto \lambda C$ ，$C$ 表示某种光学常量)，来抵消这一现象。

## 5.2　Sagnac 型宽波段干涉偏振成像

Sagnac 结构可获得与萨瓦板相同的剪切效果，同时 Sagnac 结构中用于分光与形成剪切的各个元件相互分离，这使其在光路中添加色散型元件成为可能。利用 Sagnac 干涉仪这一优点，选择合适的色散光学元件，有望获得与波长 $\lambda$ 正比的偏振剪切量 $\Delta$ 。本书使用闪耀光栅作为色散光学元件。

### 5.2.1　闪耀光栅

对于普通光栅而言，出射光能量大部分集中在光谱零级上。此时光栅的单缝衍射零级主极大方向与缝间干涉的零级主极大方向相同，因此没有色散发生。闪耀光栅可以将单缝衍射的零级主极大方向与缝间干涉的零级主极大方向分开，将

大部分能量(即衍射零级)集中到缝间干涉的某一级次上。由于不同波长同一级次谱线位置不同，出射光线发生色散。因此，闪耀光栅是一种色散光学元件。其结构为锯齿形线槽断面整齐排列，刻槽面与光栅平面的夹角称为闪耀角。闪耀光栅包括两种结构：反射式闪耀光栅与透射式闪耀光栅。

1. 反射式闪耀光栅

反射式闪耀光栅是将金属涂层沉积在光学元件上，再在表面进行凹槽的刻画。反射式闪耀光栅的参数主要有光栅常数 $d$($d$与缝宽相同)、刻槽数 $N$、刻槽高度 $h$、光栅折射率 $n_2$ 、光栅外折射率 $n_1$ 、闪耀角 $\alpha$[ $\alpha=\arctan(h/d)$ ]、入射角 $\beta$ 、衍射角 $\theta$ 及衍射级数 $m$ 等。反射式闪耀光栅结构示意如图 5-3 所示。

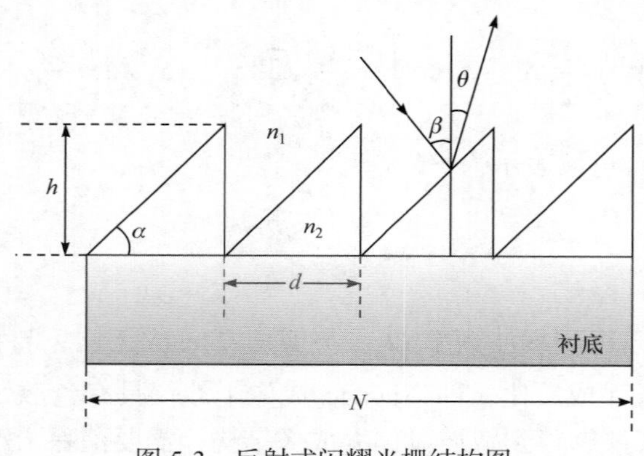


图 5-3　反射式闪耀光栅结构图

反射式闪耀光栅的光栅方程(唯一主亮纹满足的方程)可以表示为

$$2d\sin\alpha\cos(\alpha-\beta)=m\lambda \tag{5.11}$$

光线正入射时，入射角 $\beta=0$ ，此时光栅方程变为

$$d\sin 2\alpha=d\sin\left[2\arctan\left(\frac{h}{d}\right)\right]=m\lambda \tag{5.12}$$

对于自准直光路，入射角与闪耀角相同，此时 $\beta=\alpha$ ：

$$2d\sin\alpha=2d\sin\left[\arctan\left(\frac{h}{d}\right)\right]=m\lambda \tag{5.13}$$

闪耀角 $\alpha$ 一般都比较小，所以在上述两种光路中，1 级闪耀波长均可表示为 $\lambda_{b1}\approx 2d\alpha$ ，同理，2 级闪耀波长则可以近似表示为 $\lambda_{b2}\approx d\alpha$ 。

假设入射波 $\lambda=\lambda_{b1}$ 时，1 级衍射效率为 1，入射波长 $\lambda$ 与 1 级衍射波长 $\lambda_{b1}$ 偏离 $\delta\lambda=\lambda-\lambda_{b1}$ ，此时 1 级衍射效率可以表示为

$$\eta_1 = \left|\operatorname{sinc}\left(\frac{\delta\lambda}{\lambda_{b1}}\right)\right|^2 \tag{5.14}$$

2. 透射式闪耀光栅

消色散的 Sagnac 偏振成像系统主要使用透射式闪耀光栅，其光栅衍射方程为

$$d\sin\theta - d\sin\beta = m\lambda \tag{5.15}$$

入射角 $\beta = 0$ 时，式(5.15)变为

$$\sin\theta = m\frac{\lambda}{d} \tag{5.16}$$

此时，根据折射率定理有

$$n_2 \sin\alpha = n_1 \sin(\theta + \alpha) \tag{5.17}$$

根据三角公式可得

$$\lambda_{b1} \approx h(n_2 - n_1), \quad \lambda_{b2} \approx h(n_2 - n_1)/2$$

理想的透射式闪耀光栅可以看作一个二元光学近似元件的极限情况，光栅的理想锯齿厚度为 $h$(即刻槽高度)，每个锯齿用 $2^{N'}$ 台级量化，$N'$ 表示元件制造过程中的曝光次数，每一个台级长为 $d/2^{N'}$，高为 $h/2^{N'}$，如图 5-4 所示。

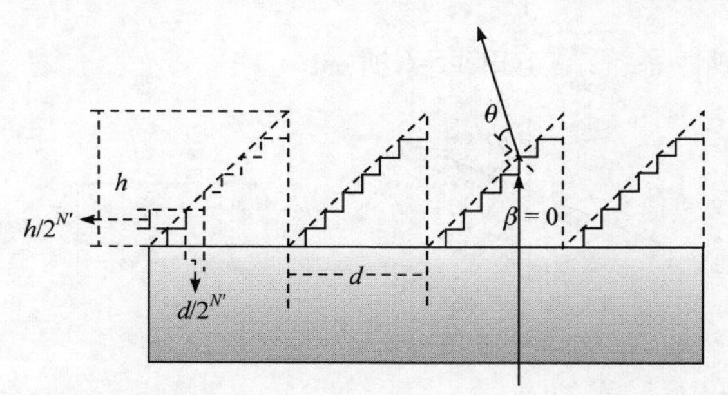


图 5-4　闪耀光栅的理想锯齿厚度剖面和该剖面的二元光学近似( $N' = 2$ )

第 $m$ 级的衍射效率可以表示为

$$\mathrm{DE}(\lambda, m) = \operatorname{sinc}^2\left(\frac{m}{2^{N'}}\right)\frac{\operatorname{sinc}^2\left(m - \dfrac{\varphi}{2\pi}\right)}{\operatorname{sinc}^2\left(\dfrac{m - \dfrac{\varphi}{2\pi}}{2^{N'}}\right)} \tag{5.18}$$

式中，$\varphi$ 为闪耀光栅峰峰相位。

当二元光学器件取极限情况，即 $N'$ 取无限大时，衍射效率可以表示为

$$\mathrm{DE}'(\lambda, m) = \operatorname{sinc}^2\left(m - \frac{\varphi}{2\pi}\right) \tag{5.19}$$

若连续闪耀光栅峰峰相位变化为2π，入射光将被100%衍射到第一衍射级，利用式(5.19)可以得到闪耀波长为520nm的闪耀光栅1阶与2阶的衍射效率，如图5-5所示。

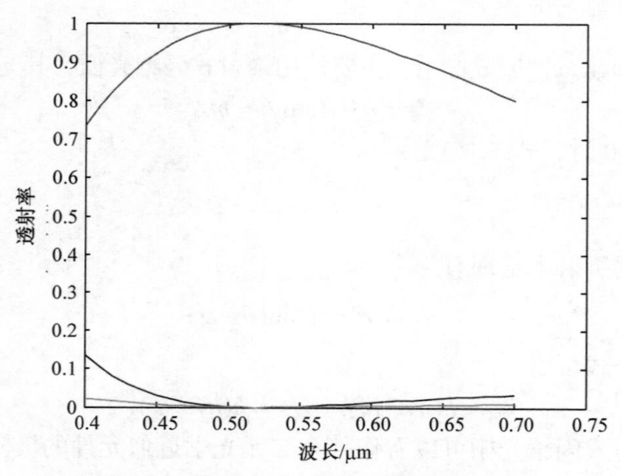


图5-5　闪耀波长为520nm的光栅透射率

### 5.2.2　消色散偏振成像系统

消色散偏振成像系统结构如图5-6所示。

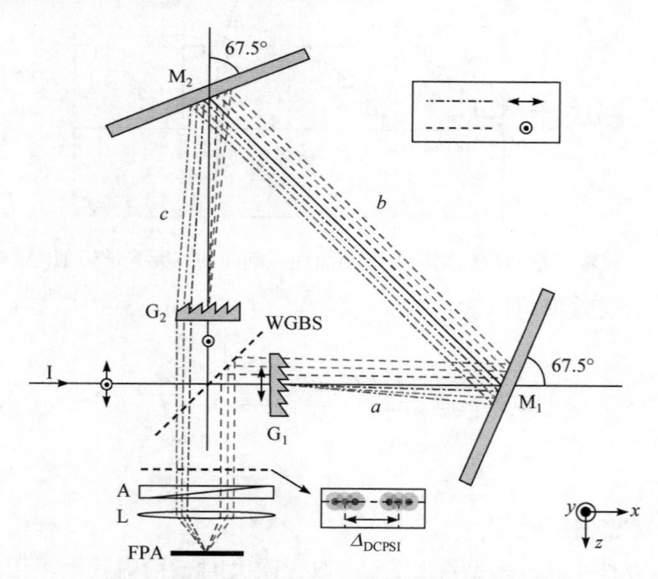


图5-6　消色散型Sagnac偏振干涉成像仪结构图

系统由线栅偏振分束器WGBS，两个完全相同的闪耀光栅$G_1$、$G_2$，反射平

面镜 $M_1$、$M_2$，检偏器 A，成像透镜 L 组成。Sagnac 结构的主要作用是对入射光进行横向剪切——入射光线照射到线栅偏振分束器 WGBS 上，被分成两束振动方向相互正交的光线，其中一束光通过闪耀光栅 $G_1$ 衍射到一阶，然后通过相同的光栅 $G_2$ 消除衍射角，此时光线平行于光传输方向。但与原入射光对应出射点有一定的偏离，偏离大小为 $-\lambda c$，$c$ 表示为与系统相关的某一常数。相反，先通过 $G_2$ 的光线与原入射对应点偏离 $+\lambda c$ (其中 "+" 表示沿着 $x$ 轴正方向，"−" 表示沿 $x$ 轴负方向)。与非色散 Sagnac 偏振干涉仪相比，偏振分束器 WGBS 到两平面反射镜的距离相同 $d_1 = d_2$，此时有 WGBS 反射与折射的光束具有相同的光程差，但闪耀光栅的衍射作用，使得两束光线有一定的剪切 $\Delta_{\mathrm{DCSPI}}$。

已知闪耀光栅中入射角 $\beta = 0$ 时，衍射角满足式(5.16)，将 Sagnac 结构展开可以得到剪切量：

$$\Delta_{\mathrm{DCSPI}} = 2\frac{m\lambda}{d}(a+b+c) \tag{5.20}$$

式中，$a$ 表示 $G_1$ 到 $M_1$ 的距离；$b$ 表示 $M_1$ 到 $M_2$ 的距离；$c$ 表示 $M_2$ 到 $G_1$ 的距离。

由式(5.20)可以看出，在同一衍射级数下，剪切量与入射波长 $\lambda$ 正相关。根据剪切量与累积相位的关系，两束偏振光的累积相位可以表示为

$$\begin{cases} \varphi_1 = \dfrac{2\pi}{f_{\mathrm{obj}}}\dfrac{m}{d}(a+b+c)x_i \\ \varphi_2 = -\dfrac{2\pi}{f_{\mathrm{obj}}}\dfrac{m}{d}(a+b+c)x_i \end{cases} \tag{5.21}$$

假设经过系统的最小波长为 $\lambda_{\min}$，根据式(5.16)，当衍射角为 90°时，$m$ 取得最大值：$m_{\max} = d\sin(\pi/2)/\lambda_{\min}$，此时利用偏振光累积相位 $\varphi_1$、$\varphi_2$ 可得到焦平面阵列上最小阶到最大阶的干涉光强：

$$\begin{aligned} I'_{\mathrm{DCSPII}}(x_i, y_i) = \sum_{m=0}^{m_{\max}} S'_0(m) + \sum_{m=1}^{m_{\max}} \left\{ S'_2(m)\cos\left[\frac{2\pi}{f_{\mathrm{obj}}}\frac{2m}{d}(a+b+c)x_i\right] \right. \\ \left. - S'_3(m)\sin\left[\frac{2\pi}{f_{\mathrm{obj}}}\frac{2m}{d}(a+b+c)x_i\right] \right\} \end{aligned} \tag{5.22}$$

式中，$\sum\limits_{m=0}^{m_{\max}} S'_0(m)$ 表示从最小阶到最大阶的 $S_0$ 光强总和；$\sum\limits_{m=1}^{m_{\max}} S'_2(m)$ 表示从最小阶到最大阶的 $S_2$ 光强总和；$\sum\limits_{m=1}^{m_{\max}} S'_3(m)$ 表示从最小阶到最大阶的 $S_3$ 光强总和。$S'_0$、$S'_2$、$S'_3$ 分别是由衍射效率 DE 作为权重整合而成的：

$$\begin{cases} S_0' = \int_{\lambda_{\min}}^{\lambda_{\max}} \mathrm{DE}^2(\lambda, m) S_0(\lambda)\,\mathrm{d}\lambda \\ S_2' = \int_{\lambda_{\min}}^{\lambda_{\max}} \mathrm{DE}^2(\lambda, m) S_2(\lambda)\,\mathrm{d}\lambda \\ S_3' = \int_{\lambda_{\min}}^{\lambda_{\max}} \mathrm{DE}^2(\lambda, m) S_3(\lambda)\,\mathrm{d}\lambda \end{cases} \tag{5.23}$$

一般使用一阶闪耀，即 $m = 1$，式(5.22)变为

$$\begin{aligned} I'_{\mathrm{DCSPII}}(x_i, y_i) = S_0'(0) + S_0'(1) + S_2'(1)\cos\left[\frac{2\pi}{f_{\mathrm{obj}}}\frac{2}{d}(a+b+c)x_i\right] \\ - S_3'(1)\sin\left[\frac{2\pi}{f_{\mathrm{obj}}}\frac{2}{d}(a+b+c)x_i\right] \end{aligned} \tag{5.24}$$

令 $S_0 = S_0'(0) + S_0'(1)$, $S_2 = S_2'(1)$, $S_3 = S_3'(1)$，则光强可以表示为

$$I_{\mathrm{DCSPII}}(x_i, y_i) = S_0 + S_2\cos\left(2\pi\Omega_{\mathrm{DCSPII}}x_i\right) - S_3\sin\left(2\pi\Omega_{\mathrm{DCSPII}}x_i\right) \tag{5.25}$$

在成像透镜前放置一块旋转 45° 的四分之一波片，光强公式可以表示为

$$I_{\mathrm{DCSPII}}(x_i, y_i) = S_0 + S_2\cos\left(2\pi\Omega_{\mathrm{DCSPII}}x_i\right) - S_1\sin\left(2\pi\Omega_{\mathrm{DCSPII}}x_i\right) \tag{5.26}$$

式中，$\Omega_{\mathrm{DCSPII}}$ 表示载波频率，$\Omega_{\mathrm{DCSPII}} = \dfrac{2}{f_{\mathrm{obj}}d}(a+b+c)$。

上述宽波段偏振干涉成像系统是由两束光进程干涉成像的。由式(5.25)与式(5.26)可以看出，此类型偏振成像系统只能得到 $S_2$ 与 $S_3$ 或 $S_1$ 与 $S_2$ 及直流分量 $S_0$，然而完整的偏振态的表示需要四个 Stokes 参量 $(S_0, S_1, S_2, S_3)^{\mathrm{T}}$。因此，本书在此基础上提出新的结构，从而得到全 Stokes 参数的偏振干涉成像仪。

## 5.3 系统结构的参数对干涉条纹质量的影响

设两列振动方向相同，频率相同的光波，在某空间点相遇时，它们在该点引起的光振动分别为

$$A_1 = A_{10}\cos\left(\omega t + \varphi_1\right) \tag{5.27}$$

$$A_2 = A_{20}\cos\left(\omega t + \varphi_2\right) \tag{5.28}$$

式中，$A_{10}, A_{20}$ 和 $\varphi_1, \varphi_2$ 分别是两分振动的振幅和初相位。其合成振动是 $A = A_1 + A_2 = A_0\cos(\omega t + \varphi)$，仍为简谐振动。

干涉光波相干后光强为

$$I = I_1 + I_2 + \sqrt{I_1 I_2}\cos(\varphi_2 - \varphi_1) \tag{5.29}$$

条纹调制度定义为

$$V = \frac{I_{\max} - I_{\min}}{I_{\max} + I_{\min}} = \frac{2\sqrt{I_1 I_2}}{I_1 + I_2} \tag{5.30}$$

由式(5.30)可以看出，当 $I_1$ 和 $I_2$ 相等时，干涉条纹的调制度最大。由于实际加工工艺限制，偏振分束器的分束比不是理想的 50：50，入射光经闪耀光栅衍射后，除了一级衍射外也还会有其他级次的杂散光进入系统参与成像，造成干涉条纹对比度的降低。因此，需要考虑偏振分束器分束比 $\alpha$ 、闪耀光栅对 p 偏振和 s 偏振的衍射效率 $\eta_{\mathrm{p}}$ 、$\eta_{\mathrm{s}}$ ，闪耀光栅的其他衍射级次衍射效率 $\eta_{\mathrm{m}}$ 对成像条纹对比度的影响。

DCPSI 结构是在 PSI 的两臂上各加入了一个透射式闪耀光栅，利用光栅的衍射特性，对不同波长的入射光进行偏移，使得最终两束出射光的剪切量与波长近似成正比，因此焦平面上的干涉条纹周期与波长无关，以此实现色散补偿，该结构适用于宽波段成像。DCPSI 要求系统的两臂长度相等，否则出射两束光的剪切量将不再与波长成正比，载波频率表达式中包含波长倒数的分量，导致色散补偿的效果变差。而实际生产中 WGBS 是将金属线栅镀在玻璃基板的一侧，因此两臂结构上会相差一个玻璃基板的厚度，影响色散补偿的效果，造成干涉条纹质量下降。

### 5.3.1　偏振分束器分束比的影响

偏振分束器透射 p 偏振光，反射 s 偏振光，设 p 偏振分量和 s 偏振分量的比值为$\alpha$。当入射光$\begin{bmatrix} E_x \\ E_y \end{bmatrix}$经过偏振分束器后，反射的 s 偏振分量和透射的 p 偏振分量分别为$\alpha E_x$和$E_y$，经过类似的光线追迹计算可以得到 CCD 上的干涉条纹强度公式：

$$I = \frac{1}{4}(\alpha+1)S_0 + \frac{1}{2}\sqrt{\alpha}S_2\cos(2\pi U x_i) - \frac{1}{2}\sqrt{\alpha}S_1\sin(2\pi U x_i) - \frac{1}{4}(\alpha-1)S_3 \tag{5.31}$$

由式(5.31)可以看出，$I$ 中多出来直流分量 $S_3$ ，对 $S_0$ 的解调值造成影响，$S_2$ 和 $S_3$ 的解调结果也将产生误差。

设定入射光的Stokes参量 $S=(1,\ 0.7,\ 0.71,\ 0.1)$ ，模拟得到不同分束比 $\alpha$ 下的干涉图案如图 5-7 所示。

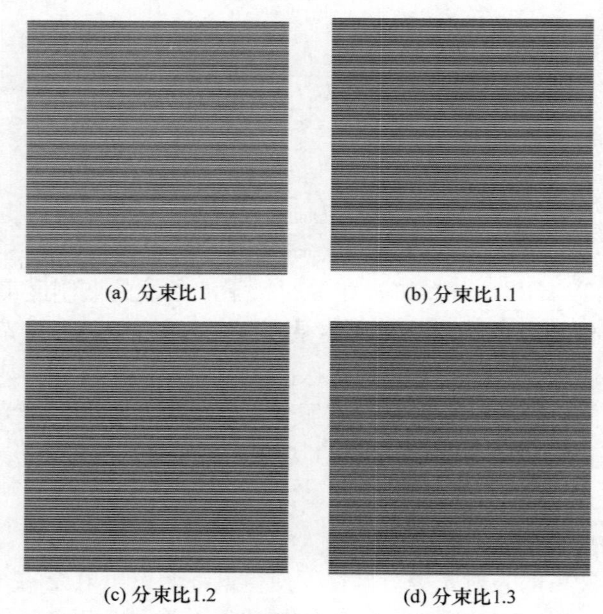
(a) 分束比1 (b) 分束比1.1

(c) 分束比1.2 (d) 分束比1.3

图 5-7 不同偏振分束器分束比时干涉条纹强度图

由图 5-7 和图 5-8 计算得到$\alpha$为 1、1.1、1.2、1.3 时干涉条纹的调制度都是 0.71，满足解调要求(调制度 > 0.5)，解调误差分别为 0%、4.5%、9.0%、13.5%。满足误差要求($e < 10\%$)的条件下，偏振分束器的分束比应满足要求$\alpha < 1.22$。

### 5.3.2 闪耀光栅的 p 偏振和 s 偏振衍射效率$\eta_{\mathrm{p}}$和$\eta_{\mathrm{s}}$的影响

同样地，闪耀光栅的 p 偏振和 s 偏振衍射效率不一样也会影响 Sagnac 出射两束光的光强大小。设闪耀光栅的 p 偏振和 s 偏振衍射效率分别为$\eta_{\mathrm{p}}$和$\eta_{\mathrm{s}}$，光线追迹后 CCD 相机上的干涉条纹光强公式为

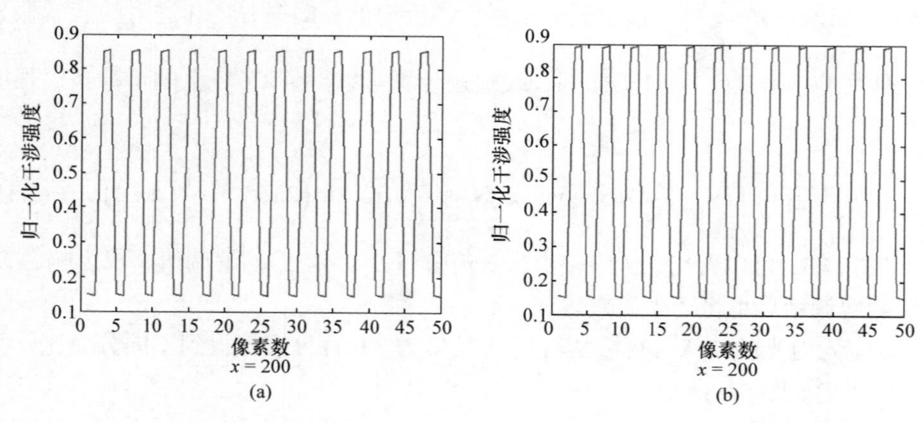

(a) (b)

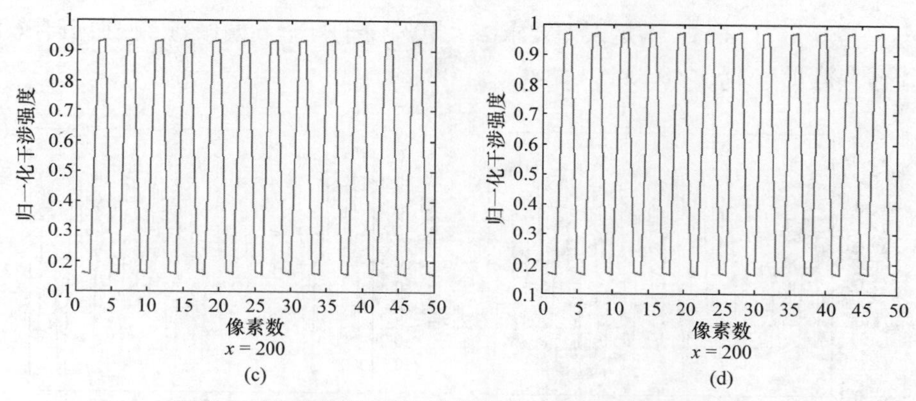


图 5-8　不同偏振分束器分束比时 $x = 200$ 坐标处强度值

$$I = \frac{1}{4}\left(\eta_{\mathrm{p}}^2 + \eta_{\mathrm{s}}^2\right)S_0 + \frac{1}{2}\eta_{\mathrm{p}}\eta_{\mathrm{s}}\left[S_2\cos\left(2\pi U x_i\right) - S_1\sin\left(2\pi U x_i\right)\right] - \frac{1}{4}\left(\eta_{\mathrm{p}}^2 - \eta_{\mathrm{s}}^2\right)S_3 \quad (5.32)$$

由式(5.32)可以看出，解调所得 Stokes 矢量 $S_0, S_1, S_2, S_3$ 的值都会产生误差。

选取入射光 $S = (1,\ 0.7,\ 0.71,\ 0.1)$，设定 p 偏振衍射效率 $\eta_{\mathrm{p}} = 1$，s 偏振衍射效率 $\eta_{\mathrm{s}}$ 分别为 1、0.9、0.8、0.7，模拟得到不同条件下的干涉图案如图 5-9 所示。

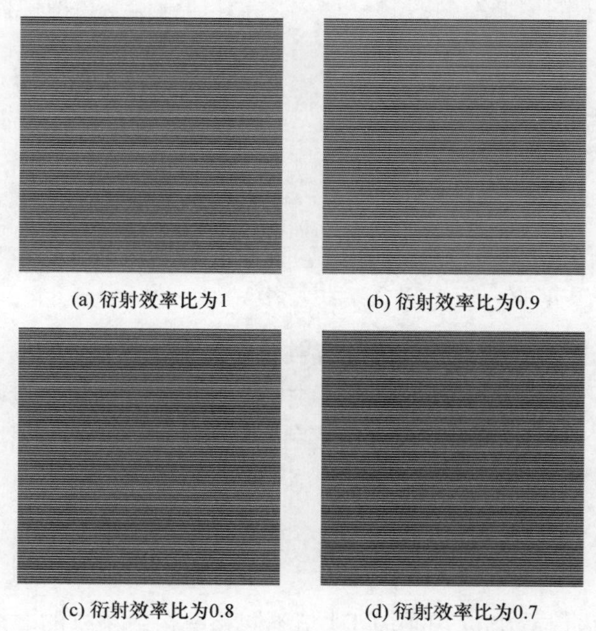


图 5-9　不同偏振衍射效率比 $\eta_{\mathrm{s}}/\eta_{\mathrm{p}}$ 时干涉条纹强度

由图 5-10 计算得到 $\eta_{\mathrm{s}}$ 分别为 1、0.9、0.8、0.7 时干涉条纹的调制度分别是 1、0.96、0.91、0.85，满足解调要求(调制度 > 0.5)，解调误差分别为 0%，

6.0%，11.8%，17.6%。满足误差要求($e < 10\%$)条件下，p 偏振与 s 偏振衍射效率之比需要满足 $\eta_s / \eta_p > 0.83$。

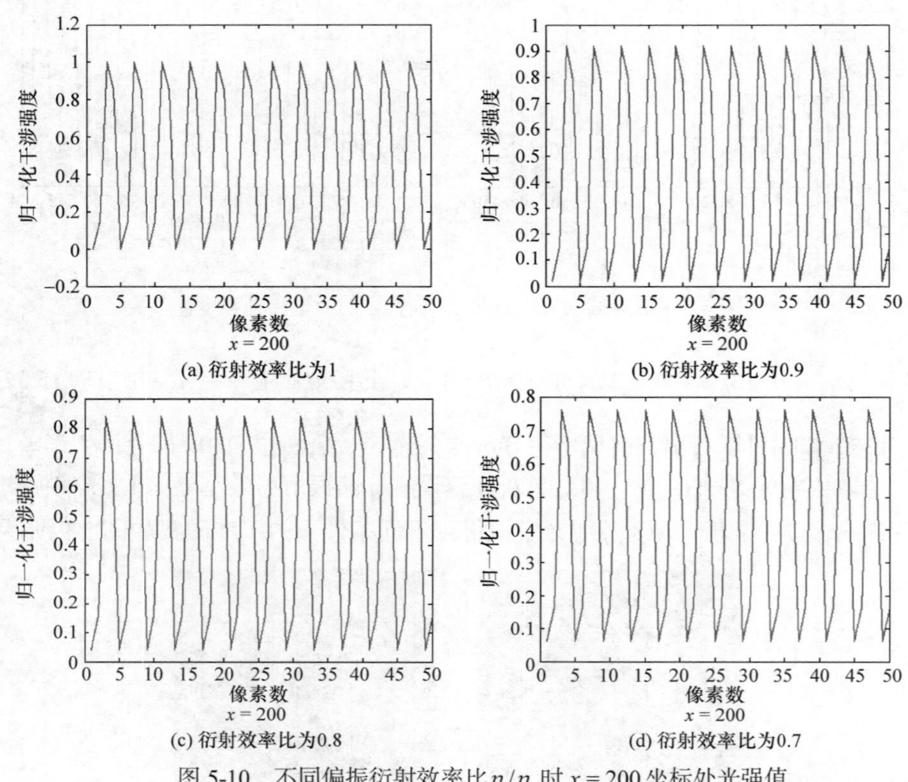


图 5-10　不同偏振衍射效率比 $\eta_s/\eta_p$ 时 $x = 200$ 坐标处光强值

### 5.3.3　闪耀光栅其他级次衍射效率 $\eta_m$ 的影响

除了闪耀光栅对 p 偏振和 s 偏振衍射效率不同导致分束的两束光强大小不一样会影响条纹对比度之外，闪耀光栅衍射的其他级次光强也会进入系统，造成干涉条纹的混叠，因为与之前波长会引起色散一样，载波频率与衍射级次 $m$ 成正比，光线追迹后的 CCD 上的干涉条纹光强公式为

$$I = \frac{1}{2}S_0 + \sum_{m=1}^{d/\lambda_{\min}} \left\{ \left[ \frac{1}{2}\eta_m^2 S_2 \cos(2\pi U x_i) - \frac{1}{2}\eta_m^2 S_1 \sin(2\pi U x_i) \right] \right\} + \eta_0^2 S_0 \tag{5.33}$$

由式(5.33)可以看出，$I$ 的中间项是不同频率衍射条纹的叠加，会造成条纹的混叠，最后一项是未发生衍射的 0 级光强叠加在图像上，造成条纹对比度的降低。

设定入射光的Stokes参量$S=(1,\ 0.8,\ 0.6,\ 0)$，$\eta=(\eta_0,\ \eta_1,\ \eta_2,\ \eta_3)$为闪耀光栅 0、1、2、3 级次衍射效率，选取不同级次的衍射效率值进行模拟，结果如图 5-11 所示。

(a) $\eta=(0, 1, 0, 0)$　(b) $\eta=(0.1, 0.8, 0.08, 0.02)$

(c) $\eta=(0.15, 0.7, 0.1, 0.05)$　(d) $\eta=(0.2, 0.6, 0.1, 0.1)$

图 5-11　闪耀光栅不同其他级次衍射效率时干涉条纹强度分布

可以看到，随着一级衍射效率降低，其他级次衍射效率提高，条纹的对比度和频率都会发生变化，导致条纹质量的下降。由图 5-11 和图 5-12 计算得到四种情况下干涉条纹的调制度分别是 0.81、0.51、0.38、0.27，误差分别为 0%、2.0%、4.5%、8.0%。满足解调要求(调制度$>0.5$)和误差要求($e<10\%$)的条件下，闪耀光栅的一级衍射效率需满足$\eta_1>79\%$。

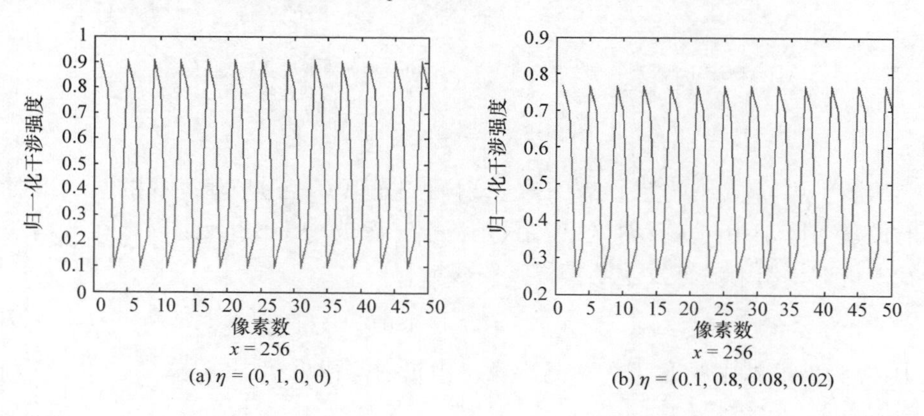


(a) $\eta=(0, 1, 0, 0)$　(b) $\eta=(0.1, 0.8, 0.08, 0.02)$

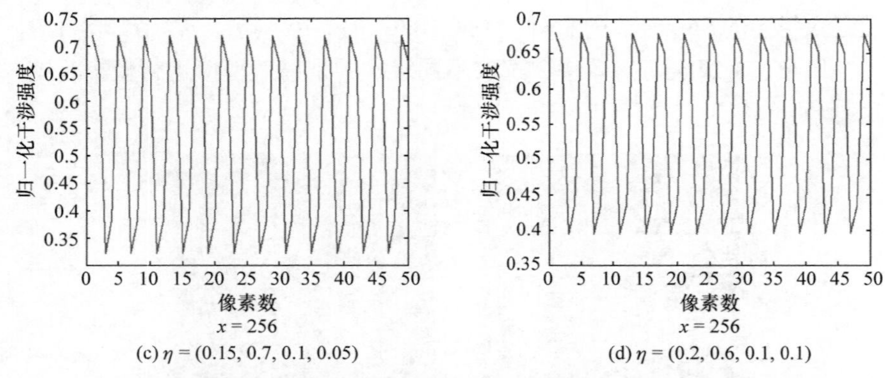


(c) $\eta = (0.15, 0.7, 0.1, 0.05)$　　(d) $\eta = (0.2, 0.6, 0.1, 0.1)$

图 5-12　闪耀光栅其他级次不同衍射效率时 $x = 256$ 坐标上的强度值

### 5.3.4　WGBS 玻璃基板的影响

理想情况下，DCPSI 两臂相等时，系统的剪切量为

$$\varDelta_{\mathrm{DCPSI}} = 2\frac{m\lambda}{d}(a+b+c) \tag{5.34}$$

当 WGBS 的玻璃基底存在时，两臂将会产生一定的差异，假设玻璃基底位于 $G_1$ 侧，如图 5-13(a)所示，为便于观察，基底设置较厚，图中实线为不考虑玻璃基底时的理想光路，虚线为光束在玻璃基底中发生折射后的实际光路。

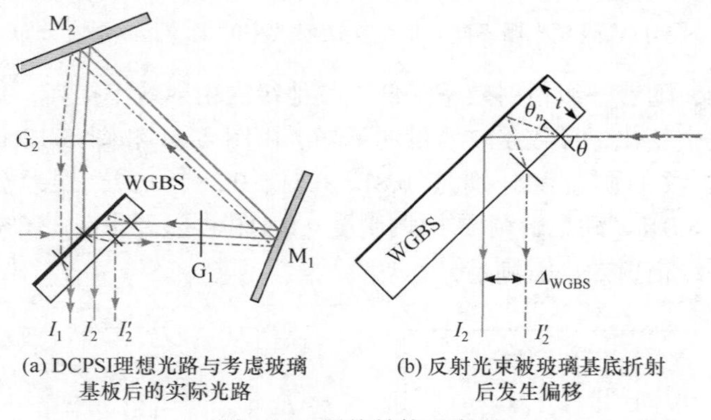


(a) DCPSI理想光路与考虑玻璃基板后的实际光路　　(b) 反射光束被玻璃基底折射后发生偏移

图 5-13　系统结构示意图

从图中可以看出，经过 WGBS 透射后的光束 $I_1$ 经过玻璃基底的两次折射，出射位置与原来相同，反射光束 $I_2'$ 只是在第二次被 WGBS 反射时才在玻璃基底中发生折射，出射位置发生了偏移，偏移量为

$$\varDelta_{\mathrm{WGBS}} = 2t(1-\tan\theta_n) \tag{5.35}$$

式中，$t$ 为玻璃基底厚度；$\theta_n$ 为折射角。由折射定律可知：

$$\frac{\sin\theta_i}{\sin\theta_n}=n_\lambda \tag{5.36}$$

联立上述两式可以得到当玻璃基底位于 $G_1$ 侧时，玻璃基底造成的出射光偏移量为

$$\varDelta_{\text{WGBS}}=2t\left(1-\frac{1}{\sqrt{2n_\lambda^2-1}}\right) \tag{5.37}$$

当玻璃基底位于 $G_2$ 侧时，偏移量大小相等，方向相反。玻璃基底存在造成的额外剪切量与基底的折射率和厚度有关。

此时系统总剪切量为

$$\varDelta'_{\text{DCPSI}}=2\frac{m\lambda}{d}(a+b+c)+2t\left(1-\frac{1}{\sqrt{2n_\lambda^2-1}}\right) \tag{5.38}$$

载波频率为

$$\varOmega_{\text{DCPSI}}=\frac{2}{f_{\text{obj}}d}(a+b+c)+\frac{2t}{\lambda f_{\text{obj}}}\left(1-\frac{1}{\sqrt{2n_\lambda^2-1}}\right) \tag{5.39}$$

额外剪切量与波长是非线性关系，导致载波频率多出来与波长相关的一项，从而造成干涉条纹的混叠，可以通过在玻璃基板的另一侧引入一块材料相同，厚度一样的补偿板来消除该误差。

# 5.4　串联双 Sagnac 宽波段干涉全偏振成像技术

## 5.4.1　原理介绍

宽波段干涉全偏振成像仪(broadband snapshot complete imaging polarimeter，BSCIP)系统的原理图如图 5-14 所示。它由前置光学系统、准直器、红外阻挡滤波器、子午面垂直的两个相同的 Sagnac-光栅干涉仪 $SG_1$ 和 $SG_2$、消色差半波板片(achromatic half-wave plate，AHP)、检偏器 A、成像透镜 L 和数字 CCD 相机组成。半波片的快轴在 $y$-$z$ 平面上，与 $z$ 轴为 22.5°。A 的透光轴在 $x$-$z$ 平面上，与 $x$ 轴成 45°方向。$SG_1$ 和 $SG_2$ 分别由偏振分束器 PBS、两个镜 $M_1$ 和 $M_2$、两个相同的传输光栅 $G_1$ 和 $G_2$ 组成。从场景中采集的光通过前视镜和准直镜进行准直，然后用 $SG_1$ 将光分为两个正交偏振分量，两分量具有较小的与波长相关的横向位移。通过 AHP 后，将两组分量光的偏振方向分别向 $y$ 轴旋转±45°。因此，$SG_2$ 可以将两束光分解成具有相同波长相关剪切量的四束线偏振光。然后由 A 将输出的四束光分解成同一偏振方向的线偏振光，再由 L 将其重新组合到相机的 FPA

上，使用相机记录干涉图样。

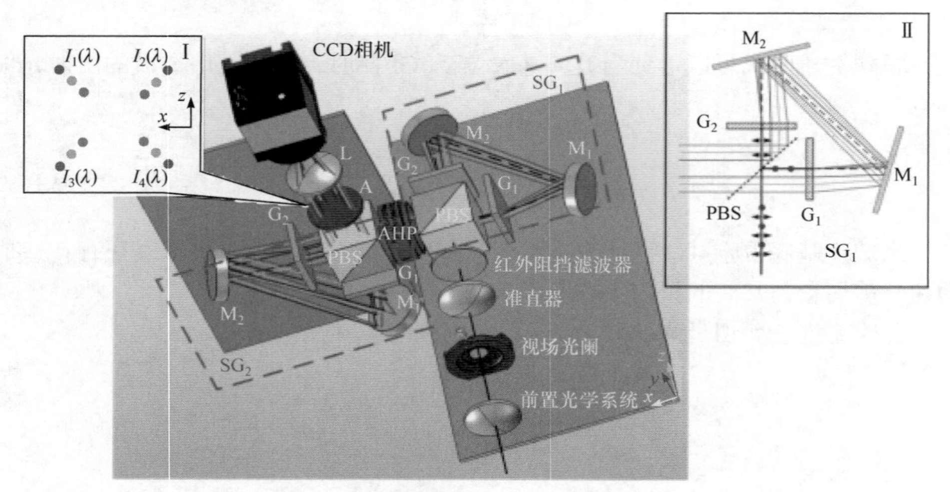


图 5-14 改进的 BSCIP 的系统设置

### 5.4.2 工作原理

BSCIP 的干涉图案可以用 Mueller 微积分计算。假设来自场景的光具有 $\lambda_1$ 到 $\lambda_2$ 的宽带光谱，在输入孔径处的输入 Stokes 参数为 $S_{\text{in}}(x',y')$ 。通过 BSCIP 的光学系统后，输出 Stokes 参数可由下式计算得到:

$$S_{\text{out}}(x,y)=M_{\text{A}}M_{\text{SG}_2}M_{\text{AHP}}M_{\text{SG}_1}S_i(x',y') \tag{5.40}$$

式中，$x,y$ 为FPA的空间坐标。$M_{\text{A}}$、$M_{\text{SG}_2}$、$M_{\text{AHP}}$ 和 $M_{\text{SG}_1}$ 分别为分析仪、Sagnac-光栅干涉仪 $\text{SG}_2$ 、半波片 AHP 和 Sagnac-光栅干涉仪 $\text{SG}_1$ 的 Mueller 矩阵。因此，输出 Stokes 矢量 $S_{\text{out}}(x,y)$ 的第一行即相机捕捉到的干涉图样描述为

$$\begin{aligned}I(x,y)=&\frac{1}{2}S_0(x,y)+\frac{1}{2}S_1(x,y)\cos 2\pi\phi x\\&+\frac{1}{4}\left|S_{23}(x,y)\right|\cos[2\pi\phi(x-y)-\arg(S_{23}(x,y))]\\&-\frac{1}{4}\left|S_{23}(x,y)\right|\cos[2\pi\phi(x+y)+\arg(S_{23}(x,y))]\end{aligned} \tag{5.41}$$

式中，

$$S_{23}(x,y)=S_2(x,y)+\mathrm{i}S_3(x,y) \tag{5.42}$$

$$\phi=\frac{\varDelta}{\lambda f}=\frac{2L\sin\theta_{\text{G}}}{\lambda f}=\frac{2mL}{fd} \tag{5.43}$$

式中，$\phi$ 为得到的垂直和水平干涉图的空间频率，其值受 CCD 相机采样像素的空间频率限制，需要遵守奈奎斯特准则；$\varDelta$为 $\text{SG}_1$ 和 $\text{SG}_2$ 引入的侧向位移；$\lambda$ 是

入射光束的波长；$f$ 为成像透镜的焦距；$L$ 是 $G_1$ 和 $G_2$ ($G_3$ 和 $G_4$)光栅的正对面之间的光程；$\theta_G$ 和 $m$ 分别是透射光栅的衍射角、衍射阶数；$d$ 是光栅周期。由于输入光的宽带光谱从 $\lambda_1$ 到 $\lambda_2$，所以获得的 Stokes 参数是在波长上的积分:

$$S_j(x,y)=\int_{\lambda_1}^{\lambda_2}\mathrm{DE}^4(\lambda)S_j(x,y,\lambda)\mathrm{d}\lambda \tag{5.44}$$

式中，下标 $j=0,1,2,3$ 分别表示四个 Stokes 参数；$\mathrm{DE}(\lambda)$ 为四个透射光栅衍射效率。

由式(5.41)可得，输入 Stokes 参数对不同的空间载频进行了调制，可以通过执行傅里叶变换操作在频域中分割。式(5.41)的二维傅里叶变换可表示为

$$\begin{aligned}I_f(f_x,f_y)=&\frac{1}{2}A_0(f_x,f_y)+\frac{1}{4}A_1(f_x-\phi,f_y)+\frac{1}{4}A_1^*(-f_x,-f_y-\phi)\\&+\frac{1}{8}A_{23}(f_x-\phi,f_y+\phi)+\frac{1}{8}A_{23}^*(-f_x-\phi,-f_y+\phi)\end{aligned} \tag{5.45}$$

式中，$f_x$ 和 $f_y$ 为频域坐标。它可表明，在频域中 $I_f(f_x,f_y)$ 可以分为七个通道，中心位于 $(f_x,f_y)=(0,0),(\pm\phi,0),(\pm\phi,\mp\phi)$ 以及 $(\pm\phi,\pm\phi)$。

通过对所需通道滤波并进行傅里叶逆变换，可复原目标的入射 Stokes 参数:

$$S_0(x,y)=\mathcal{F}^{-1}\{A_0(f_x,f_y)\} \tag{5.46}$$

$$S_1(x,y)=\mathcal{F}^{-1}\{A_1(f_x,f_y)\} \tag{5.47}$$

$$S_{23}(x,y)=\mathcal{F}^{-1}\{A_{23}(f_x,f_y)\} \tag{5.48}$$

### 5.4.3　光学效率与干涉可见度

作为系统性能的理论估计，本书分析了 BSCIP 的光学效率和干涉可见性。在 BSCIP 的 FPA 上，一个场景的光被分割成四个相干的组分光束并进行干涉。因此，与波长相关的光效率由下式给出:

$$\eta(\lambda)=\frac{I_1(\lambda)+I_2(\lambda)+I_3(\lambda)+I_4(\lambda)}{I_{\mathrm{in}}(\lambda)} \tag{5.49}$$

式中，$I_{\mathrm{in}}(\lambda)$ 为输入光强，$I_1(\lambda)$，$I_2(\lambda)$，$I_3(\lambda)$ 和 $I_4(\lambda)$ 分别为图5-14中插图Ⅰ所示的四个相干组分光束的光强。使用光线追迹计算，四个组分光束的强度可以估计为

$$I_1(\lambda)=\frac{1}{2}I_{\mathrm{s}}(\lambda)R_{\mathrm{s}}^4(\lambda)\mathrm{DE}^4(\lambda)R_{\mathrm{m}}^4(\lambda)\sin^2\theta \tag{5.50}$$

$$I_2(\lambda)=\frac{1}{2}I_{\mathrm{s}}(\lambda)R_{\mathrm{s}}^2(\lambda)T_{\mathrm{p}}^2(\lambda)\mathrm{DE}^4(\lambda)R_{\mathrm{m}}^4(\lambda)\cos^2\theta \tag{5.51}$$

$$I_3(\lambda)=\frac{1}{2}I_{\mathrm{p}}(\lambda)T_{\mathrm{p}}^2(\lambda)R_{\mathrm{s}}^2(\lambda)\mathrm{DE}^4(\lambda)R_{\mathrm{m}}^4(\lambda)\sin^2\theta \tag{5.52}$$

$$I_4(\lambda)=\frac{1}{2}I_{\mathrm{p}}(\lambda)T_{\mathrm{p}}^4(\lambda)\mathrm{DE}^4(\lambda)R_{\mathrm{m}}^4(\lambda)\cos^2\theta \tag{5.53}$$

式中，$I_{\mathrm{s}}(\lambda)$ 和 $I_{\mathrm{p}}(\lambda)$ 是输入光的 s 和 p 偏振分量；$R_{\mathrm{s}}(\lambda)$ 和 $T_{\mathrm{p}}(\lambda)$ 分别为 PBS 的反射率和透射率；$R_{\mathrm{m}}(\lambda)$ 是反射镜的反射率；$\theta=45°$ 为分析仪 A 的偏振方向，则 BSCIP 的光学效率可表示为

$$\eta(\lambda)=\frac{\mathrm{DE}^4(\lambda)R_{\mathrm{m}}^4(\lambda)[R_{\mathrm{s}}^2(\lambda)+T_{\mathrm{p}}^2(\lambda)][I_{\mathrm{s}}(\lambda)R_{\mathrm{s}}^2(\lambda)+I_{\mathrm{p}}(\lambda)T_{\mathrm{p}}^2(\lambda)]}{4[I_{\mathrm{s}}(\lambda)+I_{\mathrm{p}}(\lambda)]} \tag{5.54}$$

由于上面的计算对输入光的偏振态没有做任何假设，所以这个结果对所有偏振态都适用。由式(5.54)可以看出，光学效率不仅与光栅、镜面和偏振分束器的参数有关，还与输入光的偏振态有关。图 5-15(a)显示了输入光在 0°、90°线偏振光、±45°偏振光和圆偏振光下的光学效率的计算值。相关参数 $\mathrm{DE}(\lambda)$、$R_{\mathrm{m}}(\lambda)$、$R_{\mathrm{s}}(\lambda)$ 和 $T_{\mathrm{p}}(\lambda)$ 如图 5-15(b)所示。由于 s 偏振分量的强度与 p 偏振分量在±45°和圆偏振光中的强度相等，因此在此条件下的光学效率是相同的。应该指出，通过提高透射光栅的衍射效率、偏振分束器的 p 分量透射率和 s 分量反射率，可以极大地提高 BSCIP 的光学效率。

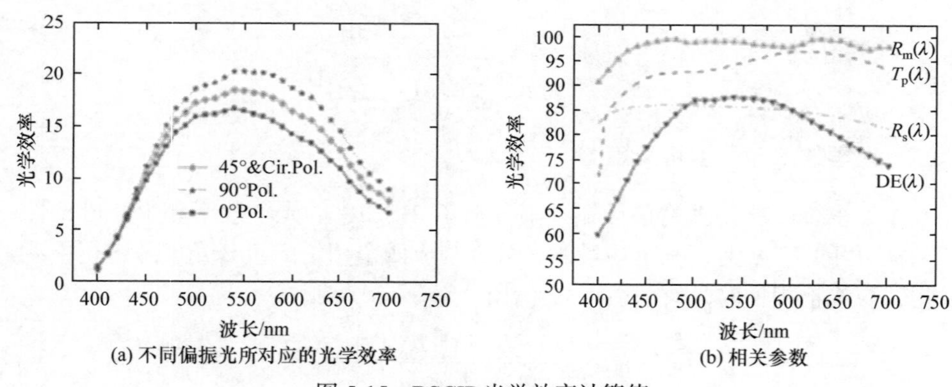

(a) 不同偏振光所对应的光学效率　　(b) 相关参数

图 5-15　BSCIP 光学效率计算值

由式(5.41)得到的干涉图可分为四部分，其中一个偏置部分为 $S_0(x,y)$，三个干涉部分(余弦项)为 $S_0(x,y)$～$S_3(x,y)$，如图 5-16 所示。

垂直干涉条纹表示 $S_1(x,y)$，可以解释为 $I_1(\lambda)$、$I_2(\lambda)$ 干涉图样以及 $I_3(\lambda)$，$I_4(\lambda)$ 干涉图样的叠加。这两个图形的相位差是π。因此，垂直条纹的干涉能见度由下式给出：

$$Vv(\lambda)=\frac{2(\sqrt{I_1(\lambda)I_2(\lambda)}-\sqrt{I_3(\lambda)I_4(\lambda)})}{I_1(\lambda)+I_2(\lambda)+I_3(\lambda)+I_4(\lambda)}$$
$$=\frac{2R_{\mathrm{s}}(\lambda)T_{\mathrm{p}}(\lambda)[I_{\mathrm{s}}(\lambda)R_{\mathrm{s}}^2(\lambda)-I_{\mathrm{p}}(\lambda)T_{\mathrm{p}}^2(\lambda)]}{[R_{\mathrm{s}}^2(\lambda)+T_{\mathrm{p}}^2(\lambda)][I_{\mathrm{s}}(\lambda)R_{\mathrm{s}}^2(\lambda)+I_{\mathrm{P}}(\lambda)T_{\mathrm{p}}^2(\lambda)]} \tag{5.55}$$

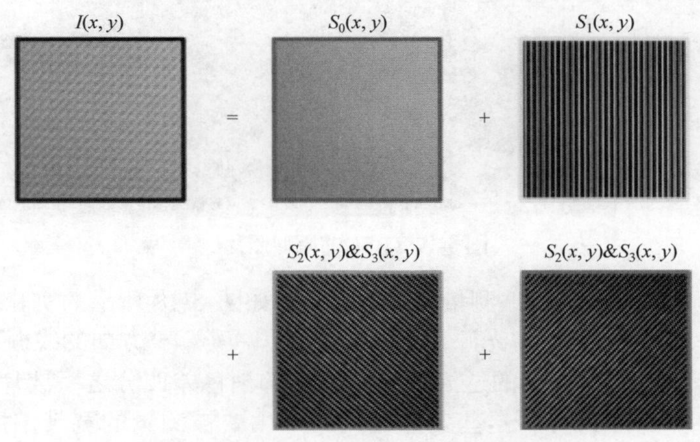


图 5-16　获得的 BSCIP 的干涉图的结构

±45°条纹分别代表 $S_2(x,y)$ 和 $S_3(x,y)$，可表示为

$$V_{45^\circ}(\lambda)=\frac{2\sqrt{I_1(\lambda)I_4(\lambda)}}{I_1(\lambda)+I_4(\lambda)}=\frac{2R_{\mathrm{s}}^2(\lambda)T_{\mathrm{p}}^2(\lambda)\sqrt{I_{\mathrm{s}}(\lambda)I_{\mathrm{p}}(\lambda)}}{I_{\mathrm{s}}(\lambda)R_{\mathrm{s}}^4(\lambda)+I_{\mathrm{p}}(\lambda)T_{\mathrm{p}}^4(\lambda)} \tag{5.56}$$

$$V_{-45^\circ}(\lambda)=\frac{2\sqrt{I_2(\lambda)I_3(\lambda)}}{I_2(\lambda)+I_3(\lambda)}=\frac{2\sqrt{I_{\mathrm{s}}(\lambda)I_{\mathrm{p}}(\lambda)}}{I_{\mathrm{s}}(\lambda)+I_{\mathrm{p}}(\lambda)} \tag{5.57}$$

同样，这个结果对输入光的偏振态没有任何假设，因此对所有偏振态都是通用的。

### 5.4.4　实验描述

BSCIP的原型如图5-17所示。该系统的工作光谱范围为400～700nm。系统采用两个25.4mm的线栅偏振分束立方体作为PBS。四个反射镜为 25mm × 36mm，平面度 $\lambda/10$@633nm。四种透射光栅尺寸为25mm×25mm，30刻线/mm，一阶闪耀波长为530nm。AHP 有一个22mm的清晰孔径，确保在400～800nm的操作区间有 $\lambda/40$ 的延迟精度。采用低成本的1288×964 CCD 相机(Pointgrey BFLY-PGE-13S2M)与一个70mm焦距镜头拍摄干涉图。

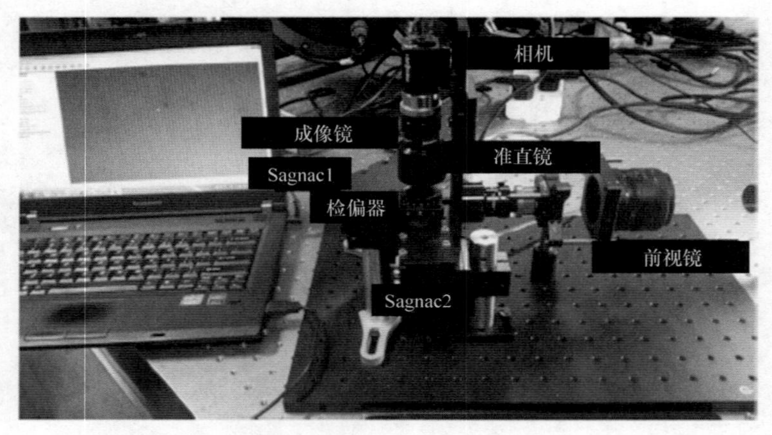


图 5-17　BSCIP 原型照片

为了验证 BSCIP 的偏振测量能力，搭建了如图 5-18 所示的实验装置。在该装置中，有一个积分球均匀光源，一个准直镜，一个 45°方向的线栅可见的偏振片 P，后跟一个快轴与 P 的透光轴夹角为 $\alpha$ 的消色差四分之一波片(achromatic quarter-wave plate，AQP)，这些装置是用来产生要被测量的宽带偏振光。实验时，以 5°为间隔将 AQP 从 $\alpha$ 为 0°旋转至 180°。

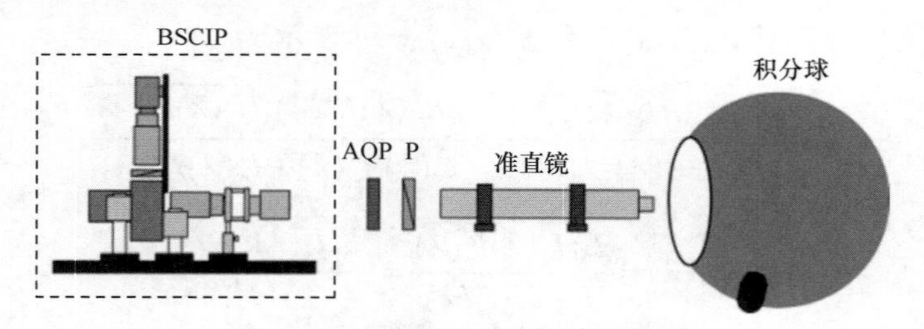


图 5-18　BSCIP 性能测试实验装置

将从 BSCIP 系统中恢复的 Stokes 参数与图 5-19 所示的偏振器和波片的理论值进行比较。请注意，恢复的 Stokes 参数是 BSCIP 视场中的平均值。与理论值相比，实验结果表明，在大多数 AQP 旋转角度上，精度均优于 3%。对于归一化的 Stokes 参数 $S_1/S_0$，$S_2/S_0$ 以及 $S_3/S_0$，测量数据与理论值之间的均方根(root mean square，RMS)误差分别为 0.0169、0.0365 和 0.0354。残留误差很可能归因于宽带波长中 AQP 延迟的差异。RMS 误差由下式计算：

$$\mathrm{RMS}=\sqrt{\frac{1}{N}\sum_{k=1}^{N}\left(\frac{S_{i,\mathrm{Meas}}(k)}{S_{0,\mathrm{Meas}}(k)}-\frac{S_{i,\mathrm{Theo}}(k)}{S_{0,\mathrm{Theo}}(k)}\right)^2} \tag{5.58}$$

式中，整数 $i=1,2,3$ 表示后三个 Stokes 参数。

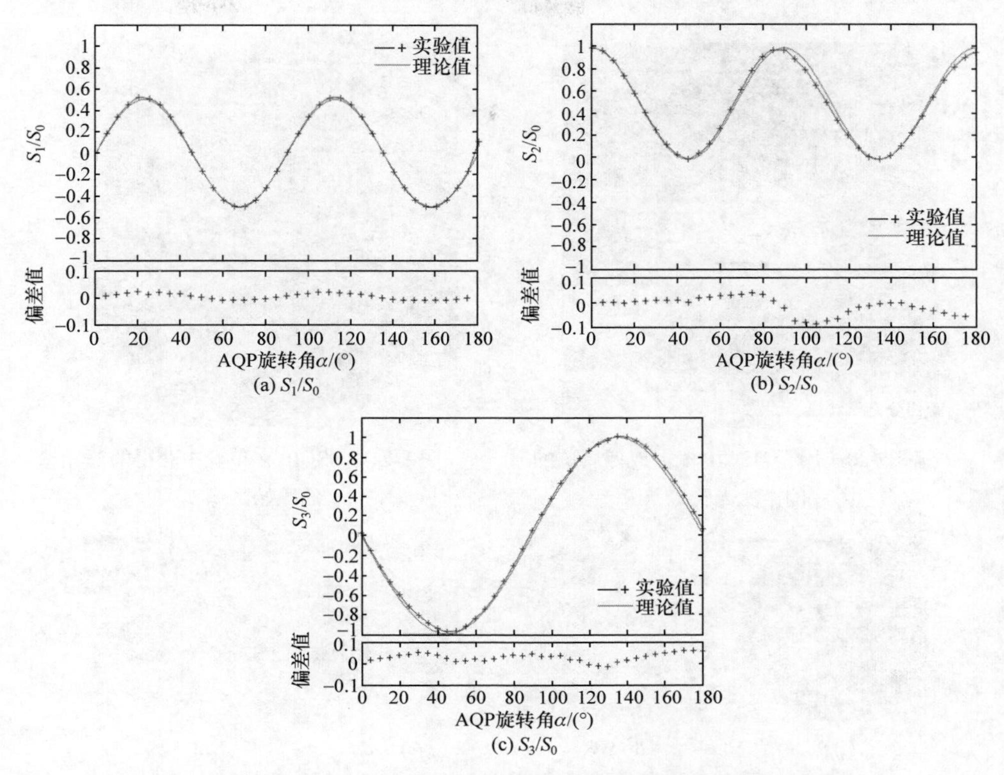


图 5-19　用 BSCIP 测得的 Stokes 参数与 AQP 的理论值的比较结果

### 5.4.5　偏振成像测试

采用如图 5-20 所示系统，用积分球均匀光源照明，通过测量旋转偏振滤光轮(透光方向用实箭头表示)和 532nm 真零级四分之一波片(快轴用虚箭头表示)来评估 BSCIP 系统的偏振成像性能。滤光轮由六个偏移 30°的线偏振滤光片组成，四分之一波片的快轴与底部线偏振滤光片的透光轴成–45°方向。

图 5-21 显示了 BSCIP 获得的滤光轮原始图像，可以观察到清晰的干涉条纹。由于偏振滤波器产生的 Stokes 参数变化，这些条纹的相位和幅值会发生变化。图 5-22 是重建的 Stokes 图像。在该图像中，拐角处的噪声主要是由条纹对比度损失引起的。根据式(5.55)～式(5.57)，干涉条纹质量主要由输入光的偏振分量以及 PBS 的反射率 $R_s(\lambda)$ 和透射率 $T_p(\lambda)$ 决定。但是，大多数商用 PBS 设计用于直入射。当入射角大于接收角时，$R_s(\lambda)$ 和 $T_p(\lambda)$ 下降非常快。图 5-22(e)中的 RGB 三通道并不是真实的红绿蓝三色，而是根据一定关系计算得到的伪彩色通道，其中 R 为 $|S_1|/S_0$；G 为 $|S_2|/S_0$；B 为 $|S_3|/S_0$。

图 5-20　用于 BSCIP 偏振成像测试的偏振滤光轮

图 5-21　BSCIP 在单帧中获得的滤光轮的原始图像

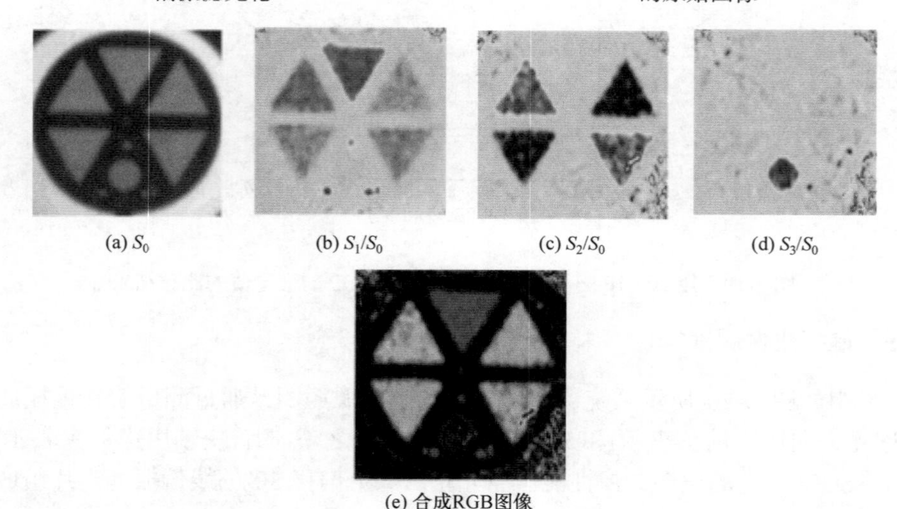


图 5-22　重建的 Stokes 图像

## 5.5　并联双 Sagnac 干涉仪全偏振成像技术

图 5-23 是宽波段双 Sagnac 偏振成像干涉仪的光学结构，主要由两个非偏振光分束器 BS、两个消色散型 Sagnac 结构主体部分、一个快轴与图中 $z$ 轴夹角为 0°的消色差半波片 AHP，检偏器 A，成像透镜 L 组成。其主要作用是将入射光分为四束不同位置的剪切光，最后汇聚到焦平面阵列上，形成关于全 Stokes 参量的干涉条纹。入射光通过一个非偏振光分束器，分成两束完全相同的光波 $I_1$ 与 $I_2$，$I_2$ 经过一个与 $z$ 轴夹角为 0°半波片，然后经由 Sagnac 结构，得到在 $x$ 方向

分布的两束光，$I_1$ 经过消色散型 Sagnac 结构，得到在 $y$ 方向分布的两束光。利用反光镜进行光路调整，最后再经过光分束器 BS 将四束光汇总，经过与 $-y$ 轴成 45°夹角的偏振片后通过透镜聚焦在 FPA 上成像。

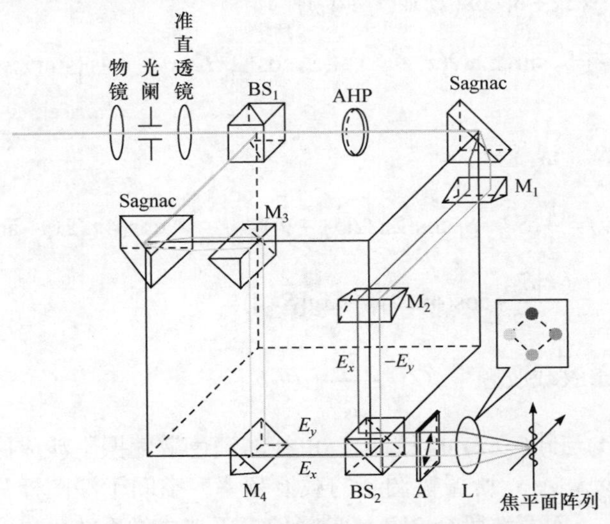


图 5-23　全 Stokes 参量色散型 Sagnac 偏振干涉仪

四束光分布与 $xoy$ 平面的分布类似于萨瓦板偏振干涉成像系统中的十字形分布，宽波段干涉全偏振干涉成像系统在 $x$ 轴与 $y$ 轴方向上的剪切量均为

$$|\Delta_x| = |\Delta_y| = 2\frac{m\lambda}{d}(a+b+c) = \Delta_{\text{DCSPII}}$$

四束光的干涉光强可以表示为

$$\frac{\sqrt{2}}{4}E_x(x_i,y_i)\mathrm{e}^{-\mathrm{i}\varphi_1} + \frac{\sqrt{2}}{4}E_y(x_i,y_i)\mathrm{e}^{-\mathrm{i}\varphi_2} + \frac{\sqrt{2}}{4}E_x(x_i,y_i)\mathrm{e}^{-\mathrm{i}\varphi_3} - \frac{\sqrt{2}}{4}E_y(x_i,y_i)\mathrm{e}^{-\mathrm{i}\varphi_4} \quad (5.59)$$

利用光线追迹法，可以得到四束光线在到达透镜前光程差为 0，因此相位主要由其光空间位置决定，累积相位 $\varphi$ 可以表示为

$$\begin{cases} \varphi_1 = \dfrac{2\pi}{f_{\text{obj}}}\dfrac{m}{d}(a+b+c)x_i \\ \varphi_2 = -\dfrac{2\pi}{f_{\text{obj}}}\dfrac{m}{d}(a+b+c)x_i \\ \varphi_3 = \dfrac{2\pi}{f_{\text{obj}}}\dfrac{m}{d}(a+b+c)y_i \\ \varphi_4 = -\dfrac{2\pi}{f_{\text{obj}}}\dfrac{m}{d}(a+b+c)y_i \end{cases} \quad (5.60)$$

根据闪耀光栅的设计，选择恰当的中心波长与闪耀光栅高度 $d$，使得入射光主要衍射级次 $m=1$，得到光强可以表示为

$$\begin{aligned} I_{\text{full}}(x,y)=\frac{1}{4}\{&S_0+S_1\cos\left(2\pi\Omega(x_i-y_i)\right)\\ &-\left[S_2\sin\left(2\pi\Omega(x_i+y_i)\right)+S_3\cos\left(2\pi\Omega(x_i+y_i)\right)\right]\sin(2\pi\Omega(x_i-y_i))\} \end{aligned} \tag{5.61}$$

利用 $S_{23}=S_2+\mathrm{i}S_3$ 得到

$$\begin{aligned} I_{\text{full}}(x,y)=\frac{1}{4}\{&S_0+S_1\cos(2\pi\Omega(x_i-y_i))+\frac{|S_{23}|}{2}\cdot\cos(4\pi\Omega x_i+\arg[S_{23}])\\ &-\frac{|S_{23}|}{2}\cos(4\pi\Omega y_i-\arg[S_{23}])\} \end{aligned} \tag{5.62}$$

式中，$\Omega$ 为 $S_1$ 条纹载波频率，$\Omega=\dfrac{2}{f_{\text{obj}}d}(a+b+c)$。

对比式(5.61)与式(5.62)可以看出，单纯的消色散偏振干涉成像系统获得的偏振图像始终缺少 $S_1$ 或 $S_3$ 所振幅调制的载波频率，空间干涉图样只在 $x$ 方向上形明暗相间的条纹；而宽波段全 Stokes 参量偏振干涉成像系统可以产生关于全部四个 Stokes 参量的干涉图样，即在 $x$，$y$ 与 $-45^\circ$ 方向都将会有明暗相间的条纹。由此可以推断出：在频域范围内，双 Sagnac 结构通道数比单 Sagnac 结构通道数多，可提取的偏振信息多。

分别对单 Sagnac 结构与双 Sagnac 结构的光强公式做傅里叶变换得

$$\mathcal{F}\{\tilde{I}_{\text{DCSPII}}\}=\frac{1}{2}A_0(f_x,f_y)+\frac{1}{4}A_{23}(f_x-\Omega,f_y)+\frac{1}{4}A_{23}^*(-f_x+\Omega,-f_y) \tag{5.63}$$

$$\begin{aligned} \mathcal{F}\{I_{\text{full}}\}=&\frac{1}{4}A_0(f_x,f_y)+\frac{1}{8}A_1(f_x-\Omega,f_y+\Omega)+\frac{1}{8}A_1^*(-f_x+\Omega,-f_y-\Omega)\\ &+\frac{1}{16}A_{23}(f_x-2\Omega,f_y)+\frac{1}{16}A_{23}^*(-f_x+2\Omega,-f_y)\\ &-\frac{1}{16}A_{23}(f_x,f_y+2\Omega)-\frac{1}{16}A_{23}^*(-f_x,-f_y-2\Omega) \end{aligned} \tag{5.64}$$

式中，$A_i$ 为 Stokes 参量的傅里叶变换形式；$(f_x,f_y)$ 表示空间频率。

由式(5.63)可以看出在消色散型偏振干涉成像结构中 $\tilde{I}_{\text{DCSPII}}\left(f_x,f_y\right)$ 对应频域光谱图 $F(\tilde{I}_{\text{DCSPII}})$ 包含三部分，分别集中在 $h=(0,0)$，$(\pm\Omega,0)$ 处，而式(5.64)所示，在全 Stokes 参量光学结构下 $I_{\text{full}}(f_x,f_y)$ 对应频域光谱图 $F(I_{\text{full}})$ 包含七部分，分别集中在 $h=(0,0)$，$(+\Omega,-\Omega)$，$(-\Omega,+\Omega)$，$(\pm2\Omega,0)$，$(0,\pm2\Omega)$。通过

选择合适的频率滤波器可以分别选出所需要的光谱。

理想情况下消色散偏振干涉成像系统的偏振光强值为

$$\begin{cases} S_0 = f^{-1}(A_0(x,y)) \\ S_2 = \mathrm{Re}[f^{-1}(A_{23}(f_{23}-\Omega, f_y))\mathrm{e}^{-\mathrm{i}\Omega x}] \\ S_3 = \mathrm{Im}[f^{-1}(A_{23}(f_{23}-\Omega, f_y))\mathrm{e}^{-\mathrm{i}\Omega x}] \end{cases} \tag{5.65}$$

利用傅里叶变换，理想情况下宽波段全 Stokes 参量偏振干涉成像系统的偏振光强值可求得

$$\begin{cases} S_0 = 4f^{-1}(A_0(x,y)) \\ S_1 = 8f^{-1}(A_1(f_{23}-\Omega, f_y+\Omega))\mathrm{e}^{-\mathrm{i}\Omega(x-y)} \\ S_2 = 16\,\mathrm{Re}[f^{-1}(A_{23}(f_{23}-2\Omega, f_y))\mathrm{e}^{-\mathrm{i}\Omega 2x}] \\ S_3 = 16\,\mathrm{Im}[f^{-1}(A_{23}(f_{23}-2\Omega, f_y))\mathrm{e}^{-\mathrm{i}\Omega 2x}] \end{cases} \tag{5.66}$$

当频谱偏移时解调方法与第 3 章相同。对应线偏度、圆偏度、方位角等参数如下：

$$\mathrm{DOLP} = \frac{\sqrt{S_1^2 + S_2^2}}{S_0} \tag{5.67}$$

$$\mathrm{DOCP} = \left|\frac{S_3}{S_0}\right| \tag{5.68}$$

$$\phi = \frac{1}{2}\arctan\left(\frac{S_2}{S_1}\right) \tag{5.69}$$

### 5.5.1　数值模拟

本节利用 Matlab 数值模拟说明宽波段全偏振干涉成像系统结构的优点。在以下模拟中，假设光分束器与线栅偏振分束器的反射率与透射率都为50%，闪耀光栅高度为 1.28μm，周期 $d = 28.6\mu\mathrm{m}$，其中 $n_1 = 1$，$n_2 = 1.5$，一阶衍射中心波长为 $\lambda_{b1} = 640\mathrm{nm}$，光栅 $\mathrm{G}_1$、$\mathrm{G}_2$、$\mathrm{G}_3$ 和 $\mathrm{G}_4$ 完全相同，M 为精度为 $\lambda/10$ 的平面反射镜，且 $\mathrm{M}_1$、$\mathrm{M}_2$、$\mathrm{M}_3$ 和 $\mathrm{M}_4$ 完全相同。$\mathrm{G}_1$ 经 M 到 $\mathrm{G}_2$ 之间距离为 $a+b+c = 91.03\mathrm{mm}$，透镜焦长 150mm，CCD 像素大小为 $D$ = 4.65μm，成像区域1024 像素×1024 像素，经计算得载波频率 $\Omega = 0.1667$，理想状态下，一级衍射效率为 1。为了对比明显，入射光的 Stokes 参量 $(S_0, S_1, S_2, S_3)^{\mathrm{T}}$ 由图 5-24 表示：中心矩形大小为 512 像素×512 像素，Stokes 参量为 $(1, -0.2, 0.6, 0.7)$，中心矩形四周的 Stokes 参量表示为 $(0.8, 0.35, 0.12, -0.2)$。

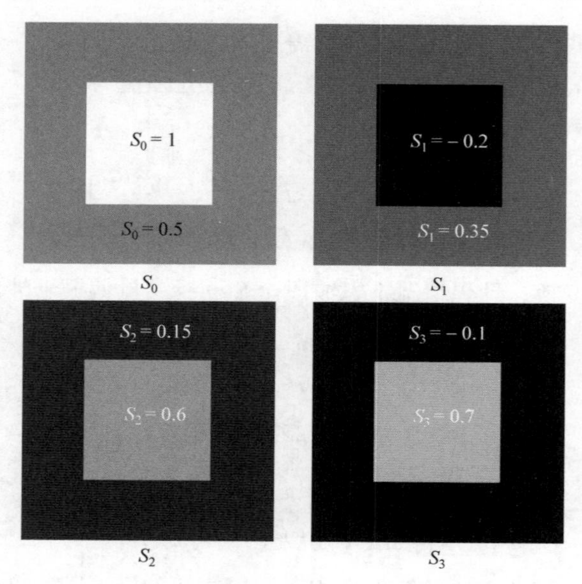


图 5-24 输入 Stokes 参量形式

获得的干涉图像与对应频谱图如图 5-25 所示。图(a)、图(b)分别表示由图 5-23 所示入射光分别通过消色散非全偏干涉成像系统与宽波段全偏振干涉成像系统后获得的干涉条纹，可以看到，单纯的消色散结构只在 $x$ 方向上形明暗相间的条纹；而宽波段全偏振结构在 $x$，$y$ 与–45°方向都有明暗相间的条纹；图(c)、图(d)表示两种结构形成干涉图的频谱图，频域图中各个与 Stokes 参量相关的通道位置由式(5.63)与式(5.64)获得；图(e)、图(f)表示对应图(c)、图(d)频谱图的三维视角，其中非全偏振结构只有三个频谱峰值，而全偏振结构有七个频谱峰值，即全偏振结构通道数比非全偏振结构通道数多，可提取的偏振信息多。

(a) 消色散非全偏结构干涉图像

(b) 宽波段全偏振结构干涉图像

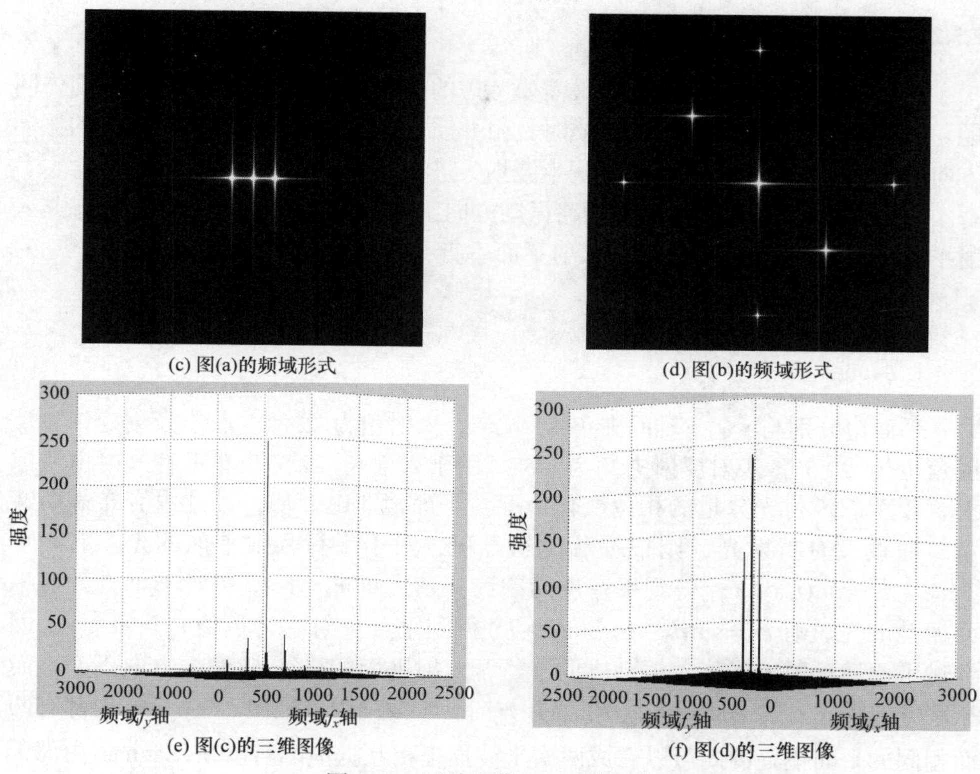


(c) 图(a)的频域形式　(d) 图(b)的频域形式

(e) 图(c)的三维图像　(f) 图(d)的三维图像

图 5-25　干涉图像与对应的频谱

为了分析方便，单独提取图 5-25 中的频域图并简化得到图 5-26。对于不同的偏振成像结构，即使采用相同的 Stokes 参量滤波器(空间分辨率相同)，由于不同结构中通道数目不同，滤波器数目也有差别。

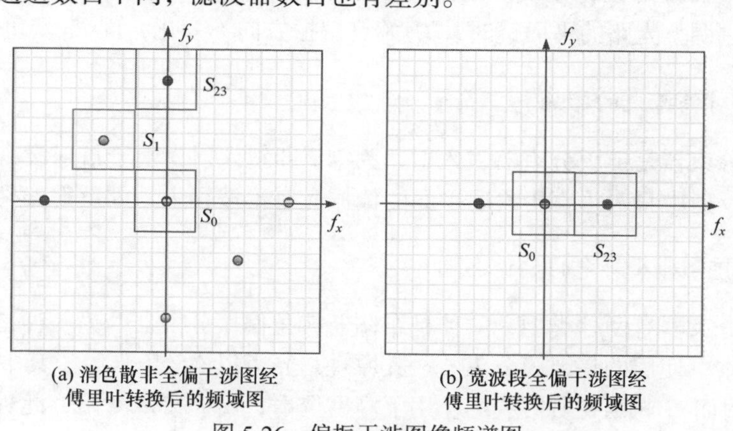


(a) 消色散非全偏干涉图经傅里叶转换后的频域图　(b) 宽波段全偏干涉图经傅里叶转换后的频域图

图 5-26　偏振干涉图像频谱图

### 5.5.2 半波损失分析

在宽波段全偏振成像结构中最需要考虑的是入射光进入系统后的半波损失问题。半波损失是指入射光遇到介质时，由介质反射的光振动方向与入射光的振动方向相反的现象。下面逐一对光线半波损失进行讨论。

假设 WGBS 将入射光分为两路振动方向正交的偏振光，一路 $E_{//}$ 偏振态与入射平面平行，一路 $E_{\perp}$ 偏振态与入射平面垂直，入射光用 $E_x$，$E_y$ 表示，令 $E_{//}=E_x$，$E_{\perp}=E_y$。

1. Sagnac 内部

平面镜分别与 $x$、$y$ 轴间夹角为 67.5°，入射角为 22.5°。根据反射定律，反射角也为 22.5°，入射反射夹角为 45°。由于入射角 22.5°既非垂直入射也非掠射，要考虑入射光分量的相位变化情况。平面镜非电介质，因此没有布儒斯特角，假设没有折射光，则根据菲涅尔方程，对于平行入射平面的光，有 $r_{//}=\tan(i_1-i_2)/\tan(i_1+i_2)$，得到平行反射率为正值，即 $r_{//}=1>0$；对于垂直入射平面振动的光，有 $r_{\perp}=\sin(i_2-i_1)/\sin(i_1+i_2)$ 得到垂直反射率为负值 $r_{\perp}=-1<0$。即经过平面镜反射的光线，振动方向平行于入射平面的光线 $E_x$ 偏振方向不变，而振动方向垂直入射平面的光线 $E_y$ 偏振方向有半波损失。但由于 Sagnac 内部有两面相同的平面镜，因此可以看成两次半波损失相互抵消。所以在 Sagnac 内部，平面镜对偏振光的振动方向没有影响。

2. Sagnac 外部调整光路的平面镜

对于平面镜来说，光线入射角为 45°即斜入射，有 $r_{//}>0$，$r_{\perp}<0$。可以看出，当经过调整光路的平面镜时，$E_x$ 始终偏振方向不变化，而 $E_y$ 变负。

3. BS 对偏振光的影响

由于分束器是镀膜分束器，入射角为 45°即斜入射，由于折射没有半波损失不讨论，反射中只对垂直于入射平面的偏振光有半波损失，即反射 $E_y$ 变符号。

4. WGBS 对入射光的偏振影响

偏振分束器有两种类型，一种是布儒斯特角偏振分束器，另一种是镀膜偏振分束器，本书使用的是镀膜分束器。其原理是光束以 45°角入射。其中 s 光将会以 45°反射而 p 光则在所镀膜的作用下高度透射，由此可以看出，此种偏振分束器实际上是一个角度为 45°的高透高反镜。两个反射带恰好补偿，使得 p 成分高透时 s 高反，因此，对于 s 光有半波损失。

但由于反射光要经过 WGBS 的两次反射，两次半波损失相互抵消。因此对 $E_x$ 与 $E_y$ 没有影响。

光线追迹及其偏振态如图 5-27 所示，一束光线振动方向为 $E_x$ 与 $E_y$，经过光线分束器后，分成两路光线，透射光线其偏振态与入射光线偏振态相同（$E_x$, $E_y$），反射光束偏振态变为（$E_x$, $-E_y$），经过消色散 Sagnac 非全偏振干涉成像系统后，分别分为两束偏振光但偏振态不变，分别为 $E_x$, $E_y$，$E_x$, $-E_y$ 各自通过平面反光镜后，偏振态变为 $E_x$, $-E_y$，$E_x$, $E_y$ 再次经过分束器 BS 后透射光，束偏振态不变，反射光束偏振态变负，此时偏振光束偏振态变为 $E_x$, $E_y$，$E_x$, $E_y$ 或 $E_x, -E_y$，$E_x, -E_y$。

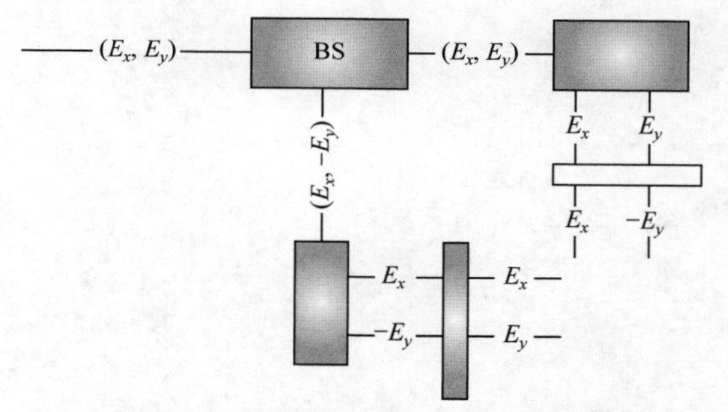


图 5-27　宽波段全偏振干涉成像结构

为了获得能够将 Stokes 偏振态全部解调到不同干涉条纹上，需要获得如图 5-28 所示偏振态分布。因此需要增加一个半波片，获得图 5-22 所示结构。

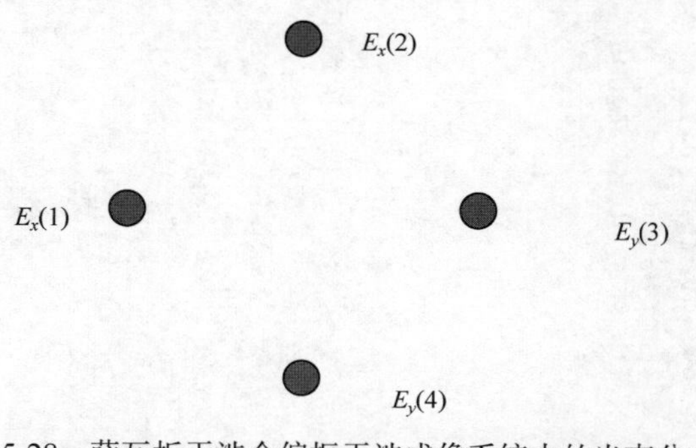


图 5-28　萨瓦板干涉全偏振干涉成像系统中的光束分布

## 参考文献

[1] Xing J, Cui H, Hu P, et al. Gratings in dispersion-compensated polarization Sagnac interferometer[J].

Optics Communications, 2020, 458: 124806.

[2] Cui H, Huang C, Zhang Y, et al. Dispersion-compensated polarization Sagnac interferometer with high imaging quality[J]. Optics Communications, 2021, 480: 126461.

[3] Li J, Qu W, Wu H, et al. Broadband snapshot complete imaging polarimeter based on dual Sagnac-grating interferometers[J]. Optics Express, 2018, 26 (20): 25858.

[4] Zhu J P, Zong K, Goudail F, et al. Error analysis of the dispersion-compensated wide-band polarization sagnac interferometer[J]. International Archives of the Photogrammetry, Remote Sensing & Spatial Information Sciences, 2020, 43: 621-625.

# 第6章　偏振光栅型干涉偏振成像系统

偏振光栅型干涉偏振成像是一类典型的干涉偏振成像类型，为了完整介绍干涉偏振成像技术，本章主要介绍国际上有关研究情况。

## 6.1　偏振光栅型干涉偏振成像原理

偏振光栅型干涉偏振成像系统(channeled linear imaging)旋光仪[1,2]的基本原理图如图6-1所示，它由两个偏振光栅 $PG_1$ 和 $PG_2$、一个偏振片 LP、一个成像透镜 L 和一个处在焦平面阵列的探测器 FPA 构成。两个偏振光栅 $PG_1$ 和 $PG_2$ 周期均为 $\Lambda$、间隔为 $t$，呈串联排布。

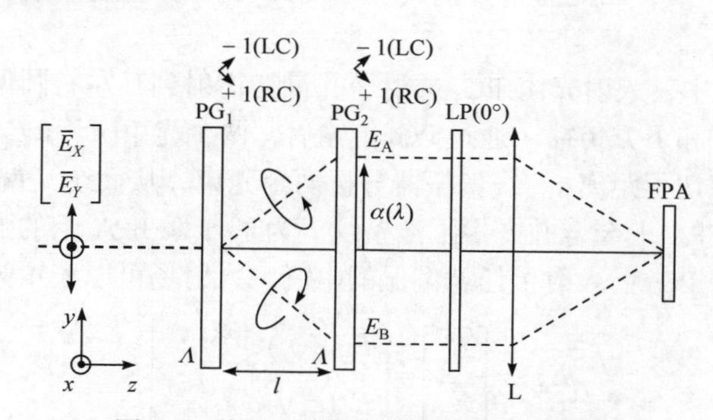


图6-1　偏振光栅型偏振成像原理示意图

光束垂直进入系统之后，偏振光栅将其分成两束光，一部分变为右旋偏振光闪耀到 +1 级，一部分变为左旋偏振光闪耀到−1 级，且满足闪耀公式，波长按照衍射角分开。第二块偏振光栅则可以将其衍射角修正，重新变为平行光，经过偏振片之后，光束的振动方向一致，在成像透镜的作用下，于FPA上产生携带有线偏振信息的干涉条纹。

偏振光栅是一种双折射衍射光学元件，用液晶材料制成，具有空间周期性双折射效应，将入射光分为两个具有一定夹角的正向传播的正交圆偏振光。

该偏振光栅的偏振特性和衍射效率、光谱与常规的相位或振幅光栅不同，其自然本征极化是圆偏振(与 $S_3/S_0$ 成正比)，将其与 1/4 波片配对，可以使入射光产生线偏振(即 $S_1/S_0$ 或 $S_2/S_0$)。从偏振光栅衍射的光几乎全部衍射到 1 级或 0 级，衍

射角满足光栅方程

$$\sin\theta_{\mathrm{m}}=\frac{m\lambda}{\Lambda-\sin\theta_{\mathrm{in}}}$$

式中，$\Lambda$ 为光栅周期；$\theta_{\mathrm{m}}$ 和 $\theta_{\mathrm{in}}$ 分别为衍射角和入射角。一般情况下，偏振光栅的衍射效率表示为

$$\begin{cases}\eta_{\pm 1}=\left(\dfrac{1}{2}\pm\dfrac{S_3}{2S_0}\right)K\\ \eta_0=(1-K)\end{cases}\tag{6.1}$$

式中，$K$ 是由偏振光栅中液晶结构决定的因子。

采用偏振光栅的 CLI 旋光仪能够在宽光谱(白光)下高效工作。早期基于 LC 的偏振光栅只有相当窄的衍射效率谱，较高一级的衍射效率仅在设计波长 $\lambda_0$ 附近出现($\Delta\lambda/\lambda_0<13\%$时，$>99\%$)。通过优化衍射结构，偏振光栅可以实现宽带内更大的高效光谱带宽($\Delta\lambda=\lambda_0$～56%)，可以覆盖大部分可见波长范围。在这种情况下，近似值为 $K=1$，因此对于大多数可见波长(如 450～750nm)，$\eta_{\pm1}=1$ 和 $\eta_0=0$ 都是如此。

CLI 旋光仪中，入射光由 $\mathrm{PG}_1$ 透射，并最初衍射到其左右圆偏振分量中，分别在光轴的上方和下方传播。通过 $\mathrm{PG}_2$ 传输后，两个光束($E_{\mathrm{A}}$ 和 $E_{\mathrm{B}}$)再次平行于光轴传播，并被剪切了距离$\alpha$。线偏振器分析两个光束，从而统一偏振状态。将两个光束成像到 FPA 上会合并产生干涉条纹。为了计算 FPA 上的强度模式，假设在第一偏振光栅 $\mathrm{PG}_1$ 上入射了任意偏振的电场，入射场可以表示为

$$E_{\mathrm{inc}}=\begin{bmatrix}\overline{E_x}\\ \overline{E_y}\end{bmatrix}=\begin{bmatrix}E_x(\xi,\eta)\mathrm{e}^{\mathrm{j}\varphi_x(\xi,\eta)}\\ E_y(\xi,\eta)\mathrm{e}^{\mathrm{j}\varphi_y(\xi,\eta)}\end{bmatrix}\tag{6.2}$$

式中，$\xi$，$\eta$ 分别是 $x$ 和 $y$ 的角谱分量。偏振光栅的 + 1 和−1 级衍射级可以建模为左右圆偏振分析仪，其 Jones 矩阵表示为

$$J_{+1,\mathrm{RC}}=\frac{1}{2}\begin{bmatrix}1 & \mathrm{i}\\ -\mathrm{i} & 1\end{bmatrix},\quad J_{-1,\mathrm{LC}}=\frac{1}{2}\begin{bmatrix}1 & -\mathrm{i}\\ \mathrm{i} & 1\end{bmatrix}\tag{6.3}$$

在通过 $\mathrm{PG}_1$ 和 $\mathrm{PG}_2$ 传输之后，对于两个光束，电场的 $x$ 方向极化分量分别为

$$E_A=J_{-1,\mathrm{LC}}E_{\mathrm{inc}}=\frac{1}{2}\begin{bmatrix}\overline{E_x}(\xi,\eta-\alpha)-\mathrm{j}\overline{E_y}(\xi,\eta-\alpha)\\ \mathrm{j}\overline{E_x}(\xi,\eta-\alpha)+\overline{E_y}(\xi,\eta-\alpha)\end{bmatrix}\tag{6.4}$$

$$E_B=J_{+1,\mathrm{RC}}E_{\mathrm{inc}}=\frac{1}{2}\begin{bmatrix}\overline{E_x}(\xi,\eta+\alpha)+\mathrm{j}\overline{E_y}(\xi,\eta+\alpha)\\ -\mathrm{j}\overline{E_x}(\xi,\eta+\alpha)+\overline{E_y}(\xi,\eta+\alpha)\end{bmatrix}\tag{6.5}$$

式中，$\alpha$ 是剪切量，使用近轴近似计算为

$$\alpha \sim \frac{m\lambda}{\Lambda}t \tag{6.6}$$

$m$ 是衍射级(为 1 或−1)。入射到线偏振片 LP 上的总电场为

$$E_{\mathrm{LP}}^{+} = E_{\mathrm{A}} + E_{\mathrm{B}} = \frac{1}{2}\begin{bmatrix} \bar{E}_x(\xi,\eta+\alpha) + \mathrm{j}\bar{E}_y(\xi,\eta+\alpha) + \bar{E}_x(\xi,\eta-\alpha) - \mathrm{j}\bar{E}_y(\xi,\eta-\alpha) \\ -\mathrm{j}\bar{E}_x(\xi,\eta+\alpha) + \bar{E}_y(\xi,\eta+\alpha) + \mathrm{j}\bar{E}_x(\xi,\eta-\alpha) + \bar{E}_y(\xi,\eta-\alpha) \end{bmatrix} \tag{6.7}$$

通过线偏振器的透射轴，其透射轴为 0°，得

$$\begin{aligned} E_{\mathrm{LP}}^{-} &= \begin{bmatrix} 1 & 0 \\ 0 & 0 \end{bmatrix} E_{\mathrm{LP}}^{+} \\ &= \frac{1}{2}\begin{bmatrix} \bar{E}_x(\xi,\eta+\alpha) + \mathrm{j}\bar{E}_y(\xi,\eta+\alpha) + \bar{E}_x(\xi,\eta-\alpha) - \mathrm{j}\bar{E}_y(\xi,\eta-\alpha) \\ 0 \end{bmatrix} \end{aligned} \tag{6.8}$$

物镜将场的傅里叶转换为

$$\begin{aligned} E_f &= F\left(E_{\mathrm{LP}}^{-}\right)_{\xi=\frac{x}{\lambda f},\eta=\frac{y}{\lambda f}} \\ &= \frac{1}{2}\left(\bar{E}_x \mathrm{e}^{\mathrm{j}\frac{2\pi}{\lambda f}\alpha y} + \mathrm{j}\bar{E}_y \mathrm{e}^{\mathrm{j}\frac{2\pi}{\hat{X}}\alpha y} + \bar{E}_x \mathrm{e}^{-\mathrm{j}\frac{2\pi}{\hat{X}f}\alpha y} - \mathrm{j}\bar{E}_y \mathrm{e}^{-\mathrm{j}\frac{2\pi}{\hat{X}f}\alpha y}\right) \end{aligned} \tag{6.9}$$

式中，$E_x$ 和 $E_y$ 现在分别依赖于 $x$ 和 $y$，而 $f$ 是物镜的焦距。总电场强度可以写成如下：

$$\begin{aligned} I = \left|E_f\right|^2 &= \frac{1}{2}\left(\left|\bar{E}_x\right|^2 + \left|\bar{E}_y\right|^2\right) + \frac{1}{4}\left(\bar{E}_x\bar{E}_x^* - \bar{E}_y\bar{E}_y^*\right)\mathrm{e}^{\mathrm{j}\frac{2\pi}{\gamma}2\alpha y} \\ &+ \frac{1}{4}\left(\bar{E}_x\bar{E}_x^* - \bar{E}_y\bar{E}_y^*\right)\mathrm{e}^{-\mathrm{j}\frac{2\pi}{\lambda}2\alpha y} + \mathrm{j}\frac{1}{4}\left(\bar{E}_x\bar{E}_y^* + \bar{E}_y\bar{E}_x^*\right)\mathrm{e}^{\mathrm{j}\frac{2\pi}{\lambda f}2\alpha y} \\ &- \mathrm{j}\frac{1}{4}\left(\bar{E}_x\bar{E}_y^* + \bar{E}_y\bar{E}_x^*\right)\mathrm{e}^{-\mathrm{j}\frac{2\pi}{\lambda f}2\alpha y} \end{aligned} \tag{6.10}$$

使用 Stokes 参数定义，得出强度模式的最终表达式：

$$I(x,y) = \frac{1}{2}\left[S_0(x,y) + S_1(x,y)\cos\left(\frac{2\pi}{\lambda f}2\alpha y\right) + S_2(x,y)\sin\left(\frac{2\pi}{\lambda f}2\alpha y\right)\right] \tag{6.11}$$

因此，FPA 上记录的强度包含调幅的 Stokes 参数 $S_0$，$S_1$ 和 $S_2$。将剪切力代入上述方程式得

$$I(x,y) = \frac{1}{2}\left[S_0(x,y) + S_1(x,y)\cos\left(2\pi\frac{2mt}{f\Lambda}y\right) + S_2(x,y)\sin\left(2\pi\frac{2mt}{f\Lambda}y\right)\right] \tag{6.12}$$

由式(6-12)，可知干涉条纹的频率或载频为

$$U = \frac{2mt}{f\Lambda} \tag{6.13}$$

因此，线性 Stokes 参数被调幅到干涉条纹上。但是，由于偏振光栅具有可用性，我们的校准技术和实验演示着重于线偏振仪。

通过使用参考光束校准技术来校准 CLI 旋光仪。首先，对式(6.12)的强度图案执行前向二维傅里叶变换，可得

$$\begin{aligned} I(\xi,\eta) &= F[I(x,y)] \\ &= \frac{1}{2}S_0(\xi,\eta) + \frac{1}{4}S_1(\xi,\eta) * [\delta(\xi,\eta+U) + \delta(\xi,\eta-U)] \\ &\quad + \mathrm{i}\frac{1}{4}S_2(\xi,\eta) * [\delta(\xi,\eta+U) - \delta(\xi,\eta-U)] \end{aligned} \tag{6.14}$$

$\xi$ 和 $\eta$ 分别是 $x$ 和 $y$ 的傅里叶变换变量，而 $\delta$ 是狄拉克 $\delta$ 函数。式(6.14)表示在傅里叶域中存在三个通道。参数由两个移位的($U$，$-U$)增量函数调制(即卷积)，而 $S_0$ 参数保持未调制状态。这三个通道分别表示为 $C_0(S_0), C_1((S_1 - \mathrm{i}S_2) * \delta(\xi,\eta-U))$ 和 $C_1^*\left((S_1 + \mathrm{i}S_2) * \delta(\xi,\eta+U)\right)$。将二维滤镜应用于三个通道中的两个，然后进行傅里叶逆变换，使它们的内容与其他组件隔离。通道 $C_0$ 和 $C_1$ 的傅里叶逆变换为

$$\begin{cases} C_0 = \dfrac{1}{2}S_0(x,y) \\ C_1 = \dfrac{1}{4}\left(S_1(x,y) - \mathrm{i}S_2(x,y)\right)\mathrm{e}^{\mathrm{i}2\pi Uy} \end{cases} \tag{6.15}$$

因此，可以从式(6.15)直接提取 $S_0$ 参数，而 $S_1$ 和 $S_2$ 分量由指数相位因子调制。通过将该相位因子与包含已知分布的先前测量的参考偏振态($C_{0,\mathrm{ref}}$ 和 $C_{1,\mathrm{ref}}$)进行比较，可以从样本数据($C_{0,\mathrm{sample}}$ 和 $C_{1,\mathrm{sample}}$)中隔离该相位因子 $(S_{0,\mathrm{ref}}, S_{1,\mathrm{ref}}, S_{2,\mathrm{ref}}, S_{3,\mathrm{ref}})^{\mathrm{T}}$。将样本数据除以参考数据，然后归一化为 $S_0$ 参数并提取实部和虚部，可解调样本的 Stokes 参数：

$$\begin{cases} S_0(x,y) = \left|C_{0,\ \mathrm{sample}}\right| \\ \dfrac{S_1(x,y)}{S_0(x,y)} = \mathrm{Re}\left[\dfrac{C_{1,\ \mathrm{sample}}}{C_{1,\ \mathrm{reference}}}\dfrac{C_{0,\ \mathrm{reference}}}{C_{0,\ \mathrm{sample}}}\dfrac{S_{1,\ \mathrm{ref}}(x,y) - \mathrm{i}S_{2,\ \mathrm{ref}}(x,y)}{S_{0,\ \mathrm{ref}}(x,y)}\right] \\ \dfrac{S_2(x,y)}{S_0(x,y)} = \mathrm{Im}\left[\dfrac{C_{1,\ \mathrm{sample}}}{C_{1,\ \mathrm{reference}}}\dfrac{C_{0,\ \mathrm{reference}}}{C_{0,\ \mathrm{sample}}}\dfrac{S_{1,\ \mathrm{ref}}(x,y) - \mathrm{i}S_{2,\ \mathrm{ref}}(x,y)}{S_{0,\ \mathrm{ref}}(x,y)}\right] \end{cases} \tag{6.16}$$

例如，使用参考数据创建线性偏光镜方向为 0°，$(S_0,S_1,S_2,S_3)^{\mathrm{T}}=(1,1,0,0)^{\mathrm{T}}$，得出以下参考光束校准方程式：

$$\begin{cases} S_0(x,y)=\left|C_{0,\ \mathrm{sample}}\right| \\ \dfrac{S_1(x,y)}{S_0(x,y)}=\mathrm{Re}\left(\dfrac{C_{1,\ \mathrm{sample}}}{C_{1,\ \mathrm{reference}}}\dfrac{C_{0,\ \mathrm{reference}}}{C_{0,\ \mathrm{sample}}}\right) \\ \dfrac{S_2(x,y)}{S_0(x,y)}=\mathrm{Im}\left(\dfrac{C_{1,\ \mathrm{sample}}}{C_{1,\ \mathrm{reference}}}\dfrac{C_{0,\ \mathrm{reference}}}{C_{0,\ \mathrm{sample}}}\right) \end{cases} \tag{6.17}$$

为了提取场景的空间相关 Stokes 参数，将式(4.16)应用于测量数据。

## 6.2　实验验证

用本书的概念验证设备确定白光下 CLI 旋光仪测量精度的实验装置如图 6-2 所示。实验包含一个 LPG，由钨-卤素纤维灯组成，照亮漫射的白色陶瓷板。准直镜有效焦距 $f_{\mathrm{c}}$ 为 40mm。线偏振器透射轴位于$\theta$角处。每个偏振光栅($\mathrm{PG}_1$ 和 $\mathrm{PG}_2$)的周期为$\Lambda$ = 7.9μm，物镜的焦距为$f_{\mathrm{o}}$ = 23mm。在物镜的前面使用 IBF，以将成像光的光谱通带限制为410～750nm。相机采用八位单色机器视觉相机，640像素×480 像素，位于物镜的焦点处。

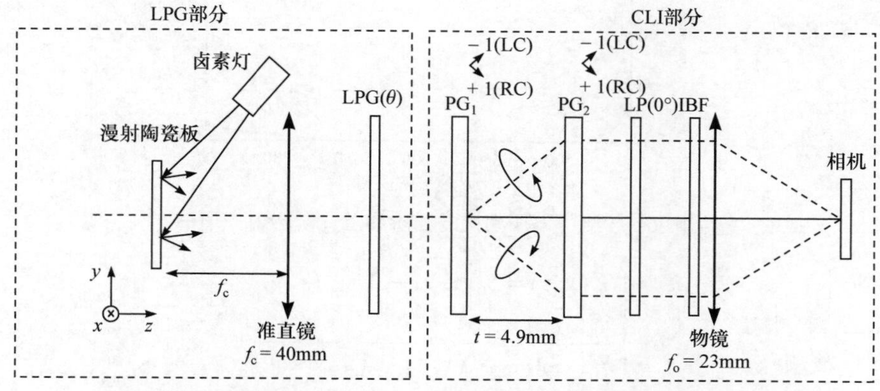


图 6-2　建立在白光环境的 CLI 旋光仪测量精度的实验装置

为了评估偏振光栅的性能，测量了零衍射级的透射率。这为偏振光栅将光衍射到 1 个衍射级的效率提供了一个近似指标。透射测量的结果如图 6-3 所示，表明该光栅对于 500～750nm 的波长非常有效，而在 475nm 以下的波长效率不高。在将测得的 Stokes 参数归一化为 $S_0$ 时，475nm 以下透射的零级光将导致计算出的 Stokes 参数产生误差。谱带积分函数产生的 Stokes 参数为

$$S_n'(x,y)=\int_{\lambda_1}^{\lambda_2}\mathrm{DE}^2(\lambda)S_n(x,y,\lambda)\mathrm{d}\lambda \tag{6.18}$$

式中，DE 是一个偏振光栅对 + 1 阶或 − 1 阶的衍射效率；Stokes 参数已经进行了谱带积分，下标 $n=0$，1 或 2 分别指示 $S_0$，$S_1$ 或 $S_2$ 的 Stokes 参数。在此，假设两个偏振光栅的 DE 与波长均相同。如果选择 DE 不理想的光谱区域，使得 DE < 1.0，那么通过偏振光栅传输的一些光就不会发生衍射。可以将其引入式(6.14)作为附加的未调制零阶未衍射偏移项$\varDelta_{\text{offset}}$：

$$\begin{aligned}I(x,y)=\frac{1}{2}\Big[&\varDelta_{\text{offset}}(x,y)+S_0'(x,y)+S_1'(x,y)\cos\left(2\pi\frac{2mt}{f\varLambda}y\right)\\&+S_2'(x,y)\sin\left(2\pi\frac{2mt}{f\varLambda}y\right)\Big]\end{aligned} \tag{6.19}$$

通过等式重建。将为$S_1$和$S_2$产生适当的绝对结果。但是，由于额外的偏移量，$S_0$是错误的。因此，本书引入了新的测量的归一化 Stokes 参数，如图 6-3 所示。

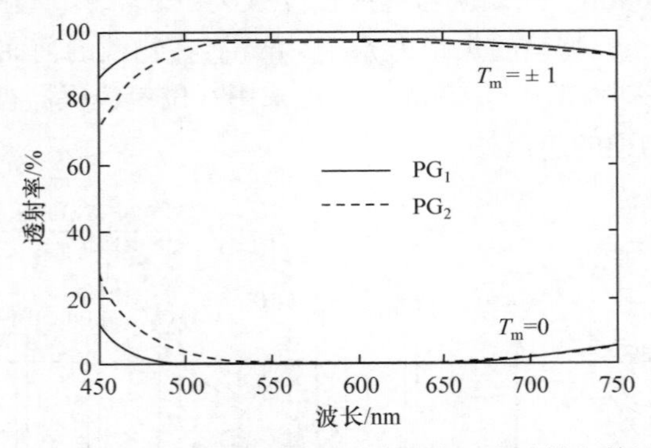


图 6-3　测得偏振光栅的零阶和总一阶透射光谱

$$\begin{cases}S_0''(x,y)=S_0'(x,y)+\varDelta_{\text{offset}}(x,y)\\\dfrac{S_n''(x,y)}{S_0''(x,y)}=\dfrac{S_n'(x,y)}{S_0'(x,y)+\varDelta_{\text{offset}}(x,y)}\end{cases} \tag{6.20}$$

下标 $n=1$ 或 2 分别表示 $S_1$ 或 $S_2$ 的 Stokes 参数。因此，从归一化到有效更大的 $S_0$ 分量会在 $S_1$ 和 $S_2$ 的 Stokes 参数中引入误差 $S_0'(x,y)+\varDelta_{\text{offset}}(x,y)$。尽管在室外测试中观察到由零级漏光引起的误差，但由于 $S_0$ 参考值和样品照明水平恒定，在实验室表征中可以忽略不计。最终，无论 $S_0$ 照明水平如何，在通带上零阶光透射率小于 3%的偏振光栅都将实现更高的精度。我们进行了原理验证实

验，以验证CLI旋光仪产生白光偏振并得到的干涉条纹的性能。

为了验证式(6.20)，除了在恒定照明条件下定义的校准精度外，LPG还获得了参考数据。LPG以10°的增量旋转0°～180°之间的角度$\theta$。重建后，将视场的中心部分在100像素×100像素区域内取平均值，以获得所测得的偏振态的平均值。图6-4中针对$\theta$为0°，50°和90°的情况，绘制了来自该100像素×100像素区域的白光干涉条纹图像。

请注意，正弦条纹的相位会发生变化，而振幅会随着线偏振器方向的变化而保持恒定。该相变与式(6.18)直接相关，并表示随着LPG旋转，$S_1$到$S_2$的变化比例。同时，由于线性极化的程度，振幅保持恒定$\left(\mathrm{DOLP}=\sqrt{S_1^2+S_2^2/S_0}\right)$。绘制测得的$S_1$和$S_2$参数与$\theta$的关系，并将它们与理论值进行比较，得出的结果如图6-4所示。两条曲线的RMS误差计算值约为1.6%。这意味着式(6.18)的幅度调制准确地跟踪入射Stokes参数的变化。

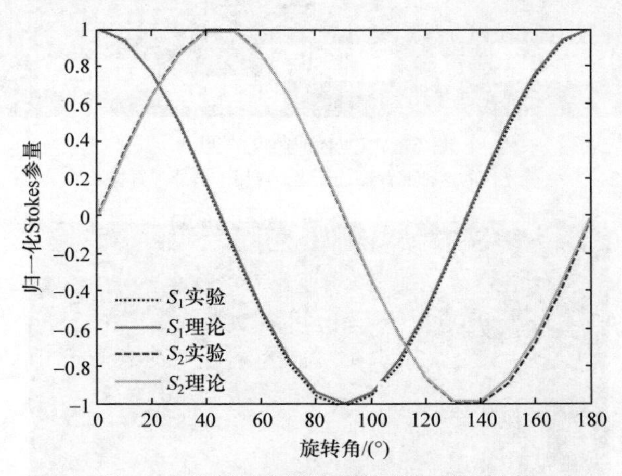

图6-4　偏振重建的测量结果和理论结果

CLI旋光仪的快照成像功能也在室外移动目标上进行了评估。对于室外场景，由于零级衍射效率泄漏，对于变化的照明水平，Stokes参数的绝对精度还没有得到很好确定。因此，此处提供了室外结果，以展示在全日照下的快照成像和重建功能。图6-5所示为该设置的光学配置。包括由两个焦距为$f$=1∶8的50mm焦距镜头组成的DISA1∶1望远镜。这些光学器件可以将散焦引入场景的图像中，同时将焦点集中在无限远处的边缘上。散焦用于限制场景的空间频率内容，从而减少重建的Stokes参数中的混叠伪像。用图6-6中的CLI旋光仪拍摄的行驶中车辆的原始图像如图6-7所示。该图像是在晴朗的下午以大约1/1200s的曝光速度拍摄的，成像透镜焦距为$f$=2/5。在对车辆成像后不久，就测量了在漫射器前面定向为0°的线偏振器的参考数据。扩散器被阳光照亮。

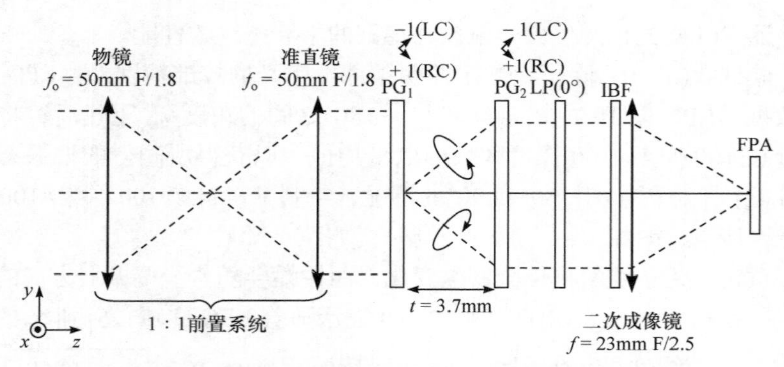


图 6-5　使用 CLI 旋光仪观察室外目标的实验装置

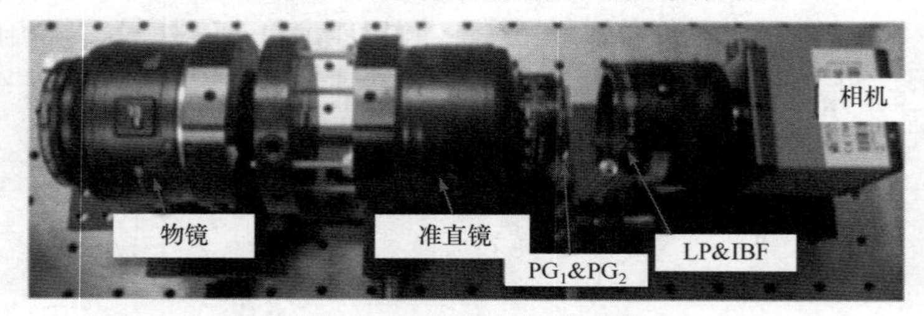


图 6-6　CLI 旋光仪的照片

旋光仪的这种配置经过优化，可用于户外观看场景

图 6-7　运动车辆的原始图像

偏振数据是通过对原始数据进行快速傅里叶变换后再进行滤波，然后进行傅里叶逆变换校正而提取的。混叠会产生重建伪像。因此，重建的数据也用混叠减少滤波器处理，以减少混叠伪像的噪声。图 6-7 为重建结果，其中 DOLP 为

$$\mathrm{DOLP}(x,y)=\frac{\sqrt{S_1^2(x,y)+S_2^2(x,y)}}{S_0(x,y)} \tag{6.21}$$

可以使用以下公式从测得的 Stokes 参数中提取线偏振光的方向：

$$\theta_L(x,y)=\frac{1}{2}\tan^{-1}\left[\frac{S_2(x,y)}{S_1(x,y)}\right] \tag{6.22}$$

通过合并颜色融合的方法，可以将式(6.22)得到的方向信息叠加到 DOLP 和强度($S_0$)信息上。将这种色相(像素颜色 $H$)-饱和度(像素内颜色的数量 $S$)-值(像素亮度 $V$)的色度坐标系统的三个颜色分量直接映射到线偏振的方向，DOLP 和强度 $S_0$，即可生成伪彩色图像，对偏振和强度信息进行定性评估。根据图 6-8 所示的数据以及根据等式(6.22)计算的方向信息生成图 6-9 的颜色融合图像。

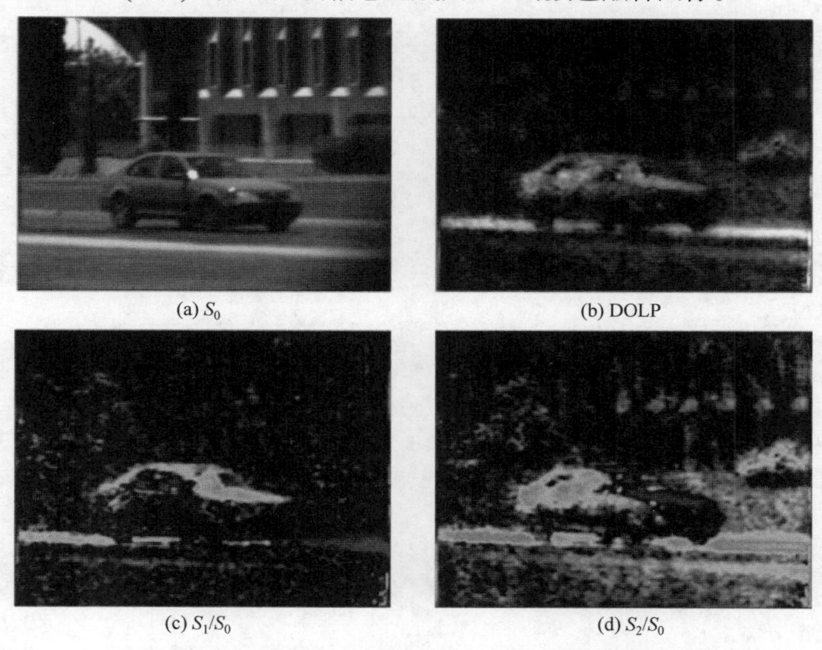

(a) $S_0$　(b) DOLP　(c) $S_1/S_0$　(d) $S_2/S_0$

图 6-8　根据原始数据计算出的经过处理的车辆极化数据

图 6-9　从光谱宽带极化数据生成的车辆颜色融合图像

## 参 考 文 献

[1] Kudenov M W, Escuti M J, Dereniak E L, et al.Spectrally broadband channeled imaging polarimeter using polarization gratings[C]//The Conference on Polarization Science and Remote Sensing V , San Diego, 2011.

[2] Kudenov M W, Escuti M J, Hagen N, et al. Snapshot imaging Mueller matrix polarimeter using polarization gratings[J]. Optics Letters, 2012, 37 (8): 1367-1369.

# 第 7 章　干涉光谱偏振成像技术

前几章主要研究了典型干涉偏振成像，特别是有关波段拓展技术，本章开始进行逆向思维。波段的扩展能否被有效应用？能否将不同偏振态的干涉条纹进一步分开，从而获取各个波长的偏振信息？就此发展出了干涉光谱偏振成像技术。

## 7.1　干涉光谱偏振成像技术

本章介绍一种通过在 WP 静态双折射干涉仪前端增加静态 Stokes 矢量位相调制模块，实现目标空间图像、干涉光谱及完整 Stokes 矢量信息实时探测功能的干涉光谱偏振成像技术。该技术同时具有高空间分辨率、高光谱分辨率、全偏振信息等优势，相关系统能够实现目标二维图像、干涉光谱及全部四个 Stokes 矢量的探测，且无运动部件，无电控调制部件，结构简单紧凑，具有很强的航空航天及野外环境适应能力。

干涉光谱偏振成像系统主要分为前置望远模块、位相调制模块、分光干涉模块与成像模块。根据数据采集模式又分为推扫型(空间调制型)、窗扫型(时空混合调制型)和快照型。本章主要介绍前两种模式的工作。

### 7.1.1　位相调制过程的数学推导

光谱偏振成像系统中的位相调制模块的结构如图 7-1 所示，由两个厚度分别为 $l_1$ 和 $l_2$ 的位相延迟器 $R_1$、$R_2$ 和一个偏振器 $P_1$ 构成。其中 $R_1$、$R_2$ 快轴方向与 $x$ 轴正向夹角分别为 45°、0°。$P_1$ 透光轴方向与 $x$ 轴正向夹角为 45°。

位相延迟器 $R_1$ 与 $R_2$ 产生的延迟量可以表示为

$$\begin{cases} \varphi_1(\sigma) = 2\pi\sigma(n_o - n_e)l_1 \\ \varphi_2(\sigma) = 2\pi\sigma(n_o - n_e)l_2 \end{cases} \tag{7.1}$$

偏振片的 Mueller 矩阵为

$$\frac{1}{2}\begin{bmatrix} 1 & \cos 2\theta & \sin 2\theta & 0 \\ \cos 2\theta & \cos^2 2\theta & \sin 2\theta\cos 2\theta & 0 \\ \sin 2\theta & \sin 2\theta\cos 2\theta & \sin^2 2\theta & 0 \\ 0 & 0 & 0 & 1 \end{bmatrix} \tag{7.2}$$

式中，$\theta$为偏振片透光轴方向与水平轴的夹角。

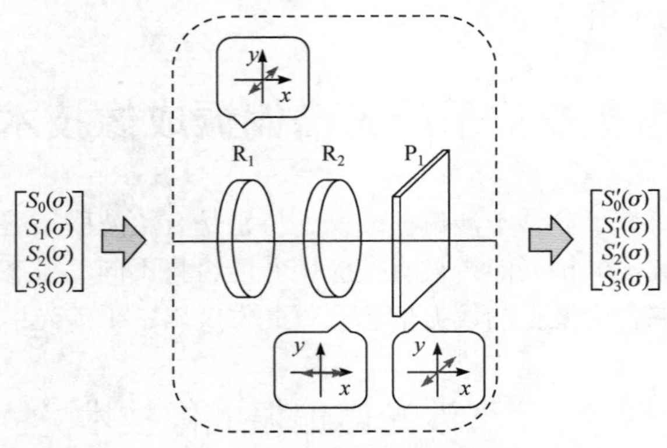


图 7-1　位相调制模块示意图

位相延迟器 $R_1$, $R_2$ 及偏振器 $P_1$ 的 Mueller 矩阵分别为 $M_{R_1}$, $M_{R_2}$ 和 $M_{P_1}$，则位相调制模块的总 Mueller 矩阵 $M_1 = M_{P_1} M_{R_2} M_{R_1}$，代入各个器件的 Mueller 矩阵，得

$$M_1 = \frac{1}{2}\begin{bmatrix} 1 & 0 & 1 & 0 \\ 0 & 0 & 0 & 0 \\ 1 & 0 & 1 & 0 \\ 0 & 0 & 0 & 0 \end{bmatrix} \begin{bmatrix} 1 & 0 & 0 & 0 \\ 0 & 1 & 0 & 0 \\ 0 & 0 & \cos\varphi_2 & \sin\varphi_2 \\ 0 & 0 & -\sin\varphi_2 & \cos\varphi_2 \end{bmatrix} \begin{bmatrix} 1 & 0 & 0 & 0 \\ 0 & \cos\varphi_1 & 0 & -\sin\varphi_1 \\ 0 & 0 & 1 & 0 \\ 0 & \sin\varphi_1 & 0 & \cos\varphi_1 \end{bmatrix}$$
$$\begin{bmatrix} 1 & \sin\varphi_1\sin\varphi_2 & \cos\varphi_1 & \cos\varphi_2\sin\varphi_1 \\ 0 & 0 & 0 & 0 \\ 1 & \sin\varphi_1\sin\varphi_2 & \cos\varphi_1 & \cos\varphi_2\sin\varphi_1 \\ 0 & 0 & 0 & 1 \end{bmatrix} \tag{7.3}$$

则输出、输入 Stokes 矢量的关系可写为

$$\begin{bmatrix} S_0' \\ S_1' \\ S_2' \\ S_3' \end{bmatrix} = \begin{bmatrix} 1 & \sin\varphi_1\sin\varphi_2 & \cos\varphi_1 & \cos\varphi_2\sin\varphi_1 \\ 0 & 0 & 0 & 0 \\ 1 & \sin\varphi_1\sin\varphi_2 & \cos\varphi_1 & \cos\varphi_2\sin\varphi_1 \\ 0 & 0 & 0 & 0 \end{bmatrix} \begin{bmatrix} S_0 \\ S_1 \\ S_2 \\ S_3 \end{bmatrix}$$
$$= \begin{bmatrix} S_0 + S_1\sin\varphi_1\sin\varphi_2 + S_2\cos\varphi_1 + S_3\cos\varphi_2\sin\varphi_1 \\ 0 \\ S_0 + S_1\sin\varphi_1\sin\varphi_2 + S_2\cos\varphi_1 + S_3\cos\varphi_2\sin\varphi_1 \\ 0 \end{bmatrix} \tag{7.4}$$

可见输入 Stokes 矢量的四项已被位相调制模块调制到输出 Stokes 矢量的第一项，其系数与位相延迟器的延迟量有关，即原始的偏振信息已被调制到不同

通道。

### 7.1.2　干涉过程的数学推导

利用 Mueller 矩阵，可以很方便地研究干涉光谱偏振成像系统实现目标光谱、偏振探测的原理，其获得的干涉条纹强度为

$$\begin{aligned} I(z) &= \int_{\sigma_2}^{\sigma_1} I(z,\sigma)\mathrm{d}\sigma \\ &\propto \int_{\sigma_2}^{\sigma_1} MS_i(\sigma)\mathrm{d}\sigma \end{aligned} \tag{7.5}$$

式中 $\sigma_1, \sigma_2$ 为入射光的波数范围；$z$ 为双折射干涉仪引入的光程差；$S_i(\sigma)$ 为入射光的 Stokes 矢量，$M = M_{\mathrm{A}} M_{\mathrm{WP}} M_{\mathrm{P}} M_{\mathrm{R}_2} M_{\mathrm{R}_1}$ 为干涉光谱偏振成像系统各偏光元件偏振响应的 Mueller 矩阵表示。

将各元件 Mueller 矩阵的值代入式(7.4)可得

$$I(z) = \int_{\sigma_2}^{\sigma_1} \begin{bmatrix} \dfrac{1+\cos\phi_z}{4}(S_0 + S_1\sin\phi_1\sin\phi_2 \\ +S_2\cos\phi_2 + S_3\cos\phi_1\sin\phi_2) \end{bmatrix} \mathrm{d}\sigma \tag{7.6}$$

式中，

$$\begin{cases} \phi_z(\sigma) = 2\pi\Delta z\sigma \\ \phi_1(\sigma) = 2\pi[n_{\mathrm{o}}(\sigma) - n_{\mathrm{e}}(\sigma)]d_1\sigma \\ \phi_2(\sigma) = 2\pi[n_{\mathrm{o}}(\sigma) - n_{\mathrm{e}}(\sigma)]d_2\sigma \end{cases} \tag{7.7}$$

式中，$\Delta z$ 是光束通过 WP 棱镜产生的光程差；$n_{\mathrm{o}}(\sigma) - n_{\mathrm{e}}(\sigma)$ 为双折射晶体的双折射率之差；$d_1, d_2$ 分别是 $\mathrm{R}_1$ 和 $\mathrm{R}_2$ 的厚度。

对式(7.5)变形可得

$$I(z) = \int_{\sigma_2}^{\sigma_1} \frac{1+\cos\phi_z}{4} \begin{pmatrix} S_0 + \dfrac{1}{2}S_2[\exp(\mathrm{i}\phi_2) + \exp(-\mathrm{i}\phi_2)] \\ +\dfrac{1}{4}\{S_{13}\exp[\mathrm{i}(\phi_1 - \phi_2)] + S_{13}{}^{*}\exp[-\mathrm{i}(\phi_1 - \phi_2)]\} \\ -\dfrac{1}{4}\{S_{13}\exp[\mathrm{i}(\phi_1 + \phi_2)] + S_{13}{}^{*}\exp[-\mathrm{i}(\phi_1 + \phi_2)]\} \end{pmatrix} \mathrm{d}\sigma \tag{7.8}$$

式中，$S_{13} = S_1 + \mathrm{i}S_3$；*代表复共轭。该式表明，由于位相调制模块的作用，入射光的四个 Stokes 矢量被调制上了不同的位相因子。对上式积分可得

$$
\begin{aligned}
I(z) = & \frac{1}{4}C_0(z) + \frac{1}{8}C_2(z - L_2) + \frac{1}{8}C_2^*(-z - L_2) \\
& + \frac{1}{16}C_1[z - (L_1 - L_2)] + \frac{1}{16}C_1^*[-z - (L_1 - L_2)] \\
& - \frac{1}{16}C_3[z - (L_1 + L_2)] - \frac{1}{16}C_3^*[-z - (L_1 + L_2)]
\end{aligned}
\tag{7.9}
$$

式中，$L_1, L_2$ 为位相延迟器 $R_1, R_2$ 的在中心波段引入的光程差。可以看出，干涉条纹 $I(z)$ 被分成了七个通道($C_0$、$C_1$、$C_1^*$、$C_2$、$C_2^*$、$C_3$、$C_3^*$)，七个通道的中心分别位于 $z=0$，$\pm(L_1-L_2)$，$\pm L_2$ 和 $\pm(L_1+L_2)$。

对通道进行傅里叶逆变换可得到入射光的四个 Stokes 矢量谱：

$$
\begin{cases}
\mathcal{F}^{-1}\{C_0\} = \dfrac{1}{4}S_0(\sigma) \\
\mathcal{F}^{-1}\{C_1^*\} = \dfrac{1}{16}[S_1(\sigma) + \mathrm{j}S_3(\sigma)]\exp[\mathrm{j}(\phi_1 - \phi_2)] \\
\mathcal{F}^{-1}\{C_2^*\} = \dfrac{1}{8}S_2(\sigma)\exp(\mathrm{j}\phi_2)
\end{cases}
\tag{7.10}
$$

### 7.1.3　不同数据获取方式的对比

按照数据获取方式的不同，干涉光谱偏振成像系统可分为摆扫型、推扫型、凝视型及窗扫型[1]，如图 7-2 所示。

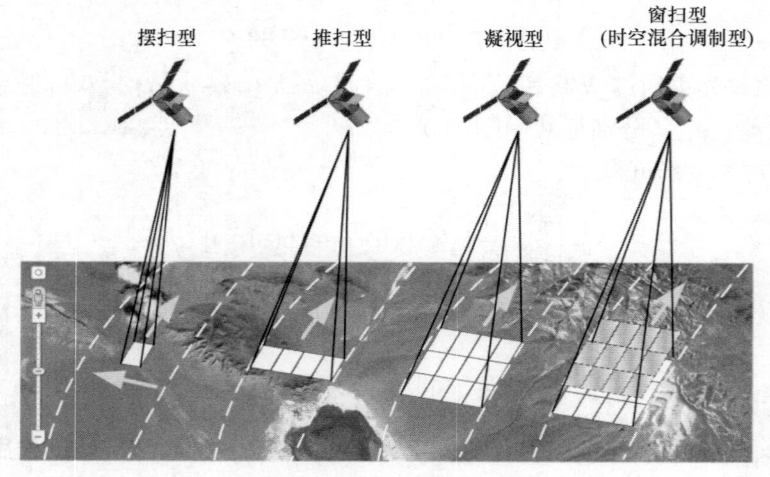


图 7-2　推扫方式示意图

(1) 摆扫型须依靠机械摆扫部件及卫星与地面的相对运动实现目标成像，抗振能力差，地元分辨率较低(用于星载时一般仅为 500～1000m)，目前仅在视场角大，且对空间分辨率要求低的场合有少量应用。

(2) 推扫型结构相对简单，无运动部件，探测器一个积分时间内可获得目标一个维度上的图像光谱信息，另外一个维度则靠卫星相对于地面的自推扫完成，是目前技术最成熟、应用最广泛的成像光谱仪器。

(3) 凝视型获取其视场内目标“数据立方体”时，无需运载平台相对目标运动，仅依靠自身的扫描(如旋转滤光片、电控调谐滤光片、干涉仪动镜扫描等)完成。

(4) 窗扫型具有二维视场，自身无运动部件，依靠卫星运载平台与被观测目标的相对运动实现光谱测量，与推扫型成像光谱仪相比，其光通量高、信噪比高，但对运载平台姿态要求极高。

## 7.2　推扫型干涉光谱偏振成像技术

### 7.2.1　推扫型干涉光谱偏振成像系统探测原理

推扫型干涉光谱偏振成像系统[2]结构如图 7-3 所示，主要由前置望远系统，位相延迟器 $R_1$、$R_2$，起偏器 P，沃拉斯顿棱镜 WP，检偏器 A，二次成像系统及焦平面探测器阵列 FPA 组成。目标光经前置望远系统收集、准直之后，进入由 $R_1$、$R_2$组成的位相调制模块进行位相调制。调制后的光通过 P 变为线偏振光，接着又被 WP 分解为两束振幅相等、振动方向互相垂直、传播方向成一定夹角的线偏振光。两束线偏振光通过 A 后，振动方向变为一致，最后被二次成像系统汇聚到 FPA 上成像，并产生干涉。

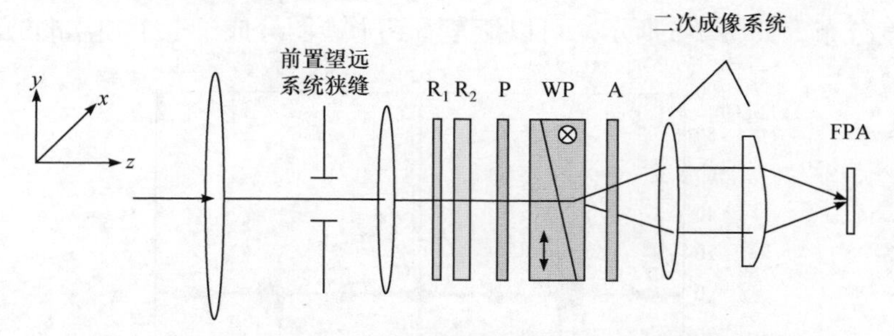


图 7-3　干涉光谱偏振成像系统结构示意图

推扫型干涉光谱偏振成像系统实现全偏振探测的机理是：通过特定方式排列的位相延迟器将不同位相因子分别调制到入射光的四个 Stokes 矢量上，再利用双光束干涉数学上的傅里叶变换性质将不同的 Stokes 矢量在光程差域上分开，最后对不同光程差位置上的 Stokes 矢量进行解调，实现光谱及全部偏振信息的探测。需要注意的是，Stokes 矢量中的 $S_0(\sigma)$ 代表了入射光总强度的波数分布关系，其实质就是人们常说的光谱信息。从目标空间图像获取方式来看，干涉光谱偏振成像系统没有运动部件，FPA 单次曝光能够获得平行于入射狭缝的一维目标图像，完整的二维目标图像数据则依靠仪器运载平台与目标的相对运动推扫获得。从光谱获取方式来看，FPA 单次曝光获得的干涉图可以直接进行切趾与逆变换，以进行光谱复原，无需对干涉图进行其他操作。

为验证干涉光谱偏振成像系统原理的有效性，利用计算机对系统进行模拟。图 7-4 为模拟输入的入射光 Stokes 矢量谱，波数范围为 10000～25000cm$^{-1}$(400～1000nm)。

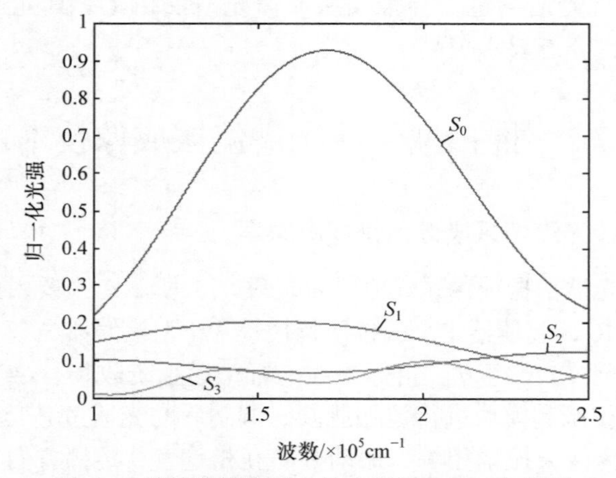


图 7-4　计算机模拟输入的入射光 Stokes 矢量谱

将入射光的四个 Stokes 矢量代入式(7-3)，计算得到干涉光谱偏振成像系统的干涉强度分布，如图 7-5 所示。可以清楚看到干涉图分成了七个独立的通道。

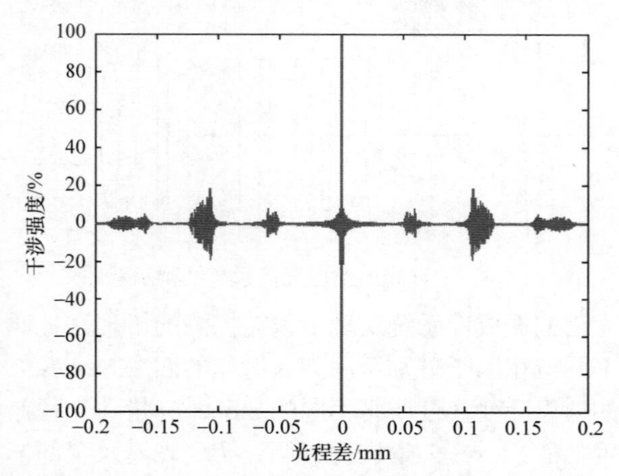


图 7-5　计算机模拟干涉光谱偏振成像系统获取的干涉条纹

滤出解调所需要的通道，进行傅里叶逆变换解调出四个 Stokes 矢量，如图 7-6 所示。与图 7-4 相比，入射光的 Stokes 矢量得到了很好的复原。

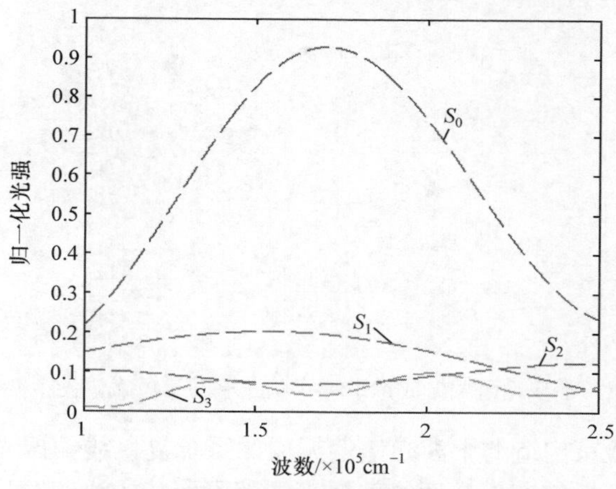


图 7-6　计算机模拟解调出的四个 Stokes 矢量谱

### 7.2.2　推扫型干涉光谱偏振成像系统原理验证实验

为了验证干涉光谱偏振成像系统探测原理的有效性及系统设计方案的可实施性，本书搭建了干涉光谱偏振成像系统验证光路，如图 7-7 所示。

图 7-7　干涉光谱偏振成像原理验证装置

图 7-8 为干涉光谱偏振成像系统获取的复色无偏光干涉图。

图 7-8　干涉光谱偏振成像系统实验获取的复色无偏光干涉条纹

图 7-9 为实验室构造的干涉光谱偏振成像系统复色线偏振光成像实验。目标图像由钨灯照射模板 T 产生，而线偏振光则由可旋转的线偏振片 P 产生。

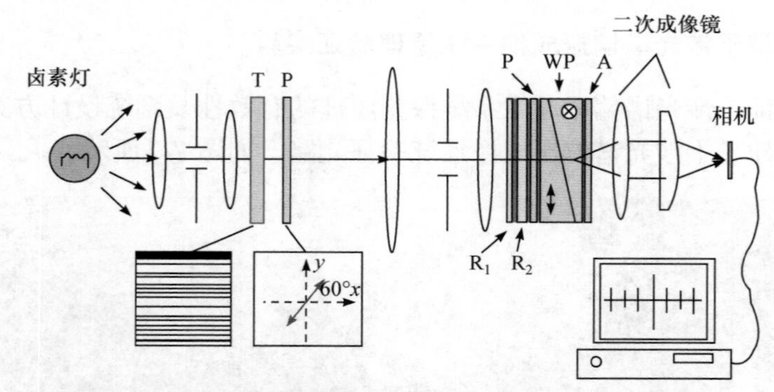


图 7-9　干涉光谱偏振成像系统复色线偏振光成像实验

图 7-10 为实验获取的复色线偏振光干涉图。由于干涉光谱偏振成像系统是推扫型成像光谱偏振遥感设备，焦平面探测器获取的单张干涉图只是目标平行于狭缝方向某一列上(一维空间图像)每一点的干涉强度分布。完整的二维目标图像需要仪器沿垂直于狭缝方向的推扫获得。

对图 7-10 数据进行解调，可得到入射光的全偏振及光谱数据。图 7-11 为解调得到的钨灯光谱及代表入射光全偏振状态的四个 Stokes 矢量，其中虚线代表理论数据，实线代表实验解调得到的数据。从图中可以发现，实验与理论数据符合较好，在绝大部分波段范围内准确度优于 5%。需要特别指出的是，由于探测器在短波端及长波端的量子效率下降较快，同时起偏、检偏器在两端也出现了消光比及透过率的急剧下降，干涉光谱偏振成像系统实验装置只在 450～850nm 波段内获得了良好的实验数据。

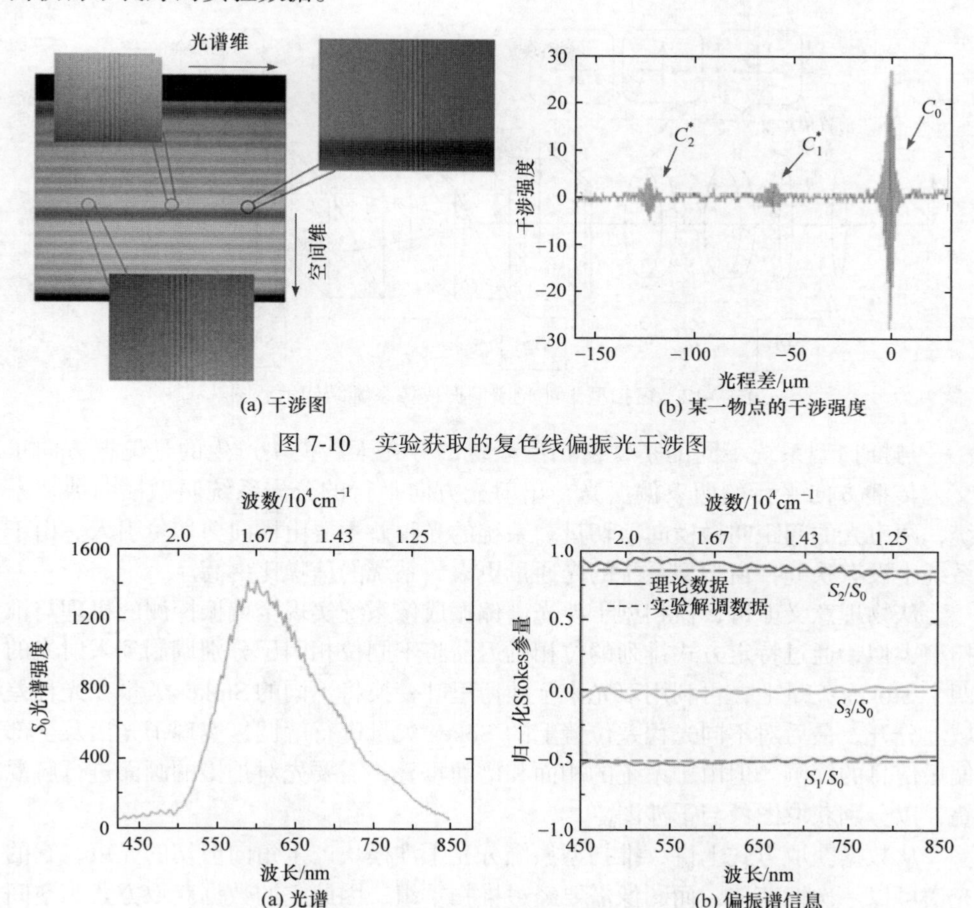


(a) 干涉图　(b) 某一物点的干涉强度

图 7-10　实验获取的复色线偏振光干涉图

(a) 光谱　(b) 偏振谱信息

图 7-11　解调复原得到的入射光谱

# 7.3　窗扫型干涉光谱偏振成像技术

## 7.3.1　窗扫型干涉光谱偏振成像系统探测原理

窗扫型干涉光谱偏振成像系统[3]结构如图 7-12 所示，主要由前置望远系统，位相延迟器 $R_1$、$R_2$，起偏器 $P_1$，双沃拉斯顿棱镜 $WP_1$、$WP_2$，检偏器 $P_2$，成像透镜 L 及焦平面探测器 CCD 组成。目标光经前置望远系统收集、准直之后，进入由 $R_1$、$R_2$进行位相调制，再通过 $P_1$变为线偏振光，接着又被 $WP_1$与 $WP_2$分解为两束振幅相等、振动方向互相垂直、传播方向平行的线偏振光，通过 $P_2$后振动方向变为一致，最后被成像透镜汇聚到 CCD 上成像，并产生干涉。

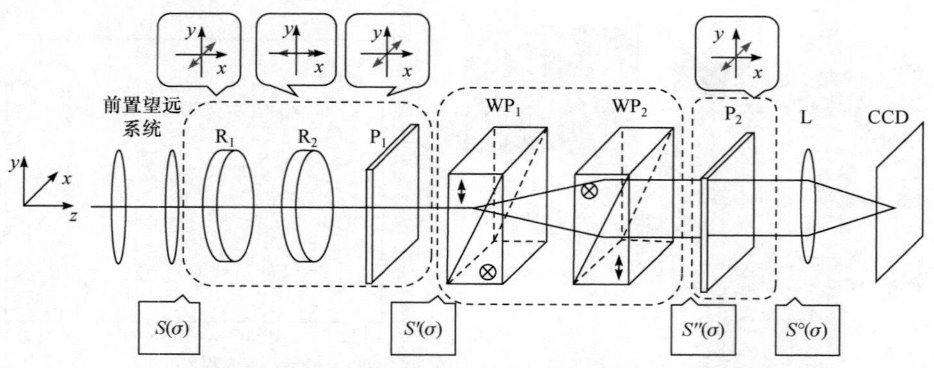


图 7-12　窗扫型干涉光谱偏振成像系统结构示意图

与推扫型系统不同的是，窗扫型系统的分光干涉模块产生的是偏振方向正交，传播方向平行的两束偏振光，出射光方向平行的分光系统叫做横向剪切系统，两束光的间距叫做横向剪切量。系统的光程差主要由横向剪切量引入。由于系统中没有狭缝，窗扫型系统的光通量更大，系统的信噪比更高。

从物理意义上讲，窗扫型干涉光谱偏振成像系统实现全偏振探测的机理与推扫型类似，通过特定方式排列的位相延迟器将不同位相因子分别调制到入射光的四个 Stokes 矢量上，再利用双光束干涉傅里叶变换将不同的 Stokes 矢量在光程差域上分开，最后对不同光程差位置上的 Sokes 矢量进行解调，实现了光谱及全部偏振信息的探测。但由于系统的相面和谱面重叠，需要先对拍摄的画面进行解混叠，以分别获取图像与干涉图。

从数据获取方式上讲，推扫型系统分光干涉模块产生角向剪切的光束，它的光谱可以一次性获取，而图像需要经过推扫重组，因此它的数据获取方式为空间调制；而窗扫型系统分光干涉模块产生横向剪切的光束，其图像可以一次获取，但光谱需要对超数据立方体进行重组才能获得。

图 7-13 为计算机模拟的系统干涉过程其中，图(a)为待测目标，为简化计算，此处使用二值图代替。图(b)为相机拍摄得到的画面，为图像与干涉条纹的混叠图片。图(c)为经过去背景与重组后的干涉条纹，对这一条纹进行切趾与重组，即可获得最终的复原光谱。

图 7-14 为模拟输入的入射光 Stokes 矢量谱，波数范围为 10000～25000$\mathrm{cm}^{-1}$(400～1000nm)。

通过计算得到干涉光谱偏振成像系统的干涉强度分布，如图 7-15 所示。这一图片即是去背景并重组之后的干涉图。可以清楚地看到，干涉图分成了七个独立的通道。

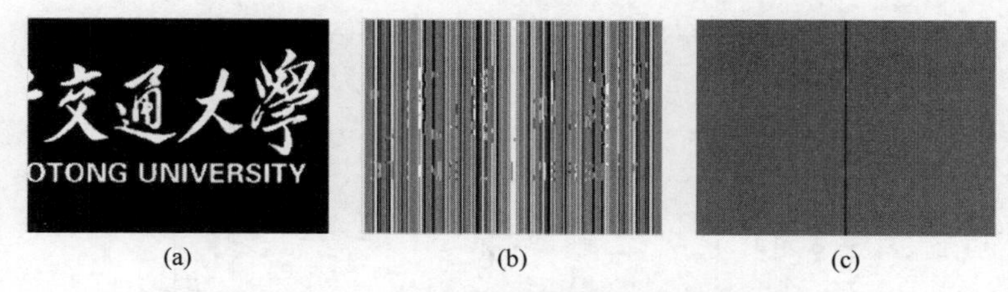


图 7-13　模拟得到的推扫重组过程

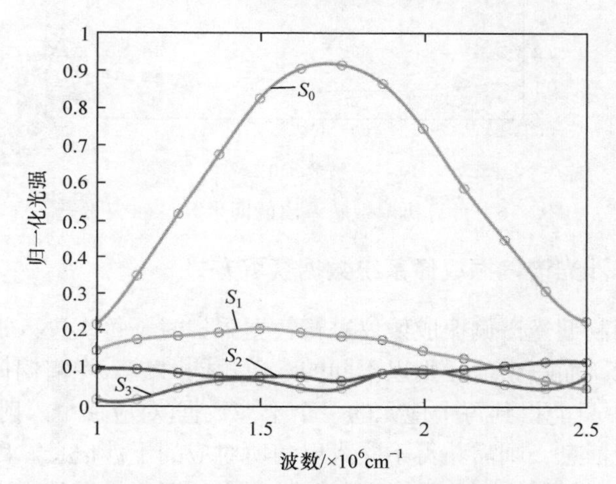


图 7-14　计算机模拟输入的入射光 Stokes 矢量谱

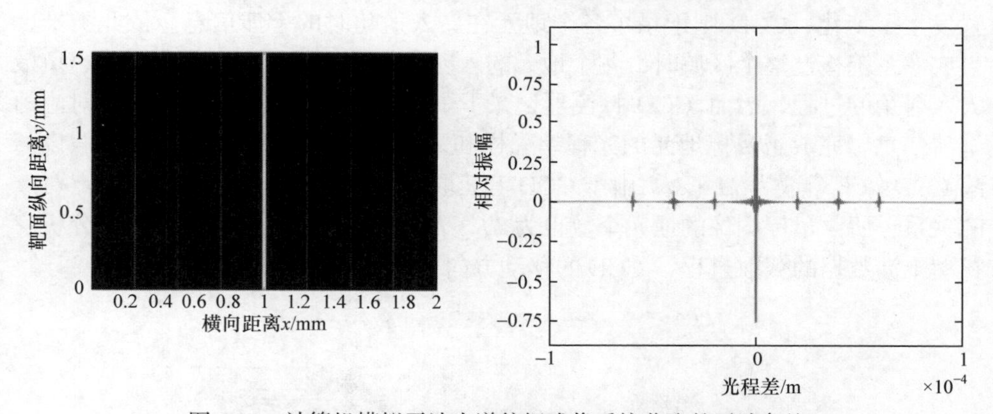


图 7-15　计算机模拟干涉光谱偏振成像系统获取的干涉条纹

滤出解调所需要的通道，进行傅里叶逆变换，解调出四个 Stokes 矢量，如图 7-16 所示。与图 7-14 对比可见，入射光的 Stokes 矢量得到了很好的复原，仅边缘部分发生了小的畸变，这主要是切趾对光谱信息影响的体现。

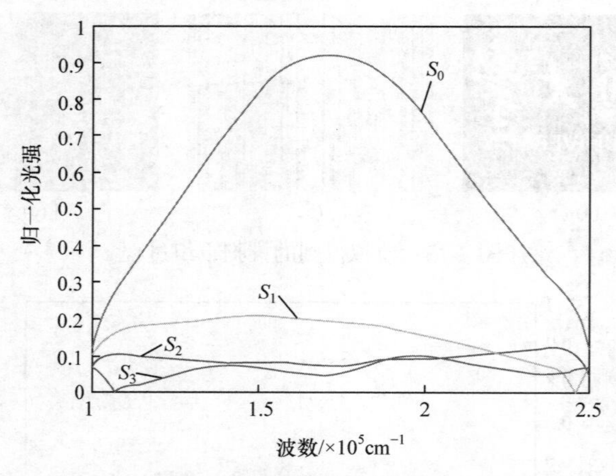


图 7-16　计算机模拟解调出的四个 Stokes 矢量谱

### 7.3.2　窗扫型干涉光谱偏振成像系统数据获取方式

时空混合调制型光谱偏振成像仪进行数据采集时，每次进入视场的是一定区域内的所有地元，而每个地元则以不同的入射角同时进入光谱偏振成像系统，但在一幅CCD图中只能得到每个地元的一个干涉数据(对应一个入射角)，要获得各个地元完整干涉信息，则需获得不同入射角所对应的干涉信息。因此，若使光谱偏振成像系统相对目标产生移动，则每移动一个位置，地元的入射角相对前一位置发生了变化，CCD 则记录了各个地元在新入射角时的干涉信息。依此类推，当成像系统移过整个区域时，各个地元的入射角都遍历了最大入射角、零、负最大入射角的过程，因而 CCD 探测器记录下了各个地元在不同入射角下所对应的干涉信息，完成了目标地元的光程差采样和采集过程，如图 7-17 所示。假设面阵 CCD 像素个数为 $M \times N$，由于 CCD 上获取的图像与目标地元之间满足点对点的关系，所以目标图像的地元个数也为 $M \times N$。在目标地元中任取一行来分析窗扫型干涉数据的获取过程， CCD 的移动方向如图 7-17 所示。

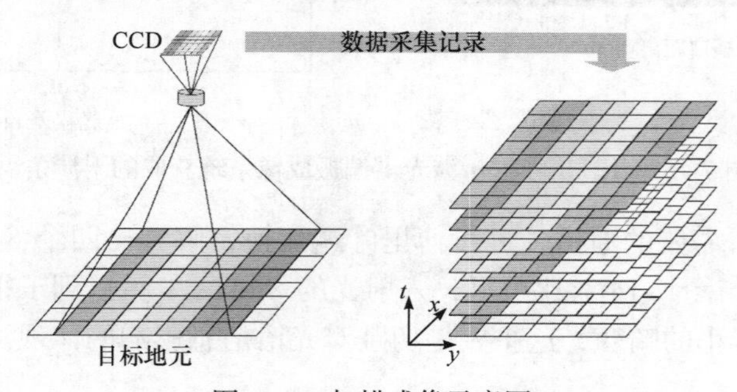


图 7-17　扫描成像示意图

超数据立方体的重组如图 7-18 所示。每次进入视场是一定区域内的所有地元，CCD 推扫后获得一个超数据立方体。每一帧图像都包含了目标地元的图像信息和所有地元的干涉信息，同一地元的干涉信息在不同干涉图中入射角不同，所以光程差不同，对应的像元也不同。在窗扫过程中，任意一个目标地元均与 CCD 上一列像元对应，将属于同一地元的所有干涉信息从不同帧图像中分别提取出来并进行重组，即可获得目标地元的完整干涉信息。

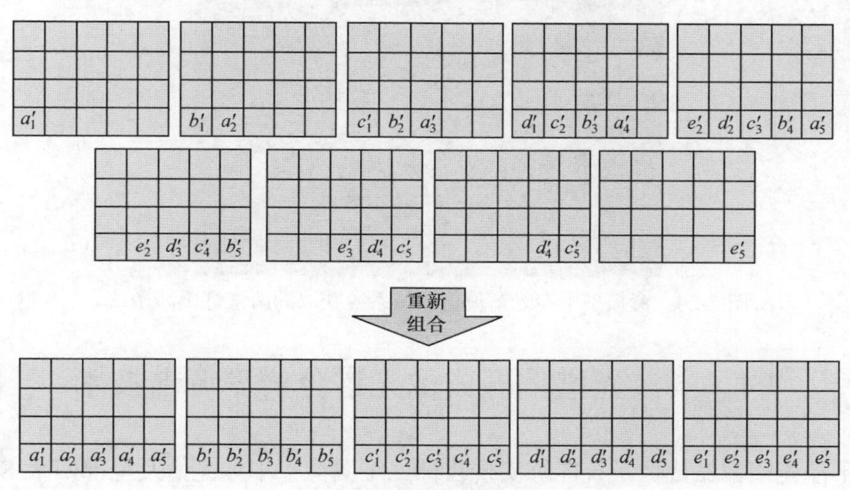


图 7-18　数据重组示意图

可以看出，窗扫型系统拍摄的一帧图片中仅包含一个地元在某一角度下的光谱信息，同一地元在不同角度的光谱信息需要仪器与目标相互运动才能得到，即要获得一个地元的全部光谱信息，不仅需要空间上的移动(不同角度)，也需要时间上的移动(不同帧的图片)，因此这类数据获取方式称为时空混合型。

### 7.3.3　窗扫型干涉光谱偏振成像系统原理验证实验

为了验证干涉光谱偏振成像系统探测原理的有效性及系统设计方案的可实行性，本章搭建了干涉光谱偏振成像系统原理验证光路，如图 7-19 所示，进行了

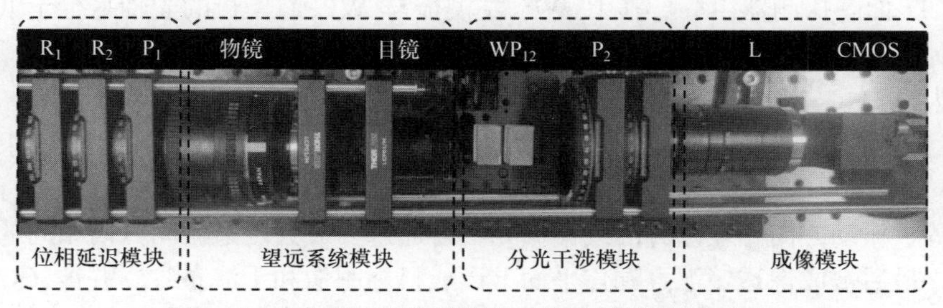


图 7-19　窗扫型干涉光谱偏振成像系统原理验证装置

复色无偏光与线偏振光的测量实验。

本章还搭建了复色光干涉光谱偏振成像系统实验测试光路，进行了复色无偏光测量实验，其中光源为卤素灯，使用光纤导出。光纤不含准直镜，因此可以视为点光源。图 7-20 为点光源的干涉图，图片已经过去噪处理。

图 7-20　窗扫型干涉光谱偏振成像系统获取的卤素灯干涉条纹

## 7.4　干涉光谱偏振成像光谱分辨率调谐技术

干涉光谱偏振成像系统能够实现目标二维图像、干涉光谱及全部四个 Stokes 矢量的探测，并且空间分辨率与光谱分辨率双高。但正因为如此，数据量很大，因而解调处理等耗时都比较长，不太适用于实际应用。为此根据不同应用要求，本章提出可调谐干涉光谱偏振成像技术，可以根据使用要求不同，采用不同光谱进行探测。比如在搜索阶段采用低光谱分辨率，发现目标后切换到高分辨率；或非兴趣区域低分辨率，兴趣区域高分辨率探测等。

### 7.4.1　光谱分辨率可调谐的干涉光谱偏振成像系统

分辨率可调谐的干涉光谱偏振成像系统结构如图 7-21 所示，主要由前置望远系统、起偏器 P、两块相同的沃拉斯顿棱镜 $WP_1$ 和 $WP_2$、检偏器 A、成像透镜和 CCD 面阵探测器组成。其中 $WP_1$ 左楔板与 $WP_2$ 右楔板的光轴平行于纸面，$WP_1$ 右楔板与 $WP_2$ 左楔板的光轴则与纸面垂直。根据前置系统内有无狭缝，仪器可分为推扫式与窗扫式两种类型。

目标发出的光经前置望远系统收集、准直后成为平行光，经 P 变为一束线偏振光，再经过 $WP_1$ 和 $WP_2$ 后分为两束具有一定横向剪切量、传播方向平行、振幅相等、振动方向相互垂直的线偏振光，再通过 A 成为两束振动方向相同的线偏振光，最后被成像透镜汇聚到焦平面上形成目标图像和干涉条纹，并被 CCD 面阵探测器接收。接收到的干涉图像通过重构、解调等操作，得到有关目标的完整的二维图像和一维光谱数据。

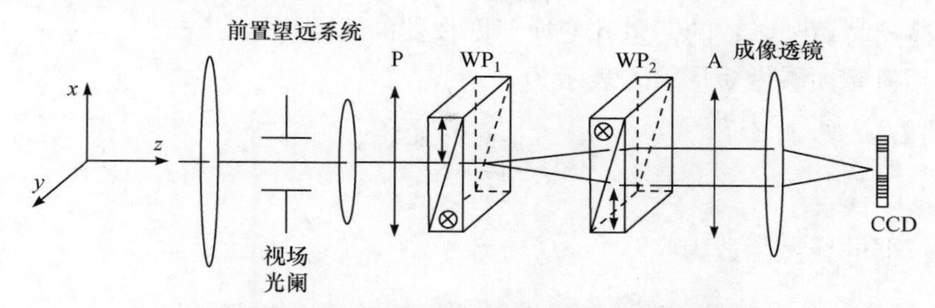


图 7-21　新型干涉光谱偏振成像系统结构示意图

与传统的干涉仪不同，分辨率调谐系统中没有动镜扫描机构，而是利用两块完全相同的沃拉斯顿棱镜将目标光源横向剪切为两个无穷远处的虚光源，两个虚光源再通过成像透镜成像在焦平面上发生干涉，因此 CCD 采集到的是沿空间分布的干涉条纹数据。

根据傅里叶变换光谱学的理论，采集到的干涉条纹强度可以表示为

$$I(x) = 2T_1T_2\left[ I_0 + \int_0^{\infty} i(\sigma)\cos(2\pi\sigma \mathrm{d}x / f)\,\mathrm{d}\sigma \right] \tag{7.11}$$

式中，$T_1$，$T_2$ 分别为偏振片 P 和 A 光强透过率；$I_0$ 为干涉条纹的直流分量；$\sigma$ 为波数；$i(\sigma)$ 为光谱强度。

式(7-10)在数学上是典型的傅里叶变换，因此对其逆变换便可得到所需的光谱强度 $i(\sigma)$。为得到较快的处理速度，实际过程中都采用快速傅里叶变换来求取 $i(\sigma)$。从式(7-10)还可以看出，波数 $\sigma$ 的积分范围是 0～∞，这说明采用双光束干涉法理论上可获取目标的全部光谱数据。但实际中，仪器获取的光谱数据范围会受到分束器及探测器工作波段的限制。

由此可以看出，分辨率调谐系统中的双折射分束器能够实现目标光源横向剪切，得到一定的横向剪切量，使仪器产生干涉，获取目标光谱、图像数据的关键。

### 7.4.2　光谱分辨率调谐原理

光谱仪的分辨率是指分开两条相邻谱线能力的量度。实际情况中，探测器靶面的尺寸有限，相当于给干涉条纹施加了一个切趾函数 $A(\Delta)$，所得到的光谱分布为

$$B_t(\sigma)=\int_{-\infty}^{\infty} I(\Delta)A(\Delta)\mathrm{e}^{-\mathrm{i}2\pi\sigma\Delta}\mathrm{d}\Delta \tag{7.12}$$

它是光谱分布 $B(\sigma)$为理想光谱与切趾函数傅里叶变换的卷积：

$$B_t(\sigma)=B(\sigma)*C(\sigma) \tag{7.13}$$

式中，$C(\sigma)$为切趾函数的傅里叶变换，即仪器的线型函数。

将相机靶面看做矩形窗，表示为

$$A(\varDelta)=\begin{cases}1, & |\varDelta|\leqslant \varDelta_{\mathrm{M}}\\ 0, & |\varDelta|>\varDelta_{\mathrm{M}}\end{cases} \tag{7.14}$$

则仪器的线型函数为

$$B_A(\sigma)=\mathcal{F}^{-1}\{A(\varDelta)\}=\int_{-\varDelta_{\mathrm{M}}}^{\varDelta_{\mathrm{M}}} A(\varDelta)\mathrm{e}^{-\mathrm{i}2\pi\sigma\varDelta}\mathrm{d}\varDelta \tag{7.15}$$

计算可得到仪器的线型函数为 sinc 函数，就此得出仪器的光谱分辨率：

$$\delta\sigma=\frac{1}{2\varDelta_{\mathrm{M}}} \tag{7.16}$$

式中，$\varDelta_{\mathrm{M}}$ 为干涉仪能达到的最大光程差；$\delta\sigma$ 为光谱分辨率的波数表示方式，其单位一般是 $\mathrm{cm}^{-1}$ 或 nm@$\lambda$。两种单位的换算方式为

$$\delta\lambda=\frac{1}{\dfrac{1}{\lambda_1}+\dfrac{\delta\sigma_1}{2}}-\frac{1}{\dfrac{1}{\lambda_2}+\dfrac{\delta\sigma_2}{2}} \tag{7.17}$$

干涉成像光谱仪的光谱分辨率由最大光程差直接决定，而最大光程差由分束器的结构、成像透镜焦距 $f$、垂直于干涉条纹方向(一般称为光谱维) 的 CCD 像元数及像元尺寸共同决定。以往的干涉成像光谱仪器一旦完成加工装配，其分束器结构不能改变，因此无法改变光谱分辨率。而本章提出通过调节分光干涉模块的空气隙可以改变横向剪切量，从而改变最大光程差，可以实现光谱分辨率调谐。

考虑有一方解石制作的双沃拉斯顿平行平板分束器(parallel double Wollaston prism beamsplitter，PDWP)，其折射率取波长 0.6328μm 时的值，结构参数为 $t$ = 10 mm，结构角$\theta$取 10°四种情况，成像透镜$f$ = 50mm，CCD 感光面大小为 6mm × 6mm，则其光谱分辨率随波长和空气间隔 $g$ 的变化如图 7-22($\lambda$ = 550nm)、图 7-23($\lambda$ = 660nm)所示，对应光谱分辨率为波长表示。

从上面两幅图可以看出，通过改变空气间隔 $g$ 来实现系统光谱分辨率的调谐在理论上是可行的。需要注意的是，系统光谱分辨率调谐范围的下限是空气间隔 $g$ 取零，而其上限则受 CCD 光谱维像元数的限制，必须满足采样定理：

$$\Delta\sigma_{\mathrm{SZBIS}}\geqslant\frac{4}{N\lambda_{\min}} \tag{7.18}$$

式中，$N$ 为 CCD 光谱维像元数；$\lambda_{\min}$ 为系统最小探测波长。据此，便可以针对

不同目标探测的要求，设计 PDWP 的结构参数，使其光谱分辨率可调谐范围能够满足多任务的需要。因此有必要对分束器的原理进行单独的说明。

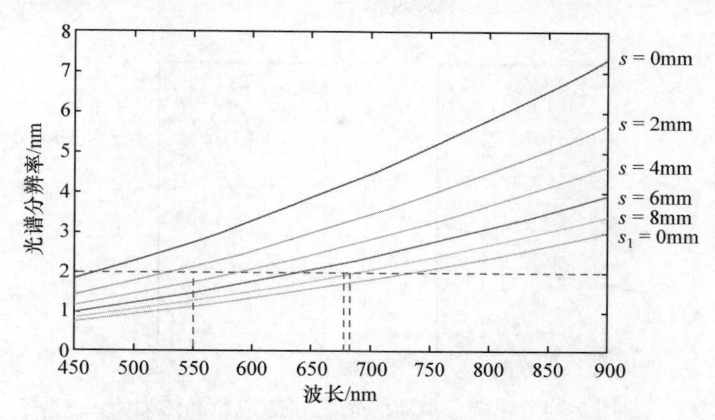


图 7-22　光谱分辨率随空气隙厚度的变化(方解石，$\lambda = 550$nm)

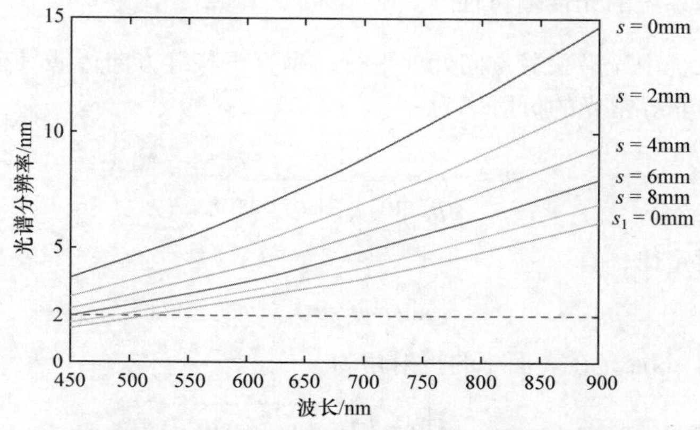


图 7-23　光谱分辨率随空气隙厚度的变化(方解石，$\lambda = 660$ nm)

图 7-24 为系统所用分束器的光线追迹图。其中构成分束器的两块沃拉斯顿棱镜 $WP_1$、$WP_2$厚度为 $t$，空气间隔为 $s$。两块棱镜可以分为三个子系统，子系统 1 包含 $WP_1$ 左楔板和 $WP_2$ 右楔板，子系统 2 包含 $WP_1$ 右楔板和 $WP_2$ 左楔板，子系统 3 为空气隙。

考虑一束射入 $WP_1$ 左楔板，根据偏振光学理论和光在单轴晶体中的传播规律，入射光线在进入 $WP_1$ 左楔板后会发生双折射，在传播方向上前后分开为 o 光和 e 光，并经过楔面进入 $WP_1$ 右楔板，入射光、o 光与 e 光的波法线共面。$WP_1$ 右楔板光轴与左楔板光轴互相垂直，进入右楔板后 o 光将变为 e 光，e 光将变为 o 光，取其先后顺序，分别称之为 oeeo 光和 eooe 光。由于单轴晶体中 o 光、e 光的折射率不同，在斜面上两束光将发生折射，根据光的可逆性原理，同一束光在同一子系统中不同位置的传播方向是恒定的。窗扫型系统的传输特性较为复杂，推扫型系统传输特性为窗扫型系统在主界面内的特例。

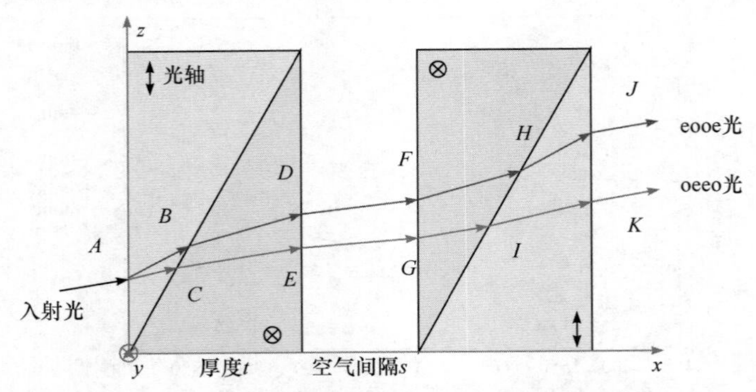


图 7-24　系统分束器的光线追迹(以负晶体为例)

### 7.4.3　推扫型系统的光传输特性

推扫型系统中光沿狭缝方向处处平行，垂直于狭缝方向传播具有一定角度。在子系统 1 中非寻常光的折射率为

$$n_1 = \frac{n_e n_o}{\sqrt{n_e^2 \sin^2 r_{e1} + n_o^2 \cos^2 r_{e1}}} \tag{7.19}$$

根据折射定律，有

$$\sin i = n_1 \sin r_{e1} \tag{7.20}$$

联立式，可得 eooe 光在表面 1 的折射角为

$$r_{e1} = \arctan\left[\frac{\sin i \sqrt{n_e n_o (n_o^2 - \sin^2 i)}}{n_e^2 n_o^2 - n_o^2 \sin^2 i}\right] \tag{7.21}$$

由几何关系知 AB 的直线方程分别为

$$y - y_1 = \tan r_{e1} \cdot x \tag{7.22}$$

楔面 1 的方程为

$$y = \cot \beta \cdot x \tag{7.23}$$

类似地，对 oeeo 光有

$$\begin{cases} r_{o1} = \arcsin\left(\dfrac{\sin i}{n_o}\right) \\ y - y_0 = \tan r_{o1} \cdot x \end{cases} \tag{7.24}$$

由几何关系可得两束光在楔面 1 的入射角 $i_2$ 与在表面 1 的出射角 $r_1$ 之间有如

下关系：

$$\begin{cases} i_{e2} = r_{e1} + \beta \\ i_{o2} = r_{o1} + \beta \end{cases} \tag{7.25}$$

由折射定律可得两束光在楔面 1 的出射角分别为

$$\begin{cases} r_{o2} = \arcsin\left(\dfrac{n_o \sin i_{o2}}{n_e}\right) \\ r_{e2} = \arcsin\left(\dfrac{n_1 \sin i_{e2}}{n_o}\right) \end{cases} \tag{7.26}$$

eooe 光在子系统 1 的光程为

$$\mathrm{opd}_{\mathrm{eooe1}} = n_1(\mathrm{AB}+\mathrm{HJ}) = \frac{n_1[t - t\tan(r_{e2}-\beta) - s\tan r_{e3}]}{\cos r_{e1}[\cot\beta - \tan(r_{e2}-\beta)]} \tag{7.27}$$

eooe 光在子系统 2 的光程为

$$\mathrm{opd}_{\mathrm{eooe2}} = n_o(\mathrm{BD}+\mathrm{FH}) = \frac{n_o[t + t\tan(r_{e2}-\beta) + s\tan r_{e3}]}{\cos(r_{e2}-\beta)[\cot\beta - \tan(r_{e2}-\beta)]} \tag{7.28}$$

eooe 光在空气隙的光程为

$$\mathrm{opd}_{\mathrm{eooeair}} = \mathrm{DF} = \frac{s}{\cos r_{e3}} \tag{7.29}$$

同理可得 oeeo 光的各段光程：

$$\begin{cases} \mathrm{opd}_{\mathrm{oeeo1}} = n_o(\mathrm{AC}+\mathrm{IK}) = \dfrac{n_o[t - t\tan(r_{o2}-\beta) - s\tan r_{o3}]}{\cos r_{o1}[\cot\beta - \tan(r_{o2}-\beta)]} \\ \mathrm{opd}_{\mathrm{oeeo2}} = n_e(\mathrm{CE}+\mathrm{GI}) = \dfrac{n_e[t + t\tan(r_{o2}-\beta) + s\tan r_{o3}]}{\cos(r_{o2}-\beta)[\cot\beta - \tan(r_{o2}-\beta)]} \\ \mathrm{opd}_{\mathrm{oeeoair}} = \mathrm{EG} = \dfrac{s}{\cos r_{o3}} \end{cases} \tag{7.30}$$

将两束光的光程相减即得在晶体内部的光程差：

$$\begin{aligned} \mathrm{opd}_{\mathrm{in}} &= \mathrm{opd}_{\mathrm{eooe14}} + \mathrm{opd}_{\mathrm{eooe23}} + \mathrm{opd}_{\mathrm{eooeair}} - \mathrm{opd}_{\mathrm{oeeo14}} - \mathrm{opd}_{\mathrm{oeeo23}} - \mathrm{opd}_{\mathrm{oeeoair}} \\ &= \frac{n_1[t - t\tan(r_{e2}-\beta) - s\tan r_{e3}]}{\cos r_{e1}[\cot\beta - \tan(r_{e2}-\beta)]} + \frac{n_o[t + t\tan(r_{e2}-\beta) + s\tan r_{e3}]}{\cos(r_{e2}-\beta)[\cot\beta - \tan(r_{e2}-\beta)]} + \frac{s}{\cos r_{e3}} \\ &\quad - \frac{n_o[t - t\tan(r_{o2}-\beta) - s\tan r_{o3}]}{\cos r_{o1}[\cot\beta - \tan(r_{o2}-\beta)]} \\ &\quad - \frac{n_e[t + t\tan(r_{o2}-\beta) + s\tan r_{o3}]}{\cos(r_{o2}-\beta)[\cot\beta - \tan(r_{o2}-\beta)]} - \frac{s}{\cos r_{o3}} \end{aligned} \tag{7.31}$$

晶体的外部光程差由横向剪切量与入射角度决定，横向剪切量计算表达式为

$$\begin{aligned} d &= y_{e6} - y_{o6} \\ &= t\tan r_{e1} + \frac{(\cot\beta - \tan r_{e1})[t\tan(r_{e2}-\beta) + s\tan r_{e3}]}{\cot\beta - \tan(r_{e2}-\beta)} \\ &\quad - t\tan r_{o1} + \frac{(\cot\beta - \tan r_{o1})[t\tan(r_{o2}-\beta) + s\tan r_{o3}]}{\cot\beta - \tan(r_{o2}-\beta)} \end{aligned} \tag{7.32}$$

则晶体的外部光程差为

$$\mathrm{opd}_{\mathrm{out}} = d\sin i \tag{7.33}$$

可见，无论是 $\mathrm{opd}_{\mathrm{in}}$ 还是 $\mathrm{opd}_{\mathrm{out}}$，其最终表达式是仅关于入射角 $i$、晶体结构角、晶体厚度与空气隙厚度的函数，与入射点的坐标无关。

两束平行光之间的距离叫做横向剪切量 $d$，它与棱镜厚度 $t$、棱镜结构角 $\theta$，以及棱镜间距 $g$ 有关，棱镜结构角和棱镜间距越大，横向剪切量越大。根据式(7-32)可以作出分束器横向剪切量 $d$ 与其结构参数 $t$、$g$、$\theta$ 的关系曲线，如图 7-25 所示。假设分束器采用方解石制作，其折射率取波长 0.6328 μm时的值，结构角 $\theta$ 取 10°、15°、20°、25°四种情况，其中棱镜厚度取 $t = 5$ mm。这说明改变空气间隔 $g$ 能够更加有效地改变横向剪切量的大小。

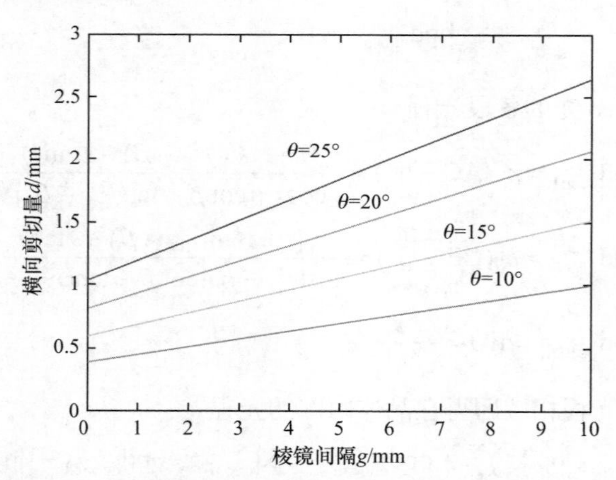


图 7-25　分束器横向剪切量与其结构参数的关系(方解石，$\lambda = 0.6328\mu\mathrm{m}$)

从物理意义上讲，$\mathrm{WP}_1$ 的左楔板和 $\mathrm{WP}_2$ 的右楔板、$\mathrm{WP}_1$ 的右楔板和 $\mathrm{WP}_2$ 的左楔板、棱镜间的空气间隔组成了三段平行平板的结构，因此，无论入射光的入射角度和入射位置，出射的两束光线必然与入射光平行。其次，$\mathrm{WP}_1$ 和 $\mathrm{WP}_2$ 的制作材料、结构尺寸完全相同，从而保证了两束光线具有一定横向剪切量的同时，其正入射光程差也为零(产生中心亮纹的必要条件)。最后，横向剪切量还可以通

过改变空气间隔 $g$ 的大小方便有效地调谐。

由于新型分束器的优良性能均得益于两块沃拉斯顿棱镜及其空气间隔组成的平行平板光学结构，因此将这种新型分束器命名为双沃拉斯顿平行平板分束器。

### 7.4.4 窗扫型系统的光传输特性

窗扫型系统中，光在各个位置的传播方向均不同，其传输特性较为复杂。建立第一坐标系，$z$ 轴为子系统 1 的光轴，$x$ 轴为棱镜表面法线。入射光的波法线方向向量可以表示为

$$k_0 = (\cos i_1, \sin\omega_1 \sin i_1, \cos\omega_1 \sin i_1) \tag{7.34}$$

式中，$i_1$ 是入射角；$\omega_1$ 是入射平面角。第一个子系统中 eooe 光的方向向量可以表示为

$$k_{e1} = (\cos r_{e1}, \sin\omega_1 \sin r_{e1}, \cos\omega_1 \sin r_{e1}) \tag{7.35}$$

式中，$r_{e1}$ 为折射角，可由斯涅耳定律求得

$$\sin i = n(\theta_e)\sin r_{e1} \tag{7.36}$$

$$n(r_{e1}) = \frac{n_o n_e}{\sqrt{n_e^2\cos^2\theta_e + n_o^2\sin^2\theta_e}} \tag{7.37}$$

$$\cos\theta_e = k_{e1}\cdot w_1 = \cos\omega_1 \sin r_{e1} \tag{7.38}$$

类似地，可得 oeeo 光在子系统 1 中的方向向量。

在楔面处光线发生第二次折射，此处的折射计算较为复杂，需要对坐标进行一次变换。以 oeeo 光为例，易得第一坐标系中楔面的法线向量为 $n_2 = (\cos\beta, 0, -\sin\beta)$，子系统 2 的光轴方向为 $w_2$=(0,1,0)，则在楔面处 oeeo 光的入射角为

$$\cos i_{o2} = \frac{k_{o1}\cdot n_2}{|k_{o1}||n_2|} = \cos r_{o1}\cos\beta + \cos\omega_1 \sin r_{o1}\sin\beta \tag{7.39}$$

对应的入射面法线的方向向量为

$$\begin{aligned} n'_{\omega o} &= k_{o1}\times n_2 \\ &= -\sin\omega \sin r_{o1}\sin\beta\cdot i \\ &\quad + \cos r_{o1}\sin\beta + \cos\omega \sin r_{o1}\cos\beta\cdot j \\ &\quad - \sin\omega \sin r_{o1}\cos\beta\cdot k \end{aligned} \tag{7.40}$$

以楔面法线为 $x$ 轴，子系统 2 的光轴方向为 $y$ 轴建立第二坐标系。在第二坐标系中，根据斯涅耳定律可求得 eooe 光的折射角与折射面角为

$$\cos\omega_o' = \frac{n_{\omega o}' \cdot w_2}{|n_{\omega o}'||w_2|} \tag{7.41}$$

$$n_o \sin i_{o2} = n(r_{o2}) \sin r_{o2} \tag{7.42}$$

$$n(r_{o2}) = \frac{n_o n_e}{\sqrt{n_e^2 \cos^2\theta_o + n_o^2 \sin^2\theta_o}} \tag{7.43}$$

$$\cos\theta_o = k_{o1} \cdot w_1 = \cos\omega_1 \sin r_{o1} \tag{7.44}$$

即可得到 eooe 光与 oeeo 光波法线在第二坐标系中的方向向量：

$$k_{o2}' = (\cos r_{o2}', \cos\omega_o' \sin r_{o2}', \sin\omega_o' \sin r_{o2}') \tag{7.45}$$

在第二坐标系中，$WP_1$ 的后表面法线方向向量 $n_3 = (\cos\beta, 0, \sin\beta)$，则 oeeo 光在 $WP_1$ 后表面处的入射角为

$$\cos i_{o3} = \frac{k_{o2}' \cdot n_3}{|k_{e2}'||n_3|} = \cos r_{o2}' \cos\beta - \cos\omega_1 \sin r_{o2}' \sin\beta \tag{7.46}$$

类似地，可以计算出 eooe 光的方向向量，在第一坐标系中，eooe 光与 oeeo 光的方向向量应分别表示为

$$\begin{cases} k_{e2} = (\cos r_{e2}, \cos\omega_e \sin r_{e2}, \sin\omega_e \sin r_{e2}) \\ k_{o2} = (\cos r_{o2}, \cos\omega_o \sin r_{o2}, \sin\omega_o \sin r_{o2}) \end{cases} \tag{7.47}$$

其中根据几何关系可知

$$i_{e3} = r_{e2}, \quad i_{o3} = r_{o2} \tag{7.48}$$

第一坐标系与第二坐标系之间有如下坐标变换关系：

$$\begin{cases} \cos\omega_e' \sin r_{e2}' = \cos\omega_e \sin r_{e2} \\ \cos\omega_o' \sin r_{o2}' = \cos\omega_o \sin r_{o2} \end{cases} \tag{7.49}$$

根据斯涅耳定律可知光进入空气隙时的折射角为

$$\begin{cases} n_i \sin r_{e3} = n_o \sin i_{e3} \\ n_i \sin r_{o3} = n(r_{o2}) \sin i_{o3} \end{cases} \tag{7.50}$$

则两束光在子系统 3 中的波法线方向向量为

$$\begin{cases} k_{e3} = (\cos r_{e3}, \cos\omega_e \sin r_{e3}, \sin\omega_e \sin r_{e3}) \\ k_{o3} = (\cos r_{o3}, \cos\omega_o \sin r_{o3}, \sin\omega_o \sin r_{o3}) \end{cases} \tag{7.51}$$

在第一坐标系中，根据光的波法线在各个子系统内的方向向量写出各段直线方程，与各个界面方程联立求解可以得到各交点坐标。根据坐标表达式可以计算出光程差。双沃拉斯顿棱镜的光程差可以分为两部分，一是晶体内部传输过程中的光程差 $OPD_{in}$，二是光出射棱镜组后的光程差 $OPD_{out}$。易得两部分的表达式

分别为

$$
\begin{aligned}
\mathrm{OPD_{in}} &= \frac{n(r_{\mathrm{e}1})}{\cos r_{\mathrm{e}1}}(t-l_{\mathrm{e}}) + \frac{n_{\mathrm{o}}}{\cos r_{\mathrm{e}2}}(t+l_{\mathrm{e}}) + \frac{n_i}{\cos r_{\mathrm{e}3}}s \\
&\quad - \frac{n_{\mathrm{o}}}{\cos r_{\mathrm{o}1}}(t-l_{\mathrm{o}}) - \frac{n(r_{\mathrm{o}1})}{\cos r_{\mathrm{o}2}}(t+l_{\mathrm{o}}) - \frac{n_i}{\cos r_{\mathrm{o}3}}s \\
\mathrm{OPD_{out}} &= \sin\omega \sin i \begin{bmatrix} \sin\omega \tan r_{\mathrm{e}1}(t-l_{\mathrm{e}}) + \sin\omega_{\mathrm{e}} \tan r_{\mathrm{e}2}(t+l_{\mathrm{e}}) + s\sin\omega_{\mathrm{e}} \tan r_{\mathrm{e}2} \\ -\sin\omega \tan r_{\mathrm{o}1}(t-l_{\mathrm{o}}) - \sin\omega_{\mathrm{o}} \tan r_{\mathrm{o}2}(t+l_{\mathrm{e}}) - s\sin\omega_{\mathrm{o}} \tan r_{\mathrm{o}2} \end{bmatrix} \\
&\quad + \cos\omega \sin i \begin{bmatrix} \cos\omega \tan r_{\mathrm{e}1}(t-l_{\mathrm{e}}) + \cos\omega_{\mathrm{e}} \tan r_{\mathrm{e}2}(t+l_{\mathrm{e}}) + s\cos\omega_{\mathrm{e}} \tan r_{\mathrm{e}2} \\ -\cos\omega \tan r_{\mathrm{o}1}(t-l_{\mathrm{o}}) - \cos\omega_{\mathrm{o}} \tan r_{\mathrm{o}2}(t+l_{\mathrm{e}}) - s\cos\omega_{\mathrm{o}} \tan r_{\mathrm{o}2} \end{bmatrix}
\end{aligned} \tag{7.52}
$$

$$
\begin{cases}
l_{\mathrm{e}} = \dfrac{t\cos\omega_{\mathrm{e}} \tan r_{\mathrm{e}2} + s\cos\omega_{\mathrm{e}} \tan r_{\mathrm{e}3}}{\cot\beta - \cos\omega_{\mathrm{e}} \tan r_{\mathrm{e}2}} \\
l_{\mathrm{o}} = \dfrac{t\cos\omega_{\mathrm{o}} \tan r_{\mathrm{o}2} + s\cos\omega_{\mathrm{o}} \tan r_{\mathrm{o}3}}{\cot\beta - \cos\omega_{\mathrm{o}} \tan r_{\mathrm{o}2}}
\end{cases} \tag{7.53}
$$

则系统总的光程差为

$$
\mathrm{OPD} = \mathrm{OPD_{in}} + \mathrm{OPD_{out}} \tag{7.54}
$$

### 7.4.5　光谱分辨率调谐实验

根据图 7-21 所示系统结构，本章搭建了光谱分辨率调谐原理验证装置，如图 7-26 所示。由于目标距离较远，实验装置取消了前置望远系统的设置，仅由起偏器、PDWP、检偏器、成像透镜和 CCD 相机组成。其中，组成 PDWP 的两块 WP 采用方解石晶体制作，通光孔径 20mm × 20mm，结构角$\theta$为 15°，厚度 $t$ = 10mm，成像透镜焦距 $f$ = 50mm，CCD 相机像元数为 4024 × 3036，像元尺寸为 1.85μm。

图 7-26　光谱分辨率调谐原理验证装置

利用系统原理实验装置，进行了单色光的干涉成像及光谱复原实验。

实验前，需用 He-Ne 激光对系统中的分束器进行简单的测试，以确定 $WP_1$ 右板与 $WP_2$ 左板的光轴方向是否相同。图 7-27 显示了 PDWP 对 He-Ne 激光器的分束情况，激光首先通过起偏器，再经 PDWP 分束后投射到白板上，从白板上可以清楚地看到激光被分为等振幅的两束。如果激光光斑间隔不随白板的移动而改变，说明两块沃拉斯顿棱镜的放置位置正确，否则其中一块棱镜的光轴位置不对，需要进行调整。

图 7-27　PDWP 实现对 He-Ne 激光器的分束

检测完成后便可进行单色光和复色光的获取实验。为了验证系统的光谱分辨率调谐能力，分别取 PDWP 分束器空气间隔厚度 $g$ = 0mm、5mm、10mm 对 He-Ne 激光器进行测量。图 7-28 是实验系统获取的单色光干涉条纹数据，从左到右空气隙厚度 $g$ 不断增大，分别为 0mm、5mm、10mm。

对得到的不同空气隙厚度($s$ = 0mm、5mm、10mm)的模拟单色光干涉图谱进行了还原，模拟图的视场为 2°，使用的单色光波长为 633nm。结果如图 7-29 所示，为了便于观察，图中不同曲线做了纵向偏移。

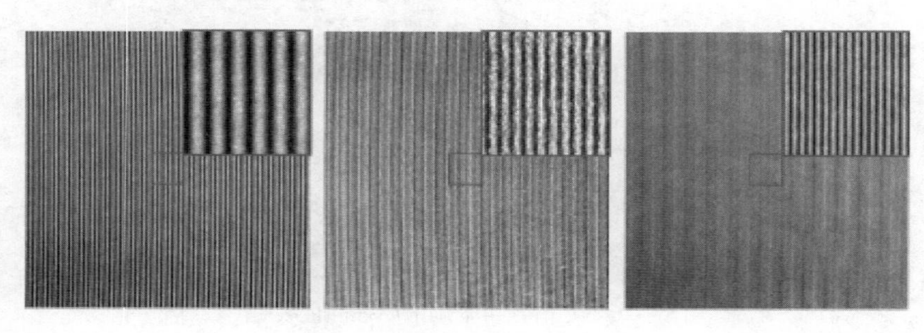

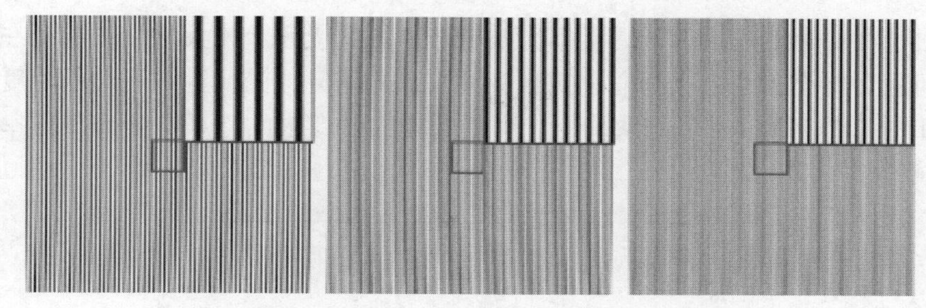

图 7-28　系统获取的 He-Ne 激光单色条纹

由图 7-29 可见，随着 $s$ 的增加，曲线峰的半高宽减小，证明系统的光谱分辨率可以调节。由图 7-30 所示，系统干涉后形成七个峰，证明系统已将不同的 Stokes 参量调制到不同通道。

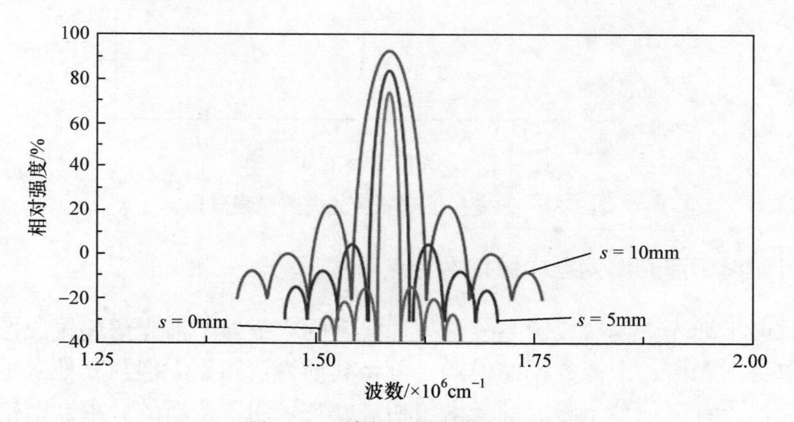


图 7-29　单色光模拟复原光谱

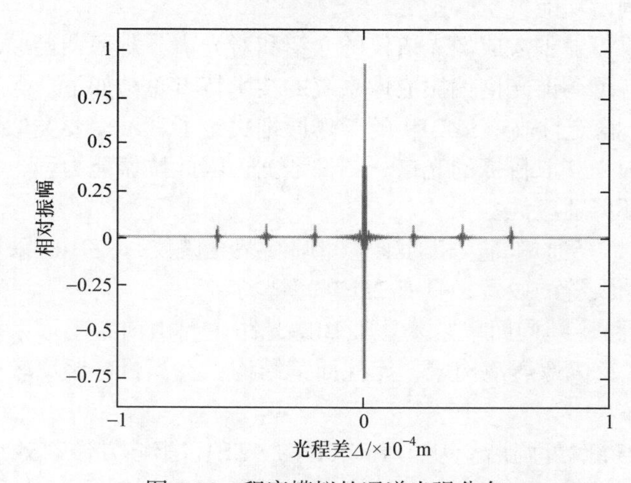


图 7-30　程序模拟的通道光强分布

由于位相延迟模块的延迟量不会改变，系统的光程差增大之后，通道在靶面上的间距会减小，通道之间的串扰相应增大，光谱复原的切趾与反演的难度也增大，如图 7-31 所示。因此系统的光程差的增加是有限的，系统光谱分辨率也存在上限。

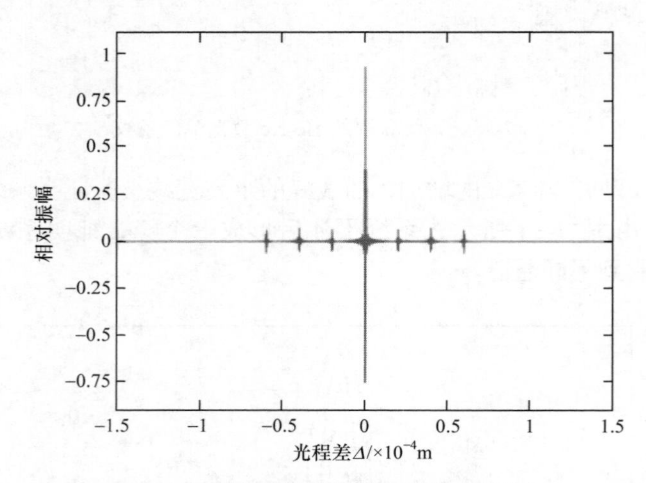


图 7-31　改变棱镜间隔后的通道光强分布

### 7.4.6　可调谐干涉光谱偏振成像技术特点

可调谐干涉光谱偏振成像系统是一种典型的双折射干涉光谱偏振成像系统。根据获取目标光谱、图像数据的模式，可将其划为窗扫型。但与其他双折射干涉成像光谱仪或者窗扫型干涉成像光谱仪相比，它采用了全新的分束器结构，实现了光谱分辨率调谐功能。

根据前面双折射干涉成像光谱仪的介绍和对光谱分辨率调谐原理、性能的分析与计算，可将可调谐光谱偏振成像系统的技术特点总结如下。

(1) 静态，稳定性高。SZBIS 的工作原理决定了其不需要类似迈克耳孙干涉仪中的动镜推扫来获取目标的光谱、图像数据，因此抗振能力强，具有较好的航空航天及野外环境适应性。

(2) 无狭缝，光通量高。相对于空间调制型光谱仪，SZBIS 采用窗扫型数据获取模式，取消狭缝的设置，具有 2D 空间视场。

(3) 共轴光路，结构简单紧凑。SZBIS 光路主要由前置望远系统、起偏器、PDWP、检偏器及成像透镜构成，无柱面镜结构，且当目标距离较远时，可取掉前置望远系统。

(4) 光谱分辨率可调谐。基于 PDWP 的 SZBIS 能够方便有效地调谐光谱分辨率，在满足多任务需要的同时，可减少非必要数据对存储空间及通信数传带宽的占用，缩短数据处理时间，提高系统信噪比，从而使仪器总体性能达到最优。

(5) 非实时性光谱。由于采用窗扫型模式，光程差需要依靠目标与仪器的相对运动，通过改变光线入射角进行调制，目标的完整干涉条纹不是在同一时刻获取的，因此只适于非快速变换光谱目标的测量。

(6) 要求运载平台姿态稳定。由于获取光谱具有非实时性，在数据采集时要控制平台飞行姿态不能发生较大的变化。

## 参 考 文 献

[1] Sellar R G, Boreman G D. Classification of imaging spectrometers for remote sensing applications[J]. Optical Engineering, 2005, 44(1): 013602.

[2] Li J, Zhu J P, Wu H Y. Compact static Fourier transform imaging spectropolarimeter based on channeled polarimetry[J]. Optics Letters, 2010, 35(22): 3784-3786.

[3] Li J, Zhu J P, Qi C, et al. Compact static imaging spectrometer combining spectral zooming capability with a birefringent interferometer[J]. Optics Express, 2013, 21(8): 10182-10187.

# 第 8 章　干涉偏振成像系统解调技术

目前，干涉偏振成像系统的国内外研究报道多属于原理研究、改进和验证，关于该系统数据处理方面的研究还很少。但该类系统目标偏振信息的获得离不开解调，其过程包括采样、图像预处理、偏振信息的重建与偏振信息的显示等。本章以萨瓦板干涉偏振成像系统为例开展系统数据处理研究，为干涉偏振成像系统的进一步应用提供参考。

## 8.1　干涉偏振成像系统装置及成像效果

为了能够对干涉偏振成像系统进行数据处理，以萨瓦板偏振成像系统为例，根据系统成像原理，结合影响偏振成像的参数，对系统进行成像模拟。

系统光强为

$$I = \frac{1}{2}S_0 + \frac{1}{2}S_1\cos(2\pi\Omega) + \frac{1}{4}|S_{23}|\cos(4\pi\Omega x - \arg S_{23}) - \frac{1}{4}|S_{23}|\cos(4\pi\Omega y + \arg S_{23}) \tag{8.1}$$

式中，$\Omega$ 为干涉条纹载波频率；$S_i$ 表示偏振态，$S_{23}$ 为 $S_2 + \mathrm{i}S_3$；$(x, y)$ 表示空间坐标；$\arg S_{23}$ 表示 $S_{23}$ 的角度。

$$\Omega = \frac{\Delta}{\lambda f} = \frac{n_o^2(\lambda) - n_e^2(\lambda)}{n_o^2(\lambda) + n_e^2(\lambda)} \frac{t}{\lambda f} \tag{8.2}$$

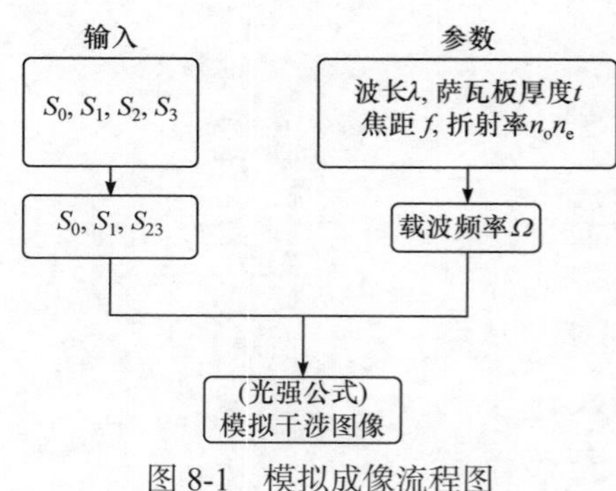

图 8-1　模拟成像流程图

式中，$\Delta$ 为萨瓦板单片的光束剪切量；$\lambda$ 表示波长；$f$ 表示成像透镜的焦距；$n_o$ 表示萨瓦板中 o 光的折射率；$n_e$ 表示萨瓦板中 e 光的折射率；$t$ 表示单个萨瓦板厚度。

图 8-1 为模拟成像的流程图。

为了能够对获得数据进行分析，分析两种偏振干涉图像：图像偏振态均一与图像偏振态随空间变化时。确定图像的偏振状态，$S_i(i=1,2,3,4)$ 代表不同偏振状态下的目标图像，因此在计算机模拟时，$S_i$ 应为大小与图像尺寸相同的矩阵，对于偏振均一的偏振干涉图像，输入的偏振矩阵数值都相同，0 表示黑，1 表示白。

图 8-2 表示输入偏振态光强与偏振均一的干涉图像。干涉条纹分别分布在 45°方向与 $x$ 轴与 $y$ 轴方向。

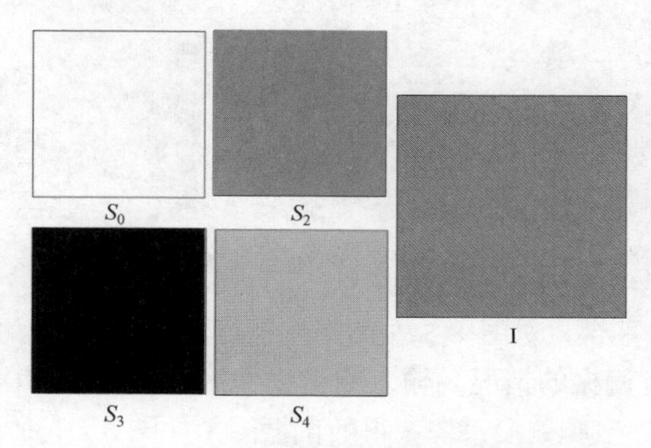


图 8-2　偏振均一的偏振图像的输入与输出

当偏振矩阵随空间变化时，模拟图像中的干涉条纹的方向与亮度会随空间变化。图 8-3 表示输入偏振态光强与偏振态随空间变化的偏振图像，由于 $S_1$ 小矩形四周偏振数值为 0，因此在干涉图像中小矩形四周没有 45°方向干涉条纹。

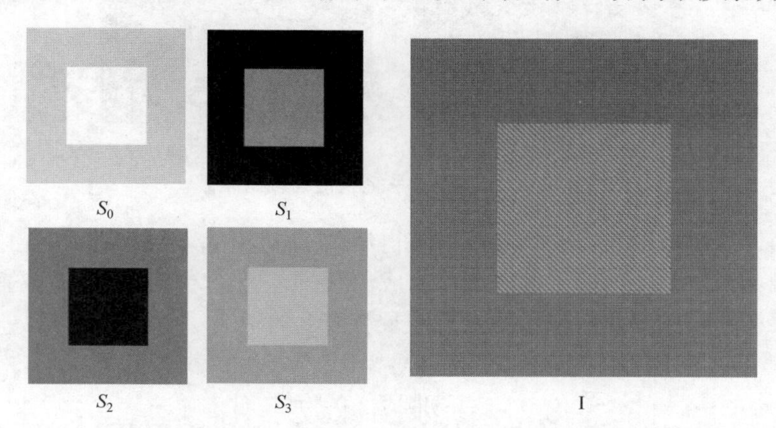


图 8-3　偏振态随空间变化的偏振干涉图像输入与输出

对萨瓦板偏振成像系统正向模拟只在对系统进行模拟分析时较为有用，为了能够检验实际成像结果及实际目标成像数据处理，搭建了萨瓦板偏振成像系统，如图 8-4 所示。

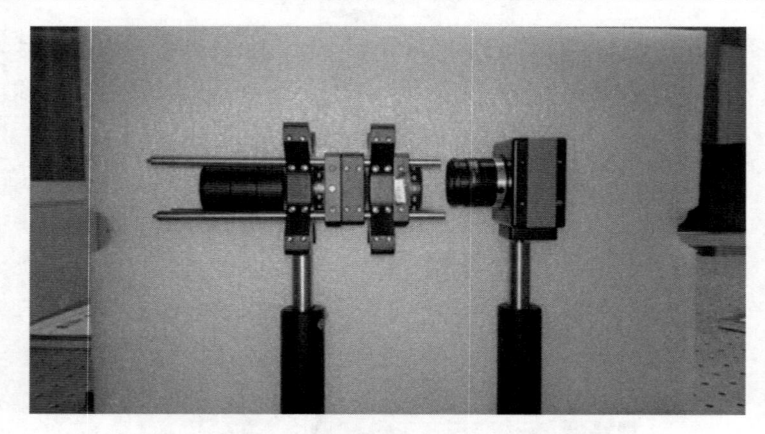

图 8-4　萨瓦板偏振成像系统实物图

利用上述实验平台，对图 8-5 左侧图像进行偏振成像，为了方便起见，只讨论在水平方向上有偏振的情况，输入归一化偏振态为[1,1,0,0]，即 $S_1$ 有值( $S_2$ 、$S_3$ 讨论与其类似)。实验偏振系统获得的偏振图像如图 8-5(b)所示。

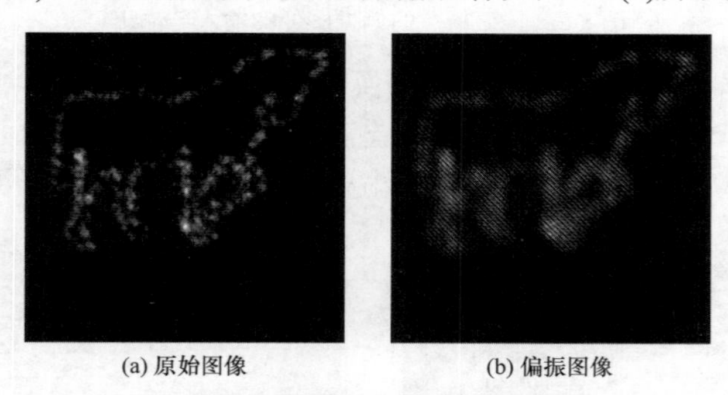

(a) 原始图像　　(b) 偏振图像

图 8-5　实验偏振系统获得的偏振图像

利用计算机模拟与实验平台可以获得偏振干涉图像，然而实际操作中，干涉偏振成像系统一般使用焦平面阵列作为成像载体，这会导致连续函数离散化，即采样。采样的合理与否对偏振图像的记录有很大的影响。

## 8.2　干涉图像数字化

偏振成像的快速发展很大程度上得益于图像传感器技术的进步，而偏振成像系统通常使用的 CCD 图像传感器在成像、摄影、观测等方面有着广泛的应用。CCD 具有体积小、重量轻、效率高、波长响应范围大等优点。因此可以实现偏振的实时、快速成像探测，为偏振探测与遥感探测等提供非常好的成像载体。

### 8.2.1　CCD 图像传感器

为了能够对目标成像，需要将目标发出或散射获得的光子转换为电信号，并通过放大形成模拟信号，模拟信号经过 A/D 转换成数字信号并进行显示，其中将光子转换为电荷的光电转换设备与对电信号进行的放大的设备都是针对微观量进行操作，常用 CCD 来完成这一过程。CCD 是一种新型半导体器件，可以进行光电转换并能对转换好的信息存储与传输，自 19 世纪 70 年代问世以来，发展十分迅速，是光学系统中不可或缺的重要组成部分。

构成 CCD 的最基本单元是 MOS 电容，当有光线照射到 MOS 电容上时，在光波光子的作用下，半导体产生电子-空穴对，产生光生电子。一个 MOS 结构单元称为一个光敏单元，对应目标图像上的一个像素。CCD 上包含成百上千个光敏单元，当有明暗不均匀的图像光照射到这个些光敏单元上，就产生与光强成正比的光生电荷图像，从而得到目标影像。CCD 中的光敏单元越多，提供的画面分辨率越高，成像质量也越高。

CCD 的基本工作原理包括电荷注入、电荷存储、转移与输出等，可以用图 8-6 表示，CCD 用作图像传感器时，电荷注入为光注入方式，利用光电导效应产生与光子数量成正比的电子-空穴对。当 CCD 确定时，电子-空穴对只与入射光辐射量及注入时间相关。在 MOS 电极上附加电压形成的势阱将电子-空穴对中的电子俘获并存储，进而形成电荷包。势阱的深浅决定 CCD 存储电荷能力大小。当 CCD 芯片感光完毕后，每个像素转换的电荷包将按照既定方向转移出 CCD 感光区域。为了实现电荷包的方向性转移，需要 MOS 电容阵列能够相互耦合，使信号电荷由势阱浅

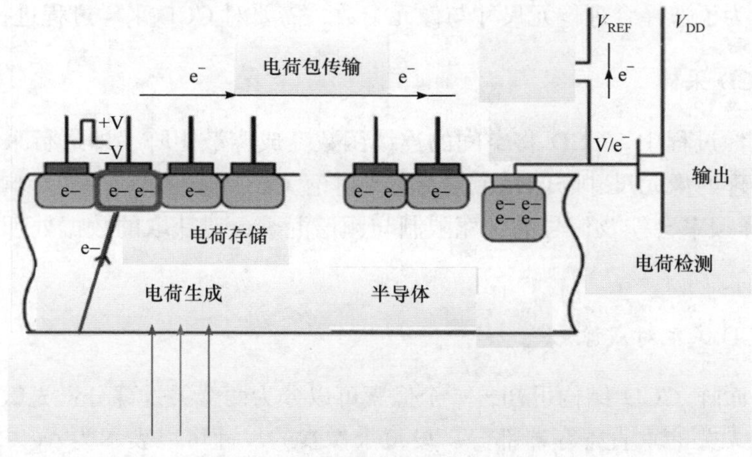


图 8-6　CCD 基本工作原理

处流向势阱深处。电荷包在输出端形成脉冲，脉冲幅度与电荷包的大小成正比，从而得到不同幅度的CCD输出不同的电流或电压。

在干涉偏振成像系统中使用面阵CCD，面阵CCD由图像感光区、信号存储区及输出转移区构成。CCD将感光单元与存储单元相互交替排列，其中感光单元透光而存储单元不透光。当感光区的光敏元件累积光子时间结束时，CCD将光信号转换为电信号，电信号进入存储区。随后在水平回扫期内，存储区的电荷以行为单位依次移动到移位寄存器中，移位寄存器中的电荷依次移位到输出端，形成视频信号输出，其过程如图8-7所示。

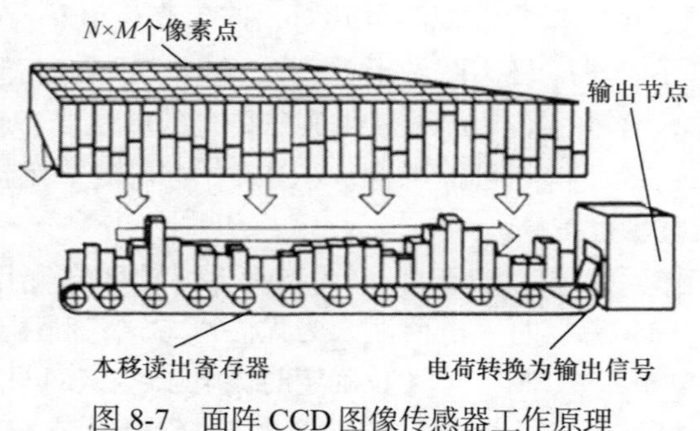


图8-7　面阵CCD图像传感器工作原理

CCD传感器的主要性能包括尺寸、频率、光谱范围、动态响应、电荷转移效率及噪声等。CCD图像传感器具有采样记录系统，其结构尺寸对目标信息的获取具有较大影响，通常评价CCD的结构参数包括相面尺寸、像元尺寸与像元个数等。为了选择合理像元尺寸与像元个数，需要对CCD采样过程进行讨论。

### 8.2.2　CCD采样

在成像过程中，CCD将空间的连续函数变成离散矩阵，即进行采样。为了获得较合理的像元尺寸与像元个数，需要讨论CCD像元对成像的影响，同样，CCD采样频率会涉及信号的带宽限制与频谱混叠，对获取的数据处理产生较大影响。

#### 1. CCD像元对成像影响

根据面阵CCD结构可知，一个像素可以分为两个关键部分：光敏单元部分和与光照无关的垂直寄存器部分。设每个像素的尺寸可以表示为$\Delta x_s$、$\Delta y_s$，而对目标进行光采样的光敏单元尺寸可以表示为$\Delta x$、$\Delta y$。光敏单元彼此之间有一定的距离，因此CCD理想采样函数为梳状抽样函数。由于CCD中光敏单元具有一定面积，可以把每一个光敏单元看成一个空间矩形窗口采样。采样过程可以分为两个过程。

1) 光敏单元采集过程

CCD 光敏单元对图像进行梳状方格采样，如图 8-8 所示。方格的数学描述为 $\text{rect}\left(\frac{x}{\Delta x},\frac{y}{\Delta y}\right)$，采样方格与光敏单元尺寸相关；梳状采样函数为 comb $\left(\frac{x}{\Delta x_s},\frac{y}{\Delta y_s}\right)$，采样间隔仅与像元尺寸相关。从而得到第一个输出 $I_c(x,y)$：

$$I_c(x,y)=I(x,y)\text{rect}\left(\frac{x}{\Delta x},\frac{y}{\Delta y}\right)\text{comb}\left(\frac{x}{\Delta x_s},\frac{y}{\Delta y_s}\right) \tag{8.3}$$

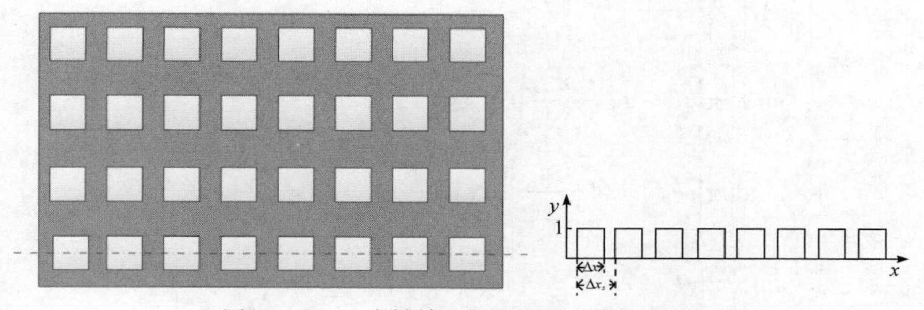


图 8-8　CCD 光敏单元的梳状方格采样(一维)

每一个像素位置上量化得到的灰度值是图像上一个小方格中的局部平均值，然后利用梳状函数将其记录下来。

2) 图像采集卡采集过程

图像采集卡完成第二次抽样，其中第二次采样输出 $I_s(x,y)$ 表示为

$$I_s(x,y)=I_c(x,y)S(x,y) \tag{8.4}$$

式中，$S(x,y)$ 表示梳状抽样函数。

第二次采样为与第一次采样相位、频率相同的单位函数。根据采样过程对光强式(8.4)进行采样并做傅里叶转换获得(只考虑一维情况，二维是一维的扩展)：

$$F(I)=\frac{\Delta x}{\Delta x_s}\cdot\left\{\frac{1}{2}\text{sinc}(\pi f_x\Delta x)A_0(f_x,f_y)+\frac{1}{4}\text{sinc}[\pi(f_x-\Omega)\Delta x]A_1(f_x-\Omega,f_y-\Omega)\right.$$
$$\left.+\frac{1}{4}\text{sinc}[\pi(-f_x-\Omega)\Delta x]A_1^*(-f_x-\Omega,-f_y-\Omega)\right.$$

$$
\begin{aligned}
&+\frac{1}{8}\mathrm{sinc}[\pi(f_x-2\Omega)\Delta x]A_{23}(f_x-2\Omega,f_y)\\
&+\frac{1}{8}\mathrm{sinc}[\pi(-f_x-2\Omega)\Delta x]A_{23}^*(-f_x-2\Omega,-f_y)\\
&-\frac{1}{8}\mathrm{sinc}(\pi f_x\Delta x)A_{23}(f_x,f_y-2\Omega)\\
&-\frac{1}{8}\mathrm{sinc}(\pi f_x\Delta x)A_{23}^*(-f_x,-f_y-2\Omega)\}\\
&+\frac{\Delta x}{\Delta x_s}\sum_{\substack{n_x=-\infty\\ n\neq 0}}^{\infty}\mathrm{sinc}\left(\pi n_x\frac{\Delta x}{\Delta x_s}\right)\mathrm{sinc}\left[\pi\left(f_x-\frac{n_x}{\Delta x_s}\right)\Delta x\right]\\
&\cdot\left\{\frac{1}{2}A_0\left(f_x-\frac{n_x}{\Delta x_s},f_y\right)\right.\\
&+\frac{1}{4}\mathrm{sinc}\left[\pi\left(f_x-\Omega-\frac{n_x}{\Delta x_s}\right)\Delta x\right]A_1\left[f_x-\Omega-\frac{n_x}{\Delta x_s},f_y-\Omega\right]\\
&+\frac{1}{4}\mathrm{sinc}\left[\pi\left(-f_x-\Omega-\frac{n_x}{\Delta x_s}\right)\Delta x\right]A_1^*\left[-f_x-\Omega-\frac{n_x}{\Delta x_s},-f_y-\Omega\right]\\
&+\frac{1}{8}\mathrm{sinc}\left[\pi\left(f_x-2\Omega-\frac{n_x}{\Delta x_s}\right)\Delta x\right]A_{23}\left[f_x-2\Omega-\frac{n_x}{\Delta x_s},f_y\right]\\
&+\frac{1}{8}\mathrm{sinc}\left[\pi\left(-f_x-2\Omega-\frac{n_x}{\Delta x_s}\right)\Delta x\right]A_{23}^*\left[-f_x-2\Omega-\frac{n_x}{\Delta x_s},-f_y\right]\\
&-\frac{1}{8}\mathrm{sinc}\left[\pi\left(f_x-\frac{n_x}{\Delta x_s}\right)\Delta x\right]A_{23}\left[f_x-\frac{n_x}{\Delta x_s},f_y-2\Omega\right]\\
&\left.-\frac{1}{8}\mathrm{sinc}\left[\pi\left(-f_x-\frac{n_x}{\Delta x_s}\right)\Delta x\right]A_{23}^*\left[-f_x-\frac{n_x}{\Delta x_s},-f_y-2\Omega\right]\right\}
\end{aligned}
\tag{8.5}
$$

式中，$f_x$ 表示频域 $x$ 轴；$f_y$ 表示频域 $y$ 轴；$\Omega$ 为条纹载波频率；$A_i$ 为 $S_i$ 傅里叶变换后振幅；$n_x$ 表示相邻第 $n$ 个频谱岛。

根据式(8.5)可以看出，取样后的信号频谱是由一系列的谐波组成，当 $\frac{\Delta x}{\Delta x_s}$ 比值越接近于 1 时，对光强的频域影响越小，其余频谱岛的幅度越小；像元尺寸 $\Delta x$ 、$\Delta y$ 越小，则对偏振态频域振幅影响越小，CCD 失真越小；同时像素(包括像元与存储)尺寸 $\Delta x_s$ 、$\Delta y_s$ 越小，其余频谱岛距离主频谱岛距离越远，其余频谱岛上的频谱对主频的影响越小。由此在选用 CCD 时尽量选取像元小，像素占空比高的器件。

2. 采样频率对成像的影响

采样过程中另一个重要的参数是采样频率，由于经过偏振成像系统的图像是一幅干涉图，因此采样可以转换为每对条纹占几个像素，为了保证偏振分辨率，干涉条纹所占像素要尽量少；同时，为了不失真的恢复原信号，抽样频率要尽可能大，即干涉条纹所占像素要尽量多。因此，CCD 采样频率的确定成为采样的关键。

以加载 $S_{23}$ 信息的条纹为例，其光强表示为

$$\begin{aligned}I_{S_{23}}=&\frac{1}{4}\left|S_{23}(x,y)\right|\cos\{2\pi f_0 x-\arg[S_{23}(x,y)]\}\\&-\frac{1}{4}\left|S_{23}(x,y)\right|\cos\{2\pi f_0 x+\arg[S_{23}(x,y)]\}\end{aligned}\tag{8.6}$$

式中，$f_0$ 表示 $S_{23}$ 的基频，$f_0=2\Omega$。

假设采样频率 $f_s=kf_0(k=2,3,4\cdots)$，$k$ 表示采样频率是基频的 $k$ 倍。若要使频谱不出现混叠，采样频率 $f_s=kf_0$ 与 $S_{23}$ 的基频 $f_0$ 之间应满足以下条件。

(1) 对于同一个载波频率，两个共轭频谱必须分离，如图 8-9(a)所示。

$$f_0-\frac{1}{2\pi}\frac{\partial\{\arg[S_{23}(x,y)]\}}{\partial x}\bigg|_{\max}\geqslant 0\tag{8.7}$$

式中，$\frac{\partial\{\arg[S_{23}(x,y)]\}}{\partial x}$ 表示 $S_{23}$ 对应角度随 $x$ 轴变化的情况；$\frac{1}{2\pi}\frac{\partial\{\arg[S_{23}(x,y)]\}}{\partial x}\bigg|_{\max}$ 表示随 $x$ 坐标变化的角度在频域内显示的最大范围。式(8.7)表示当 $S_{23}$ 的基频 $f_0$ 确定时，$S_{23}$ 随空间变化的角度会使 $f_0$ 有一定的变化，其最小值应该大于 0，对应共轭项 $-f_0+\frac{1}{2\pi}\frac{\partial\{\arg[S_{23}(x,y)]\}}{\partial x}\bigg|_{\max}$ 的最大值必然小于 0。两个共轭频谱之间不会发生混叠。

(2) 对于相邻的两个频谱岛，频谱之间不应混叠，如图 8-9(b)所示。

$$f_0+\frac{1}{2\pi}\frac{\partial\{\arg[S_{23}(x,y)]\}}{\partial x}\bigg|_{\max}\leqslant kf_0-\left(f_0+\frac{1}{2\pi}\frac{\partial\{\arg[S_{23}(x,y)]\}}{\partial x}\bigg|_{\max}\right)\tag{8.8}$$

式中，$f_0+\frac{1}{2\pi}\frac{\partial\{\arg[S_{23}(x,y)]\}}{\partial x}\bigg|_{\max}$ 表示主频谱岛上的频谱范围最大值；$kf_0$ 指代由于采样产生的相邻频谱岛的中心位置；$kf_0-\left(f_0+\frac{1}{2\pi}\frac{\partial\{\arg[S_{23}(x,y)]\}}{\partial x}\bigg|_{\max}\right)$ 表示相邻频谱岛中共轭频谱的最小频谱位置。主频谱岛的最大范围与相邻频谱岛

中共轭频谱的最小位置不应混叠。

$\theta(x,y)$ 随 $x$ 变化不会超过 $2\pi$：

$$0 \leqslant \left| \frac{\partial\{\arg[S_{23}(x,y)]\}}{\partial x} \right| \leqslant 2\pi \tag{8.9}$$

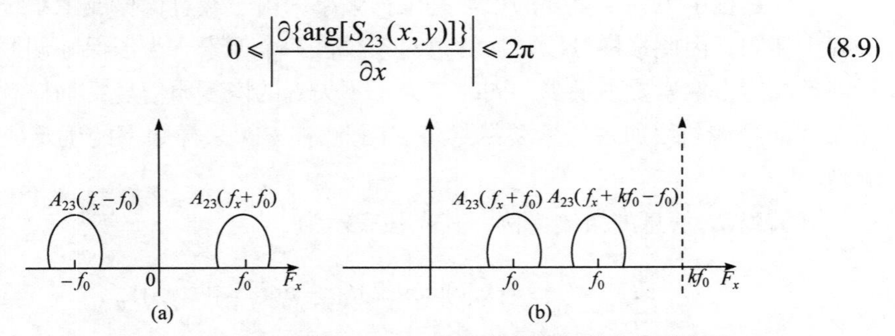


图 8-9　(a)$S_{23}$ 一维共轭频谱图；(b)$S_{23}$ 相邻频谱岛频谱分布示意图

根据式(8.7)～式(8.9)可得 $k \geqslant 4$。

即一对条纹周期需要最少 4 个像素采样才能保证频域上的各个光谱之间不产生混叠。对于同一幅偏振干涉图，当加载 $S_{23}$ 信息的偏振图像中使用 4 个抽样值每对条纹时，由于 $\Omega_{S_{23}}=2\Omega_{S_1}$，$S_1$ 选取 8 个抽样值每对条纹。此时系统载波频率为

$$\Omega = \Omega_{S_1} = \frac{1}{8} \times \frac{1}{\text{pixel}}$$

式中，pixel 指像素尺寸。如图 8-10 所示。

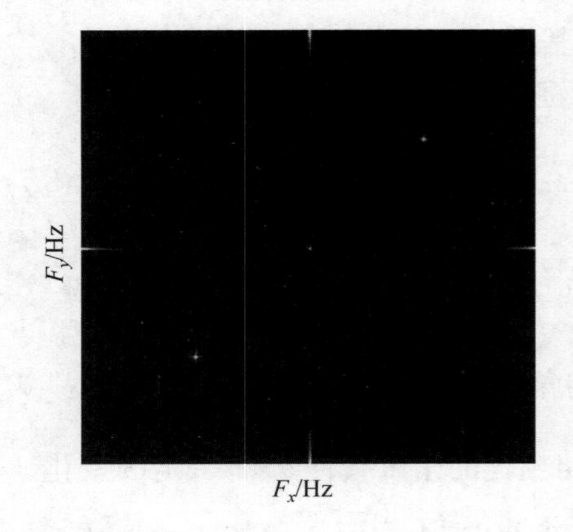


图 8-10　$N=256$，$k=4$ 时的频谱图

由此，在采样过程中，CCD 像元的大小、像素的占空比及成像过程中每对条纹所占 CCD 像素个数等问题都会影响到成像质量与下一步数据处理。当基本参数确定后，对得到的图像进行预处理，为干涉图像的偏振态的重建奠定基础。

## 8.3　干涉图像预处理

工程实验中，通过偏振成像系统的干涉图像并不是理想的干涉图，其自身数据分布、系统噪声等都会影响到后期偏振态的重建。因此，需要对其进行一定处理，才可以进行偏振态复原。干涉图像预处理包括图像展开、滤波去噪等。

成像光强公式如式(8.1)所示，可以看出不同的偏振态被调制到不同方向不同频率的干涉条纹上：$S_0$ 为非调制量，因此没有干涉项，$S_1$ 被振幅调制到频率$\Omega$

的余弦函数上，$S_{23}$则被调制到$x$方向到$y$方向频率为$2\Omega$的余弦函数上。由于三者的频率不同，必然会使用傅里叶变换对干涉图像进行处理，进而区分各个频率上的偏振态。

图像的傅里叶变换是将图像从空间域$I(x,y)$转换到频域$A(f_x,f_y)$的一种方法，其中$(f_x,f_y)$为频率变量，可以理解为等相位线在$(x,y)$坐标投影截距的倒数。它可以把信号分成不同的频率成分。二维傅里叶变换具有平移性、线性性、共轭对称性和周期性。我们使用 Matlab 对二维空间图像进行傅里叶变换，最常使用的是 FFT，而在频谱分析时，FFT 可能会产生频谱混叠与栅栏效应。由上节可知，合理的采样频率可以较好地避免频谱混叠现象。栅栏效应是指对一函数进行采样时，其效果类似于透过栅栏看风景一样，只有落在缝隙前的景象可以被观察到，其余景象却被栅栏挡住而视为 0。栅栏效应可以出现在时域与频域中，当时域采样满足奈奎斯特采样定理时，栅栏效应并不能带来什么影响，但频域中的栅栏效应影响较大，为后续的处理带来困难。这里主要考虑的是频域的栅栏效应。

利用 505Hz 余弦信号的频谱分析说明栅栏效应造成的误差，设定采样频率为 5120，Matlab 默认的 FFT 计算点数为 512，即$N = 512$，可以理解为计算机在计算傅里叶变换时抽取 512 个点进行计算，而由于频谱中的离散点与采样点的个数相同，因此频谱间隔为 10Hz。其中位于 505Hz 的最高谱线不处于频谱采样点上，因此不能被观察到。只能在 500Hz 与 510Hz 处看到因频谱泄露而产生的值。图 8-11(a)表示频率为 505Hz 的余弦信号，图(b)表示其频谱图像，当将图(b)放大到一定程度，可以看到在 505Hz 处并没有显示出频谱值，这与实际不符合。

造成这一现象的主要原因是栅栏效应。栅栏效应可以使谱线的一些中间信息丢失掉，给后续进一步的分析造成困难。为了解决这一问题，需要增加采样点数

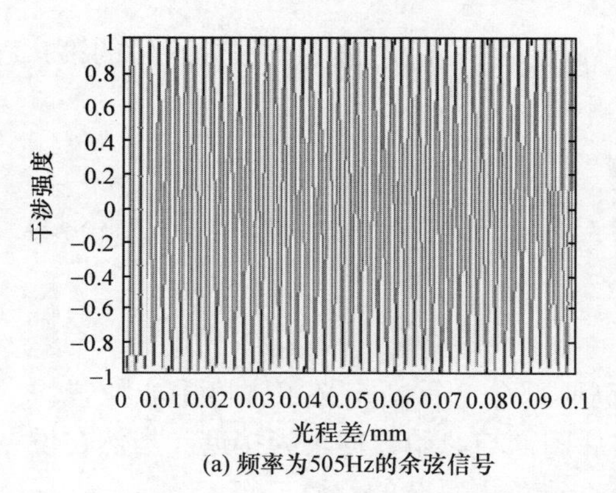

(a) 频率为505Hz的余弦信号

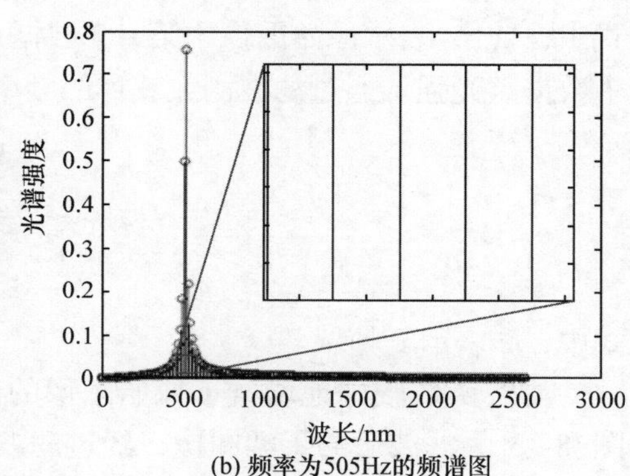

(b) 频率为505Hz的频谱图

图 8-11　频率为 505Hz 余弦信号的栅栏效应

$N$，采样点数的增加必然会带来频谱密度的增大。然而，在实际应用中，采样点数 $N$ 的增加意味着需要 CCD 芯片上的像素个数增加，这会使系统的成本变得非常高昂。

实际实验中会有各种各样的噪声存在，如暗电流、仪器噪声、光源不稳定等，这些噪声使得实验获得的干涉图形与理想图形有一定的差别，影响了数据的真实性。图 8-12 给出了单色光偏振态均一情况下的干涉图像在 $y=0$ 处的干涉光强。噪声影响使得图像边缘光强较弱。为了消除这一现象，需要对采样后的干涉图像进行滤波去噪。

(a) 单色光偏振干涉图像

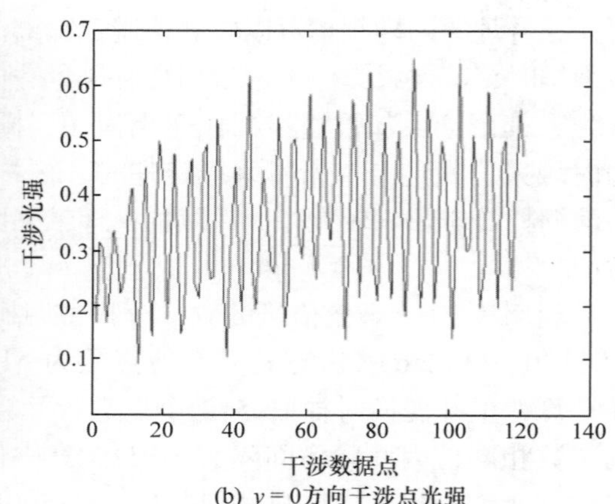

(b) $y=0$方向干涉点光强

图 8-12　带有噪声的单色光干涉图像与 $y=0$ 方向光强

根据数字信号处理相关知识可知，对于此类数据，实验室一般使用直接滤波器进行滤波处理，直接型滤波函数可以表达成为

$$X'(n)=\frac{1}{3}X(n)-\frac{1}{3}X(n-1)-\frac{5}{12}X'(n-1)\frac{1}{6}X'(n-2) \tag{8.10}$$

式中，$X(n)$ 表示原始图像中第 $n$ 个数据点的光强；$X'(n)$ 表示滤波处理后的第 $n$ 个数据点光强。通过滤波函数获得的频率响应函数为

$$H(z)=\frac{\frac{1}{3}-\frac{1}{3}z^{-1}}{1+\frac{5}{12}z^{-1}+\frac{1}{6}z^{-2}} \tag{8.11}$$

式中，$z$ 表示复频域。

滤波函数较好地增益了原始图像的高频部分，重新定义了强度中心位置。图 8-13 为滤波后的干涉图像，经过滤波后图像与原始数据较为接近。当然在设计光路时应该尽量减小噪声对图像的影响，避免更复杂的滤波工作。

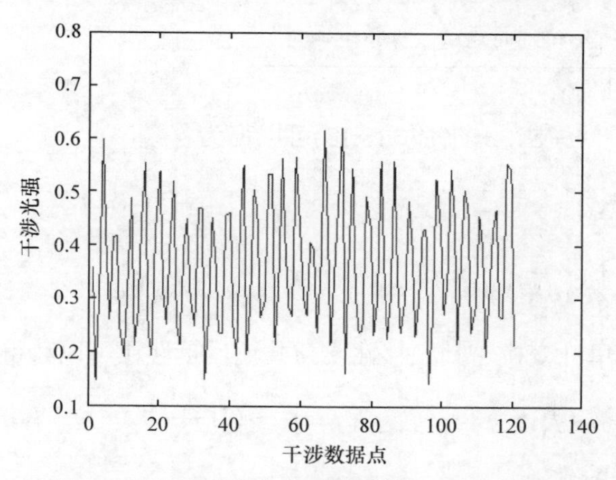


图 8-13　滤波后单色光干涉图像 $y=0$ 方向光强

图像预处理工作除了图形展开及滤波去噪外，还包括图像二值化、边缘锐化及形态学操作等，这些工作都是为了对图像偏振态的进一步重建提供基础，因此对于不同情况应做相应处理与取舍。

## 8.4　偏振信息重建

对于干涉偏振成像系统，目前国内外有一些研究报道，但多属于原理研究、改进和验证，偏振参量重建的文献很少。本节主要对偏振干涉成像的偏振参量重建做一详细阐述[1]。随着上文中偏振干涉图像的实验室获取或计算机模拟、图像数字转化及图像预处理等工作的进行，获取的偏振图像与真实数据差距较小，此时我们提出频谱位置不偏移情况下的解调方法与干涉图像的频谱位置以及理想频谱位置相比有一定偏移时的解调方法。

### 8.4.1　理想情况下偏振信息重建

在理想情况下，根据式(8.1)，偏振信息将会被振幅调制到不同频率的干涉条纹上。不同的偏振信息对应不同的条纹频率，因此，我们使用傅里叶变换对偏振干涉图像进行变换，获得其频谱图，进而对不同的频率分量进行区分。傅里叶变换形式如下：

$$F(\omega)=\mathcal{F}\{f(t)\}=\int_{-\infty}^{\infty}f(t)\mathrm{e}^{-\mathrm{i}\omega t}\mathrm{d}t \tag{8.12}$$

对式(8.1)做傅里叶变换，首先利用欧拉公式，进行分解可得

$$I=\frac{1}{2}S_0+\frac{1}{2}S_1\frac{\mathrm{e}^{\mathrm{i}2\pi\Omega(x+y)}-\mathrm{e}^{-\mathrm{i}2\pi\Omega(x+y)}}{2}+\frac{1}{4}|S_{23}|\frac{\mathrm{e}^{\mathrm{i}(4\pi\Omega x-\arg S_{23})}-\mathrm{e}^{-\mathrm{i}(4\pi\Omega x-\arg S_{23})}}{2}$$

$$-\frac{1}{4}\left|S_{23}\right|\frac{\mathrm{e}^{\mathrm{i}(4\pi\Omega y+\arg S_{23})}-\mathrm{e}^{-\mathrm{i}(4\pi\Omega y+\arg S_{23})}}{2} \tag{8.13}$$

已知$\left|S_{23}\right|\mathrm{e}^{\mathrm{i}\arg S_{23}}=S_{23}$，此时式(8.13)可以变为

$$\begin{aligned} I=&\frac{1}{2}S_0(x,y)+\frac{1}{4}S_1(x,y)\left(\mathrm{e}^{\mathrm{i}2\pi\Omega(x+y)}-\mathrm{e}^{-\mathrm{i}2\pi\Omega(x+y)}\right)\\ &+\frac{1}{8}S_{23}^*(x,y)(\mathrm{e}^{\mathrm{i}4\pi\Omega x}-\mathrm{e}^{-\mathrm{i}4\pi\Omega y})-\frac{1}{8}S_{23}(x,y)\left(\mathrm{e}^{-\mathrm{i}4\pi\Omega x}-\mathrm{e}^{\mathrm{i}4\pi\Omega y}\right)\end{aligned} \tag{8.14}$$

此时利用傅里叶变换、其频移性质与共轭反折性质可以获得

$$\begin{aligned} F(I)=&\frac{1}{2}A_0(f_x,f_y)+\frac{1}{4}A_1(f_x-\Omega,f_y-\Omega)+\frac{1}{4}A_1^*(-f_x+\Omega,-f_y+\Omega)\\ &+\frac{1}{8}A_{23}^*(-f_x-2\Omega,-f_y)+\frac{1}{8}A_{23}(f_x+2\Omega,f_y)\\ &-\frac{1}{8}A_{23}(f_x,f_y-2\Omega)-\frac{1}{8}A_{23}^*(-f_x,-f_y+2\Omega)\end{aligned} \tag{8.15}$$

式中，$(f_x,f_y)$表示频域$x$，$y$轴；$A_0$表示$S_0$频域振幅；$\Omega$表示载波频率；$A_1$表示$S_1$频域振幅；*表示共轭；$A_{23}$表示$S_{23}$的频域振幅。

由式(8.15)可以看出，$S_0$主要分布于低频位置及 0 频位置，$S_1$位于$f_x$、$f_y$轴的中间，其共轭关于原点中心对称。$S_{23}$分别位于轴$f_x$与$f_y$轴上，且分别为$S_1$的$f_x$轴、$f_y$轴坐标 2 倍处。理想频谱图如频谱如图 8-14 所示。

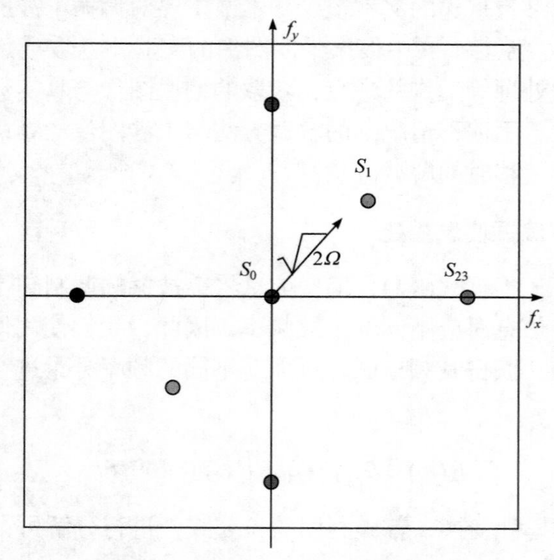


图 8-14　偏振干涉图的理想频谱图

由图 8-14 可以看出，当 Stokes 参量不随空间变化时，频域范围内在$h=(0,0)$，

$(+\Omega,+\Omega)$, $(-\Omega,-\Omega)$, $(\pm 2\Omega,0)$, $(0,\pm 2\Omega)$ 处，可以清晰地看到 7 个光谱点。此时，采用带宽为 $\Omega$ 的矩形滤波器分别以 $S_0$ 、$S_1$ 、$S_{23}$ 频谱为中心对频域进行划分与提取。将提取出的频谱进行补充，最后利用傅里叶逆变换即可重构出 $S_0$～$S_4$。

$$\mathcal{F}\{S_0(x,y)\} = A_0(f_x,f_y) \leftrightarrow S_0(x,y) = F^{-1}\{A_0(f_x,f_y)\} \tag{8.16}$$

$$\begin{aligned}\mathcal{F}\{S_1(x,y)\mathrm{e}^{\mathrm{i}2\pi\Omega(x+y)}\} &= A_1(f_x-\Omega,f_y-\Omega) \leftrightarrow S_1(x,y) \\ &= \mathcal{F}^{-1}\{A_1(f_x-\Omega,f_y-\Omega)\}\mathrm{e}^{-\mathrm{i}2\pi\Omega(x+y)}\end{aligned} \tag{8.17}$$

$$\mathcal{F}\{S_{23}(x,y)\mathrm{e}^{-\mathrm{i}4\pi\Omega x}\} = A_{23}(f_x+2\Omega,f_y) \leftrightarrow S_{23}(x,y) = \mathcal{F}^{-1}\{A_{23}(f_x+2\Omega,f_y)\}\mathrm{e}^{\mathrm{i}4\pi\Omega x} \tag{8.18}$$

$$S_2(x,y) = \mathrm{Re}[S_{23}(x,y)], \quad S_3(x,y) = \mathrm{Im}[S_{23}(x,y)] \tag{8.19}$$

### 8.4.2　非理想情况下偏振参量的重建

实际应用中，仪器、实验条件、环境因素等限制，例如萨瓦板厚度与理论萨瓦板厚度的误差及半波片角度失配等，会导致偏振图像的频谱产生偏移。

在萨瓦板制作过程中，萨瓦板厚度会引入半波长的误差，这是由工艺缺陷造成的。通过萨瓦板型偏振成像系统的载波频率定义可知：

$$\Omega = \frac{\Delta}{\lambda f} = \frac{n_\mathrm{o}^2(\lambda)-n_\mathrm{e}^2(\lambda)}{n_\mathrm{o}^2(\lambda)+n_\mathrm{e}^2(\lambda)}\frac{t}{\lambda f} = Ct \tag{8.20}$$

式中，$C$ 表示常数。当萨瓦板材料确定，成像焦距确定，入射光波长确定时，$\Omega$ 仅与萨瓦板厚度成正比。

理想系统中使用的两个萨瓦板偏光镜完全相同，偏光镜内的两块萨瓦板也完全相同，若理想萨瓦板厚度为 $t$ ，而制作工艺使萨瓦板厚度有一定的变化量 $\Delta t$ ，此时载波频率变为 $\Omega' = C(t+\Delta t)$ ，当 $\Omega' \neq \Omega$ 但 $\Delta t_1 = \Delta t_2 = \Delta t_3 = \Delta t_4$ ，即四块板厚度依旧相同时，将 $\Omega'$ 带入光强公式(8.1)，利用傅里叶变换可得

$$\begin{aligned}F(I) = &\frac{1}{2}A_0(f_x,f_y) + \frac{1}{4}A_1(f_x-\Omega',f_y-\Omega') + \frac{1}{4}A_1^*(-f_x+\Omega',-f_y+\Omega') \\ &+\frac{1}{8}A_{23}^*(-f_x-2\Omega',-f_y) + \frac{1}{8}A_{23}(f_x+2\Omega',f_y) \\ &-\frac{1}{8}A_{23}(f_x,f_y-2\Omega') - \frac{1}{8}A_{23}^*(-f_x,-f_y+2\Omega')\end{aligned} \tag{8.21}$$

通过上式可知偏振图像的频谱将会产生线性偏移，当四块萨瓦板晶体厚度都不同时，光强公式变为

$$
\begin{aligned}
I=\frac{1}{4}\{&2S_0(x_i,y_i)+2S_1(x_i,y_i)\cos[2\pi\Omega(x+y)+2\pi C(\Delta t_4 x+\Delta t_3 y)]\\
&-|S_{23}(x_i,y_i)|\cos\{4\pi\Omega y+2\pi C[(\Delta t_4-\Delta t_2)x+(\Delta t_1+\Delta t_3)y]+\arg[S_{23}(x_i,y_i)]\}\\
&+|S_{23}(x_i,y_i)|\cos\{4\pi\Omega x+2\pi C[(\Delta t_4+\Delta t_2)x+(\Delta t_3-\Delta t_1)y]\\
&-\arg[S_{23}(x_i,y_i)]\}\}
\end{aligned}
\tag{8.22}
$$

可以预见其频谱偏移应为线性偏移的叠加：

$$
\begin{aligned}
F(I)=&\frac{1}{2}A_0(f_x,f_y)+\frac{1}{4}A_1(f_x-\Omega-\Delta\Omega_4,f_y-\Omega-\Delta\Omega_3)\\
&+\frac{1}{4}A_1^*(-f_x+\Omega',-f_y+\Omega')\\
&+\frac{1}{8}A_{23}^*(-f_x-2\Omega-\Delta\Omega_4-\Delta\Omega_2,-f_y-\Delta\Omega_3-\Delta\Omega_1)\\
&+\frac{1}{8}A_{23}(f_x+2\Omega+\Delta\Omega_4+\Delta\Omega_2,f_y+\Delta\Omega_3+\Delta\Omega_1)\\
&-\frac{1}{8}A_{23}(f_x-\Delta\Omega_4+\Delta\Omega_2,f_y-2\Omega-\Delta\Omega_3-\Delta\Omega_1)\\
&-\frac{1}{8}A_{23}^*(-f_x+\Delta\Omega_4-\Delta\Omega_2,-f_y+2\Omega-\Delta\Omega_3-\Delta\Omega_1)
\end{aligned}
\tag{8.23}
$$

在萨瓦板干涉偏振成像系统中，两块萨瓦板偏光镜之间需要放置一个半波片，理想的半波片应旋转 22.5°，以达到旋转偏振光的偏振方向，然而若半波片旋转角度并非 22.5°失配，则会造成角度适配，此时干涉光强发生了变化，在原有偏振干涉图像中不同方向的干涉条纹上分别乘以关于失配角 $\alpha$ 的影响因子 $1\pm f(\alpha)$，光强的变化亦使频谱位置产生线性偏移的叠加变化。

对于理想的偏振成像系统，当入射光强波长 $\lambda$、萨瓦板厚度 $t$，折射率 $n_o$、$n_e$ 与成像焦距 $f$ 已知的情况下，频域上各个偏振态谱线中心位置可以判断出来，可利用理想解调方法进行偏振信息重建。然而在实际情况下，萨瓦板厚度不均一、半波片角度适配等问题会造成偏振图像谱线位置偏移，如何确定原始谱线的位置，进而获取正确的偏振态对应谱线区域，成为偏振参量重建的研究关键。

假设在萨瓦板型偏振成像系统中理想情况下的条纹载波频率为 $\Omega$，而实际情况下的条纹载波频率为 $\Omega'$，且 $\Omega'\neq\Omega$。此时通过 3.4.1 节所述方法进行偏振信息的重建会造成很大的误差：

$$
\mathcal{F}\{S_0(x,y)\}=A_0(f_x,f_y)\leftrightarrow S_0(x,y)=\mathcal{F}^{-1}\{A_0(f_x,f_y)\}
\tag{8.24}
$$

$$\begin{aligned}\mathcal{F}\{S_1(x,y)\mathrm{e}^{\mathrm{i}2\pi\Omega'(x+y)}\} &= A_1(f_x-\Omega',f_y-\Omega')\\ &\to \mathcal{F}^{-1}\{A_1(f_x-\Omega',f_y-\Omega')\}\mathrm{e}^{-\mathrm{i}2\pi\Omega(x+y)}\\ &= S_1(x,y)\mathrm{e}^{-\mathrm{i}2\pi(\Omega'-\Omega)(x+y)}\end{aligned} \tag{8.25}$$

$$\begin{aligned}\mathcal{F}\{S_{23}(x,y)\mathrm{e}^{-\mathrm{i}4\pi\Omega' x}\} &= A_{23}(f_x+2\Omega',f_y)\\ &\to \mathcal{F}^{-1}\{A_{23}(f_x+2\Omega',f_y)\}\mathrm{e}^{\mathrm{i}4\pi\Omega x} = S_{23}(x,y)\mathrm{e}^{\mathrm{i}4\pi(\Omega'-\Omega)x}\end{aligned} \tag{8.26}$$

$$\begin{aligned}\mathrm{Re}(S_{23}(x,y)\mathrm{e}^{\mathrm{i}4\pi(\Omega'-\Omega)x}) &= S_2(x,y)\cos[4\pi(\Omega'-\Omega)x]\\ \mathrm{Im}(S_{23}(x,y)\mathrm{e}^{\mathrm{i}4\pi(\Omega'-\Omega)x}) &= S_3(x,y)\sin[4\pi(\Omega'-\Omega)x]\end{aligned} \tag{8.27}$$

即此时得到的偏振态图像为 $S_i\mathrm{e}^{\pm\mathrm{i}2\pi(\Omega-\Phi)}$ $(i=1,2,3)$，可以看出重建的偏振参量会产生周期性显示的效果。为了获得正确的 Stokes 参量的二维分布图，本章提出一种通过优化重建方法：首先通过已知与实际相差不大的参数确定滤波器的大小$\Omega$，接着利用滤波器确定各个偏振态频谱大致范围，此时频谱中心不在滤波器中心，但应该在相应滤波器范围内；然后通过寻找各个滤波器内最大频谱值位置法确定频谱中心位置，紧接着利用傅里叶变换的频移性质，分别对 $S_1$、$S_{23}$ 做频移，使其分别位于低频分量位置上，通过低频滤波器截取低频分量，进行傅里叶逆变换，最后得到相应参量二维分布。具体步骤如图 8-15 所示。

利用傅里叶变换性质，对 $S_1$ 进行频移，对公式两边同乘以相位因子 $\mathrm{e}^{-\mathrm{i}2\pi(\Omega_{xS_1}x+\Omega_{yS_1}y)}$：

$$\begin{aligned}I(x,y)\mathrm{e}^{-\mathrm{i}2\pi(\Omega'_{xS_1}x+\Omega'_{yS_1}y)} &= \frac{1}{2}S_0(x,y)\mathrm{e}^{-\mathrm{i}2\pi(\Omega'_{xS_1}x+\Omega'_{yS_1}y)}\\ &\quad+\frac{1}{4}S_1(x,y)+\frac{1}{4}S_1(x,y)\mathrm{e}^{-\mathrm{i}4\pi(\Omega'_{xS_1}x+\Omega'_{yS_1}y)}\\ &\quad+\frac{1}{4}\left|S_{23}(x,y)\right|\cos[2\pi(\Omega'_{xS_{231}}x+\Omega'_{yS_{231}}y)x\\ &\quad-\arg\{S_{23}(x,y)\}]\\ &\quad-\frac{1}{4}\left|S_{23}(x,y)\right|\cos[2\pi(\Omega'_{xS_{232}}x+\Omega'_{yS_{232}}y)x\\ &\quad+\arg\{S_{23}(x,y)\}]\mathrm{e}^{-\mathrm{i}2\pi(\Omega'_{xS_1}x+\Omega'_{yS_1}y)}\end{aligned} \tag{8.28}$$

式中，$\Omega_{xS_1}$ 表示 $S_1$ 在 $f_x$ 轴方向上坐标；$\Omega_{yS_1}$ 表示 $S_1$ 在 $f_y$ 轴方向上坐标；$\Omega_{xS_{231}}$ 表示靠近 $f_x$ 的 $S_{23}$ 分量在 $f_x$ 轴方向上坐标；$\Omega_{yS_{231}}$ 表示靠近 $f_x$ 的 $S_{23}$ 分量在 $f_y$ 轴

方向上坐标；$\Omega_{xS_{232}}$ 表示靠近 $f_y$ 的 $S_{23}$ 分量在 $f_x$ 轴上坐标；$\Omega_{yS_{232}}$ 表示靠近 $f_y$ 的 $S_{23}$ 分量在 $f_y$ 轴上坐标。式(8.28)通过傅里叶变换得

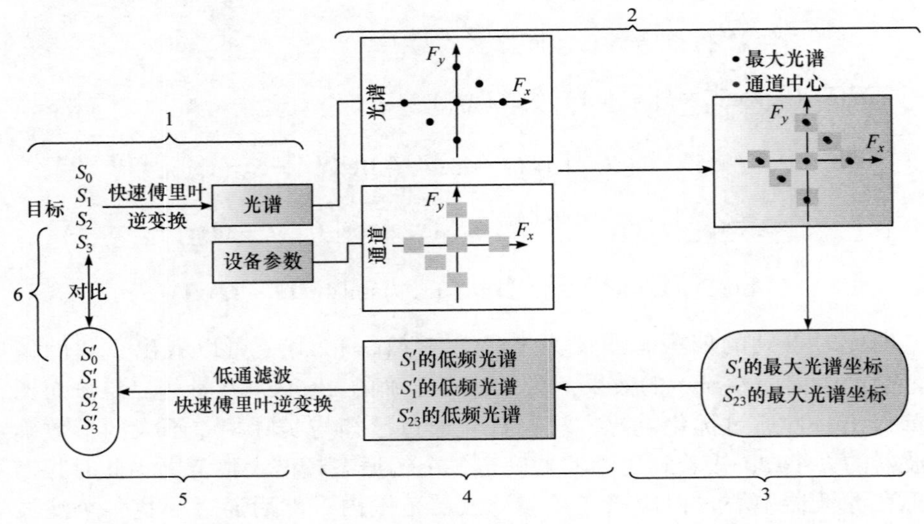


图 8-15　重建步骤图

$$
\begin{aligned}
\mathcal{F}\{I(x,y)\mathrm{e}^{-\mathrm{i}2\pi(\Omega_{xS_1}x+\Omega_{yS_1}y)}\} = {} & \frac{1}{4}A_1(f_x,f_y)+\frac{1}{2}A_0(f_x+\Omega_{xS_1},f_y+\Omega_{yS_1}) \\
& +\frac{1}{4}A_1(f_x+2\Omega_{xS_1},f_y+2\Omega_{yS_1}) \\
& +\frac{1}{8}A_{23}^*(-f_x-\Omega_{xS_{231}}+\Omega_{xS_1},-f_y-\Omega_{yS_{231}}+\Omega_{yS_1}) \\
& +\frac{1}{8}A_{23}(f_x+\Omega_{xS_{231}}+\Omega_{xS_1},f_y+\Omega_{yS_{231}}+\Omega_{yS_1}) \\
& -\frac{1}{8}A_{23}(f_x-\Omega_{xS_{232}}+\Omega_{xS_1},f_y-\Omega_{yS_{232}}+\Omega_{yS_1}) \\
& -\frac{1}{8}A_{23}^*(-f_x+\Omega_{xS_{232}}+\Omega_{xS_1},-f_y+\Omega_{yS_{232}}+\Omega_{yS_1})
\end{aligned}
\tag{8.29}
$$

此时，偏振态为 $S_1$ 的谱线中心位于低频位置(0 频)，用大小为 $\Omega$ 的低频滤波器，即可截取出关于 $S_1$ 的频谱，通过傅里叶逆变换获得 $S_1$ 的二维空间变化。同理，$S_{23}$ 也可以移动到相应低频位置，进行解调与重建。

通过对不同偏振态的频谱进行频移、滤波、傅里叶逆变换后的低频分量分别为 $\frac{1}{2}S_0(x,y)$、$\frac{1}{4}S_1(x,y)$、$\frac{1}{8}[S_2(x,y)-\mathrm{i}S_3(x,y)]$ 或 $\frac{1}{8}[S_2(x,y)+\mathrm{i}S_3(x,y)]$。

由此可以获得 Stokes 参量的表达式：

$$\begin{cases} S_0 = \mathcal{F}^{-1}\{A_0(f_x, f_y)\} \\ S_1 = \mathcal{F}^{-1}\{A_1(f_x, f_y)\} \\ S_2 = \mathrm{Re}\{F^{-1}\{A_{23}^*(-f_x, -f_y)\}\} \\ S_3 = -\mathrm{Im}\{F^{-1}\{A_{23}^*(-f_x, -f_y)\}\} \end{cases} \tag{8.30}$$

非理想条件下的偏振参量重建方法，考虑了当频谱偏移时重建情况，因此这种重建方法适用范围更广。同时，除萨瓦板型偏振成像装置外，其他干涉偏振成像系统也可以用这种方法进行偏振参量的重建，因为干涉偏振成像系统获得的偏振干涉图像都需要通过傅里叶变换进行偏振态提取、解调与重建，同萨瓦板型通道调制偏振成像系统一样，干涉图像经傅里叶变换后谱线位置受到很多因素的影响，会发生一定的变化，而非理想条件下的偏振参量重建方法，能够有效地应对这一变化。

### 8.4.3　数字仿真

为了验证改进的非理想情况下解调方法的优越性，本节使用 Matlab 进行模拟，对比理想解调方法与改进后的解调方法。

设探测器像元大小为$4.75\mu\text{m}\times 4.75\mu\text{m}$，像元数$512\times 512$，每个像素的位深为 8。根据奈奎斯特采样定理，采样频率大于等于最高频的 2 倍。由于在萨瓦板型偏振成像系统中，干涉频率最高的为$S_{23}$对应干涉条纹，$S_{23}$对应的采样频率应为 4 个像素每对条纹，又因为萨瓦板型偏振成像系统中$S_{23}$的条纹载波频率为$S_1$条纹载波频率的 2 倍，即$\Omega_{S_{23}} = 2\Omega_{S_1} = 2\Omega$，因此理论中心波长对应的载波频率$\Omega = \frac{1}{8}\times\frac{1}{4.75}\mu\text{m}^{-1}$，若因误差实际获得的载波频率为$\Omega' = 0.124\times\frac{1}{4.75}\mu\text{m}^{-1}$，采用如图 8-16 所示作为输入图像进行仿真。

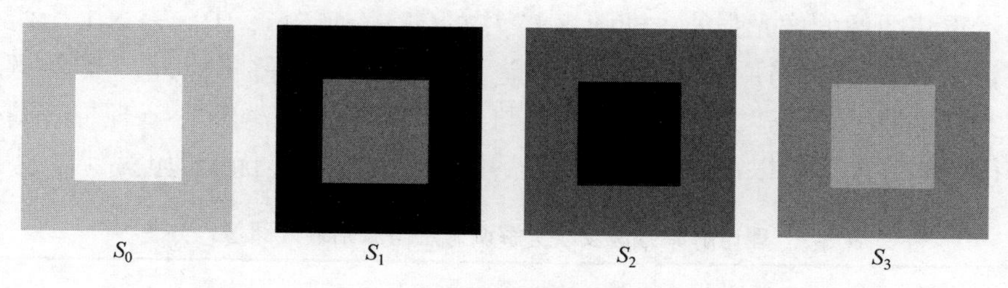


图 8-16　原始输入偏振态

利用理想理论载波频率$\Omega = \frac{1}{8}\times\frac{1}{4.75}\mu\text{m}^{-1}$进行解调与重建，分别获得$S_0, S_1, S_2, S_3$的偏振重建图像如图 8-17(a)～(d)所示，与输入图像图 8-16 相比，利用理想载波频率进行解调的结果中，$S_1$解调结果较为真实，而$S_1, S_2, S_3$解调结果如同在原始输入信号上乘以一个三角函数，产生明暗相间的条纹效果。利用改进法进行解调获得的 $S_0, S_1, S_2$ 的偏振重建图像如图 8-17(e)～(h)所示，可以看出，改进法解调结果明显优于理论解调方法的解调结果。

图 8-17 (a)～(d)使用理论解调方法获得的偏振重建图像，(e)～(h)利用改进法进行解调获得的重建图像

分别利用均方差(mean squared error，MSE)、峰值信噪比(peak signal to noise ratio，PSNR)与结构相似度(structural similarity index measure，SSIM)对理想情况与非理想情况下的解调结果和原始输入图进行了分析比较。均方差反应了复原图像与输入图像之间的全局差异，均差越小，两幅图像越接近。定量表达为

$$\mathrm{MSE}=\frac{1}{MN}\sum_{x=1}^{M}\sum_{y=1}^{N}[I(x,y)-I'(x,y)]^2 \tag{8.31}$$

式中，$M$、$N$ 分别表示图像长和宽；$I$ 为输入图像光强，这里代指 $S_0, S_1, S_2, S_3$；$I'$ 表示重建图像的像光强值，即图 8-17 中的(a)～(d)与(e)、(f)。表 8-1 为两种解调方法所获得图像与原始图像的均方差。除 $S_0$ 的均方差相似外，其余偏振态下，非理想情况下重建方法获得的图像与入射图像均方差均远小于理想解调方法下获得的均方差。可以得出结论：改进后的解调结果明显优于理论解调方法。

**表 8-1 理论解调方法及改进解调方法与原始输入图像均方差**

| MSE | $S_0$ | $S_1$ | $S_2$ | $S_3$ |
|---|---|---|---|---|
| 理想 MSE | $1.2023\times10^{-4}$ | −0.0126 | 0.1410 | 0.4570 |
| 改进 MSE | $1.1833\times10^{-4}$ | $7.4686\times10^{-4}$ | $9.9415\times10^{-4}$ | $4.8479\times10^{-4}$ |

常用的图像评价参数还有 PSNR。RSNR 是指到达噪音比率的顶点信号，这

里指最大值信号与图像噪声之间的比值。与MSE不同，PSNR越大，信号失真度越小。定量表达为

$$\mathrm{PSNR}=10\log_{10}\frac{L^2}{\mathrm{MSE}} \tag{8.32}$$

式中，$L$ 表示图像中像素的最大灰度值，取 255。

表 8-2 为两种解调方法所获得图像与原始图像的峰值信噪比结果。其中除 $S_0$ 的峰值信噪比相似外，可看出改进后解调结果优于理想解调方法的解调结果，在 $S_2$ 与 $S_3$ 中尤为明显。

**表 8-2　理论解调方法及改进解调方法与原始输入图像峰值信噪比**

| PSNR | $S_0$ | $S_1$ | $S_2$ | $S_3$ |
|---|---|---|---|---|
| 理想 PSNR | 201.08 | 154.60 | 130.41 | 118.65 |
| 改进 PSNR | 201.25 | 182.82 | 179.96 | 187.14 |

以上两种评价参数为传统客观评价方法，但其只考虑了图像之间的整体差异而忽略了局部差异，尤其是无法检测对人眼较为敏感的图像结构方面的区别。使用 SSIM 可以弥补这一缺陷，SSIM 指对图像从结构、亮度及对比度等方面进行评价的一种评价参数，两幅图越接近，其值越接近于 1。定量表达为

$$\mathrm{SSIM}=\frac{(2\mu_x\mu_y+C_1)(2\sigma_{xy}+C_2)}{(\mu_x^2+\mu_y^2+C_1)(\sigma_x^2+\sigma_y^2+C_2)} \tag{8.33}$$

式中，$\mu_x$、$\mu_y$ 分别表示原始图像和重建图像的像素均值；$\sigma_x$、$\sigma_y$ 表示两幅图像的方差；$\sigma_{xy}$ 表示两幅图的协方差；$C_1$、$C_2$ 为较小的常数，这里是为了不让分母为 0。

表 8-3 为两种解调方法所获得图像与原始图像的 SSIM，相比较可以看出改进后的解调结果明显更优。而且对于偏振分量 $S_2$ 与 $S_3$，SSIM 从不足 0.1 提高到 0.9 以上。

**表 8-3　理论解调方法及改进解调方法与原始输入图像结构相似度**

| SSIM | $S_0$ | $S_1$ | $S_2$ | $S_3$ |
|---|---|---|---|---|
| 理想 SSIM | 0.9994 | 0.8555 | 0.0289 | 0.0821 |
| 改进 SSIM | 0.9994 | 0.9777 | 0.9917 | 0.9989 |

### 8.4.4　实验验证及分析

利用实验设备搭建光学偏振干涉成像仪，设备图 8-18 所示，探测器选用德

国映美精公司生产的 DMK41BU02 型探测器，像元数为$1280\times960$，像元大小为$4.75\mu m\times4.75\mu m$，装置中的成像系统焦距为25mm，选择两块厚度为5cm的冰洲石组成萨瓦板偏光镜。

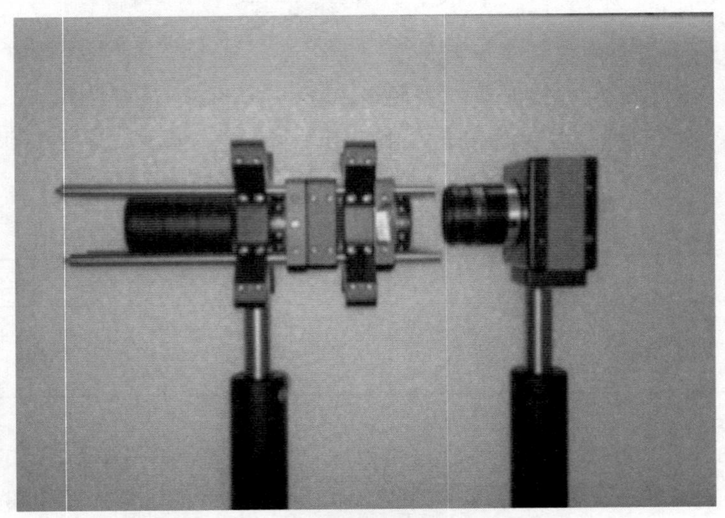

图 8-18　萨瓦板型通道调制偏振干涉成像仪

为了方便起见，只讨论在水平方向上有偏振的情况，即输入归一化偏振态为$(1,1,0,0)$。仅$S_1$有值($S_2$、$S_3$讨论与其类似)。原始图像经过如图8-18所示的偏振干涉成像仪获得在水平方向有偏振的干涉图像，如图 8-19 所示，图(a)表示原始图，图(b)为偏振图像，图(c)为$S_1$的频谱图。

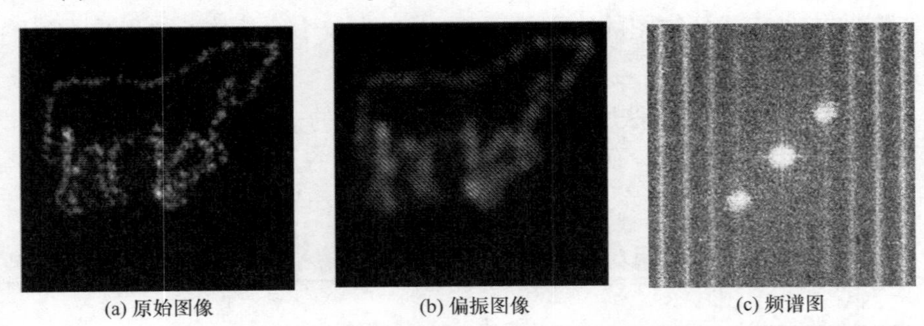

(a) 原始图像　(b) 偏振图像　(c) 频谱图

图 8-19　实验原始图像、经过偏振成像仪的水平偏振图像和频谱图

通过计算并调试仪器，我们希望获得$S_1$载波频率为$\Omega=0.160\times\dfrac{1}{4.75}\mu m^{-1}$，在搭建实验平台时，引入了人为误差使得载波频率有一定的变化，即实际获得的载波频率为$\Omega'=0.15901\times\dfrac{1}{4.75}\mu m^{-1}$。利用理论解调方法获得的$S_0$、$S_1$分别对应

图 8-20 中的(a)、(b)；利用寻找最大频谱并进行频移法重建 $S_0$ 、$S_1$ 由图 8-20(c)、(d)表示。

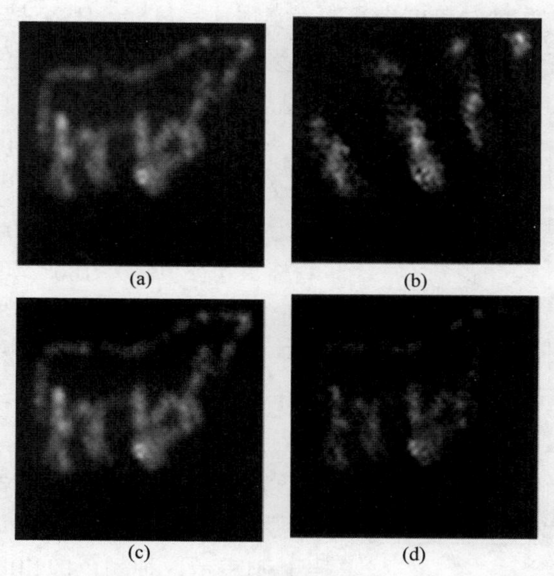

图 8-20　(a)、(b)使用理论解调方法获得的偏振重建图像，(c)、(d)利用改进法进行解调获得的重建图像

由实验设定已知，水平方向偏振态分布应于 $S_0$ 分布相似，但理论解调方法获得的结果明显不理想，产生了敏感相间的条纹状图像，即 $S_1$ 的偏振态图像显示为 $S_1\cos[2\pi(\Omega'-\Omega)]$，同时由于 $\Omega'-\Omega$ 的值一般较小，所以随着实际载波频率与理论载波频率之间的差值增大，理论解调重建法获得的结果失真同样增大。利用寻找最大频谱法可以精确地获得 $S_1$ 的实际载波频率，通过频移与傅里叶逆变换最终获取准确的 $S_1$ 空间分布。两种解调方法对 $S_0$ 的重建结果相似，$S_0$ 对应频谱始终位于 0 频位置。

对比原始图像与 $S_0$，可以看出当原始图像中明暗变化细节较多时，重建偏振图像的高频信息容易丢失。因此，下一步工作应重点研究通过滤波器的选择，减小噪声对设备的影响。

## 8.5　偏振成像效果伪彩色显示

现阶段偏振成像结果多为灰度图像，特别是偏振干涉图像为灰度干涉图像。虽然偏振图像可以获得很多有用信息，但单纯的灰度图像使目标偏振辨别有一定的困难，在很多特定邻域无法得到应用。为了解决这一问题，将偏振信息与对于人眼较为敏感的色彩信息相结合，获得容易识别的彩色偏振图像。利用 HSV(色调 $H$、饱和度 $S$、明度 $V$)色度表达法来实现这一目标。HSV 是 Smith 在 1978 年根据颜色的直观特性创造出来的额一种颜色空间模型。这种颜色空间模型也被称为圆棱锥模型，如图 8-21 所示。

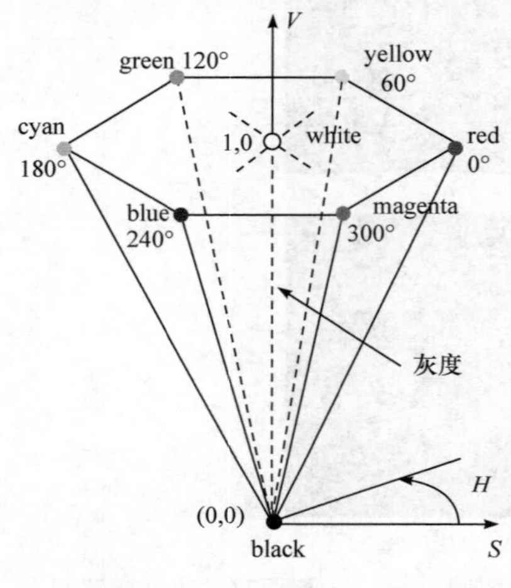


图 8-21　HSV 颜色空间模型

色调 $H$ 用角度度量，由于角度的周期为 $0\sim2\pi$，因此 $H$ 的取值范围亦为 $0\sim2\pi$。red 度为 0°，green 色度为 $2\pi/3$、blue 色度为 $4\pi/3$。互补色相差 180°，可以用一个圆形来表示。饱和度 $S$ 也可以称为色彩的纯度，其表示的是某一颜色与白光混合程度，一般利用 0~1 的一个比例来表达，在六棱锥上用圆边界到圆中心的位置表示，越靠近中心表示色度越小，越靠近圆边界表示色度越大，若纯度为 0，表示只有灰度，没有此种颜色，$S$ = 1 则表示这种颜色饱和度最大，没有掺杂一点白光。明度 $V$ 表示颜色明亮的程度，范围也是 0～1，利用六棱锥的高表示。锥形顶点表示纯黑，$V$ = 0，锥底中心表示纯白，$V$ = 1。

Bernard 和 Wehner 提出新的偏振图像应使用光强 $I$、偏振度 DoP 及偏振角 AoP 作为比色参数：利用色度 $H$ 表示偏振方位角，饱和度 $S$ 表示偏振态，灰度 $V$ 表示图像的亮度。

$$\begin{cases}\text{DoP}\rightarrow H\\ \text{AoP}\rightarrow S\\ I\rightarrow V\end{cases}\tag{8.34}$$

利用解调得到的 Stokes 参量偏振态分别计算目标场景中的偏振度、偏振角与光强 $I$(即 $2S_0$, 非干涉图像光强)，然后通过将相应偏振参数赋值到相应色度参数上进行偏振表示。图 8-22 显示了其偏振 HSV 表达。为了能够较清晰地观察，设定图像中间四个尺寸相同的矩形，但其偏振态不同。可以看到四个小矩形的颜色不同，深浅不同。左上正方形 Stokes 参量为 $(1,1,0,0)^{-1}$，其设定扇形相同；左下正方形 Stokes 参量为 $(1,0,1,0)^{-1}$ 与三角形设定相同；右上正方形 Stokes 参量为 $(1,0.5,0.7,0.2)^{-1}$ 与大正方形，左侧的小正方形、圆形、椭圆形设定相同，且四个 Stokes 参量都有值；右下为 $(1,0,0,1)^{-1}$ 与其他都不相同，只在解调后 $S_3$ 二维图像中出现。图 8-22 中观察的与设定值完全相同。

图 8-22　偏振态 HSV 表达

通过色度表示目标场景某一种或几种偏振特性的方法，使得观察者能够更直观地获得所需目标的偏振特性，为目标的识别提供便利性。

## 8.6　偏振滤波器

为了 Stokes 参数能够分别获得相应二维偏振态图像，需要在频域对不同偏振态所对应的谱线进行提取，频谱的提取必然会涉及滤波器的选择。滤波器是一种选频装置，可以使需要的信号成分通过。

使用不同的滤波器得到的偏振图像不同，图 8-23 显示了对模拟偏振干涉图像进行偏振重建后的结果，其中，图 8-23(a)表示偏振干涉图像；图 8-23(b)为利用解调重建得到的二维图像；图 8-23(c)为使用矩形窗滤波器进行偏振频谱提取，进而解调重建获得的二维图像；图 8-23(d)为使用高斯低通滤波器进行滤波后的结果。

对比图 8-23 中(c)与(d)可以看出，利用矩形窗滤波器进行选频获得的二维偏振图像中有类似于晕染效果的图像，与理论图像 $S_0 = S_1$ 不同，而利用高斯低通滤波器解调结果较好。

滤波器包含很多种类，最重要的一种为窗函数滤波器，不同的窗函数对应不同性能的选频结果。最常用的窗函数有：矩形窗函数、费杰窗函数、海明窗函数、布莱克曼窗函数与汉宁窗函数。图 8-24 给出了五种窗函数。

(a) 模拟偏振干涉图像

(b) $S_0$二维重建图像

(c) (矩形窗滤波器)$S_1$二维重建图像

(d) (高斯低通滤波器)$S_1$二维重建图像

图 8-23 对模拟干涉图像解调结果

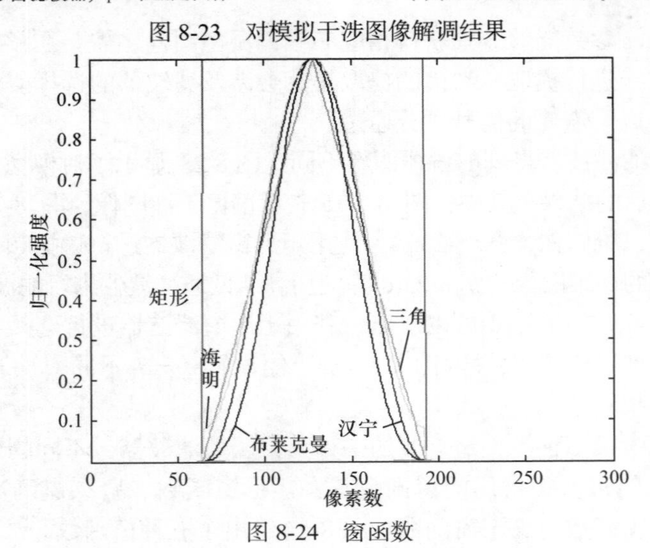


图 8-24 窗函数

利用不同的窗函数滤波器获得的偏振图像如图 8-25 所示，可以看出，汉宁窗解调重建图像明显丢失了很多高频信息，使得偏振分辨率降低。

(a) 矩形窗滤波器解调结果

(b) 汉宁窗滤波器解调结果

图 8-25　无噪声情况下矩形窗与汉宁窗偏振解调结果

加入 10%的椒盐噪声后，分别经矩形窗滤波器与汉宁窗滤波器解调重建获得的偏振图像如图 8-26 所示，可以看出当噪声较为严重时，矩形窗滤波器的解调结果明显不如汉宁窗滤波器，这是因为矩形窗滤波器包含了过多的旁瓣，而汉宁窗主瓣加宽并降低，旁瓣显著减小，降低了非所需频谱信息的提取。

(a) 矩形窗滤波器解调结果

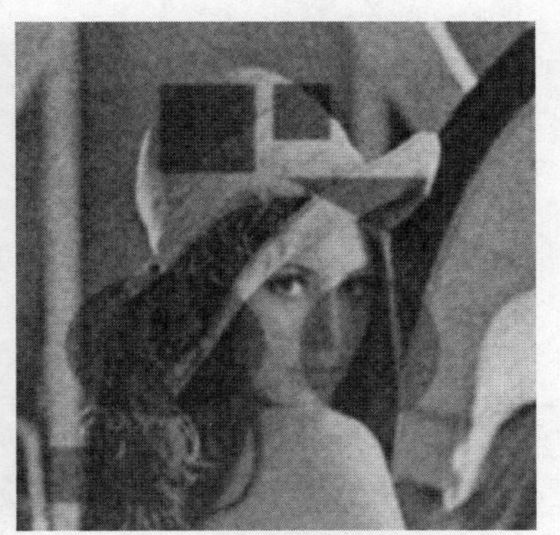

(b) 汉宁窗滤波器解调结果

图 8-26　加入 10%的椒盐噪声后矩形窗与汉宁窗偏振解调结果

由图 8-25 与图 8-26 可以看出，偏振图像的解调与重建中，滤波器的选择应根据重建的需求与关注点而决定，不能一概而论。

## 参考文献

[1] 强帆, 朱京平, 张云尧, 等. 通道调制型偏振成像系统的偏振参量重建[J]. 物理学报, 2016, (13): 130202.